5G与AI技术大系

算力网络详解 ^{卷2}
算网PaaS

苗森 黄德光 董育兵 编著

清华大学出版社
北京

内 容 简 介

本书围绕 PaaS 如何承载算力网络展开论述，帮助读者了解 PaaS 平台对算力网络的承载作用。本书的第 1 章和第 2 章是背景介绍，主要介绍算力网络发展背景和运营商 IT 架构演进的历史，帮助读者建立简单的基础知识；第 3 章～第 9 章讲算网 PaaS，主要介绍 PaaS 平台在各个层面对算力网络的承载作用，帮助读者了解 PaaS 对算力网络承载作用的具体体现；第 10 章主要介绍磐基 PaaS 平台的一次东数西算实践，帮助读者建立 PaaS 平台对算力网络承载作用的直观体验；第 11 章是在算力网络场景下对 PaaS 未来演进的展望。

本书的读者对象包括算力网络的规划人员、算力网络相关的设计开发人员、PaaS 平台创业者、PaaS 产品总监、PaaS 产品经理、PaaS 研发测试人员、PaaS 平台销售人员，以及对 PaaS 感兴趣的从业者、在校学生等。

图书在版编目(CIP)数据

算力网络详解 . 卷 2，算网 PaaS / 苗森，黄德光，董育兵编著 . —北京：清华大学出版社，2023.1(2024.7重印)

（5G 与 AI 技术大系）

ISBN 978-7-302-62371-7

Ⅰ .①算…　Ⅱ .①苗…②黄…③董…　Ⅲ .①程序语言－程序设计　Ⅳ .① TP393

中国版本图书馆 CIP 数据核字 (2022) 第 256839 号

责任编辑：王中英
封面设计：陈克万
版式设计：方加青
责任校对：胡伟民
责任印制：宋　林

出版发行：清华大学出版社
　　　　网　　　址：https://www.tup.com.cn, https://www.wqxuetang.com
　　　　地　　　址：北京清华大学学研大厦 A 座　　　　邮　　编：100084
　　　　社 总 机：010-83470000　　　　　　　　　　邮　　购：010-62786544
　　　　投稿与读者服务：010-62776969，c-service@tup.tsinghua.edu.cn
　　　　质 量 反 馈：010-62772015，zhiliang@tup.tsinghua.edu.cn
印 装 者：三河市君旺印务有限公司
经　　销：全国新华书店
开　　本：170mm×240mm　　　印　　张：19.5　　　字　　数：382 千字
版　　次：2023 年 1 月第 1 版　　　印　　次：2024 年 7 月第 2 次印刷
定　　价：89.00 元

产品编号：098218-01

作者介绍

苗森，现任亚信科技研发中心 PaaS 资深产品经理。从事 IT 行业十余年，对分布式架构、微服务、云原生技术以及 PaaS 平台有着深入的理解。做过的项目涉及电信、政务、法务、公安等领域。

黄德光，现任亚信科技研发中心 PaaS 平台资深架构师、产品专家。曾就职于苏宁、华为、中兴等大型 IT 企业，参与过多个大型平台项目建设。发明专利 7 项，其中海外专利 1 项。

董育兵，现任亚信科技研发中心资深产品解决方案工程师。深耕运营商领域 PaaS 解决方案十余年，致力于微服务架构在大型企业的落地及演进，具有丰富的容器、微服务等云原生领域经验。

"算力网络详解"三部曲书序

当下，数字经济席卷全球，以科技为武器的产业革命深刻地影响着社会的发展进程，人类社会正迎来百年未有之大变局。在疫情这一"黑天鹅"的助推下，全球加速进入以数字化、网络化、智能化为特征的数智信息时代，这一变革重塑着全球的经济结构和竞争格局。

伴随着经济范式的革新，信息基础设施被视为推动经济高质量发展的重要引擎。国家间信息经济的竞争逐渐转变为算力水平的竞争，算力发展成为实现中国科技强国的内在发展需求。因此，要把握算力发展的重大战略机遇，抢占发展主动权。为此，国家在 2018 年明确提出"新型基础设施建设"之后，相继出台了"东数西算工程"等一系列助力算力基础设施建设的政策和文件，为加快形成高质、经济、可持续的算力提供政策性保障，以迎接数智信息时代的到来。

同时，产、学、研各界一同掀起了算力探讨和研究的热潮。受限于硅基芯片的 3 纳米单核制程，并且多核设备的芯片架构设计难度大，单一形态和单一算力提供主体的发展陷入了瓶颈期。通过计算联网实现大型计算业务自然成为业界当下的选择之一，只有如此，才能加速驱动算力设施和网络设施走向融合，算力网络这一概念便被提出来了。

算力网络诞生于中国，是国内数字经济领先发展的成果，是具有国际领先水平的重大原创性技术。2022 年是算力网络的建设元年，国内电信运营商均把算力网络建设提升到公司战略高度。中国电信构建以云网操作系统为核心的云网体系，围绕资源和数据、运营管理、业务服务、能力开放四个维度分阶段向算力网络迈进。中国移动于 2021 年 11 月发布了《中国移动算力网络白皮书》，明确了总体策略和发展实施方案。为加快整合统筹现有资源和能力，推进算力网络建设发展，确定了算力网络发展的三个阶段：泛在协同、融合统一、一体内生。中国联通则以 CUBE-Net 3.0 为发展愿景，提出构建"算网为基、数智为核、低碳集约、安全可控"的算力网络一体底座，实现 6 融合的"智能融合"服务。

亚信科技基于国际标准与国内电信运营商对算力网络的定义与规划，结合东数西算、AR/VR/XR 等多类典型算力网络场景，自主设计研发了算力网络产品体系，汇集了亚信科技在算力网络领域的创新研究成果，赋能通信运营商构建算力网络，助推东数西算工程落地。"算力网络详解"三部曲以亚信科技算力网络产品为基础，并结合相关场景和实践案例，全面介绍算力网络中智能编排调度、能力开放运营和大数据应用等关键功能和技术，从下往上贯穿整个算力网络系统架构，是国内首套详细回答算力网络两个核心问题——"算力网络怎么建"和"算力网络怎么用"——的书。非常荣幸能将此阶段性成果和经验以图书的形式与行业伙伴们进行分享，共同促进算力网络的繁荣发展。

我国信息科技领域经历了从全面落后到奋力追赶的阶段，目前正处在争创领先的大背景下，未来必然会面临巨大的困难和挑战。亚信科技诞生之时就以"科技报国"为己任，在过去近 30 年的发展中始终不忘初心，砥砺前行，站立在技术的发展潮头。未来，我们将继续坚持以技术创新为引领，与业界合作伙伴们共同努力，为提升我国信息科技和应用水平、实现"数字中国"贡献力量。

2022 年 9 月于北京

前　言

　　2019 年 10 月，ITU SG13 全体会议召开，多家国内公司、研究机构参会，由中国移动主导的"算力感知网络的需求及应用场景（Cloud Computing – Functional Requirements of Computing-Aware Networking）"立项获得全体会议通过，成为算力感知网络首个国际标准项目。在同期以及后续的几年，中国联通、中国移动和中国电信分别发布了自己的算力网络（也可简称"算网"）白皮书，对算力网络做出了概念、意义、价值、功能、演进等多方面多维度介绍。

　　2021 年 5 月 24 日，国家发展改革委、中央网信办、工业和信息化部、国家能源局联合印发了《全国一体化大数据中心协同创新体系算力枢纽实施方案》，首次提出"东数西算"工程，成为算力网络的一个超大型国家级项目工程，标志着算力网络从概念讨论逐渐进入落地实施的阶段。

　　国内的电信行业最早提出了算力网络的概念并开始探索算力网络的落地，一方面是基于业务长期演进，以及未来 5G 全面落地后带来的切实需求，另一方面也在于技术上有长期积累，能够较为清楚地认识到算力网络落地实施带来的重大价值。而技术和落地实践上的积累，在很大程度上来自技术支撑平台 PaaS 的持续演进。

　　算力网络面向终端用户的能力主要包括算力资源和算力组件能力，而在对异构资源纳管、调度、编排、组件开发、部署、生命周期管理、开通等方面，一直以来都是 PaaS 平台的强项。因此，笔者作为在 PaaS 平台上深耕多年的一支团队的代表，希望将自己对算力网络如何落地以及 PaaS 平台在算力网络落地中起到的作用与读者分享，希望能够与各界朋友一起探讨、促进算力网络的发展。

算力网络是 ICT 行业发展的新趋势，是面向未来算力和网络融合的新技术领域。亚信科技精心打造了"算力网络详解"三部曲，包括：

- 《算力网络详解 卷1：算网大脑》，详细介绍在算力网络中面对应用需求如何实现算力资源和网络资源的联合优化。

- 《算力网络详解 卷2：算网PaaS》（即本书），详细介绍算力网络能力如何通过 PaaS 平台进行纳管、开放、运维和运营，最终实现算力网络技术和商业价值的落地。

- 《算力网络详解 卷3：算网大数据》，主要讲解面向算力网络的大数据关键技术，以及这些技术是怎么赋能算力网络的。

本书由亚信科技产品研发中心编写，编写组成员还包括张杰、张云翔、于晓光、赵志月，同时感谢欧阳晔博士、英林海、乔稳、张峰、顾晶龙、付向平、齐宇为本书出版所做的工作。

由于编者的水平和精力有限，不足之处在所难免，竭诚欢迎各界读者朋友批评指正，我们不胜感激。

编者

2022 年 11 月

目　录

第1章 算力网络发展背景

1.1 时代背景

2019 年 10 月召开的 ITU SG13 全体会议上，由中国移动主导，中国电信、华为、中科院声学所共同提出的"算力感知网络的需求及应用场景（Cloud Computing-Functional Requirements of Computing-Aware Networking）"立项获得全会通过，成为算力感知网络的首个国际标准项目，标志着算力网络在国际层面获得认同。

作为我国率先提出的一种原创性技术理念，算力网络是指依托高速、移动、安全、泛在的网络连接，整合云、边、端等多层次算力资源，提供数据感知、传输、存储、运算等一体化服务的数字信息基础设施，推动算力成为像水力、电力一样"一点接入、即取即用"的社会级服务。"算力好比电，算力网络好比电网。电网支撑着数亿人和不同商业的用电需求，而在万物智联时代，算力网络可以满足自动驾驶、云游戏、人脸识别、VR/AR 等新兴应用的实时计算需求。"全国政协委员、云南联通党委书记、总经理张云勇在 2022 年两会的提案中指出。

在算力服务对经济发展的带动性上，随着各行各业数字化转型的推进，算力的经济发展带动作用也越来越突出。据中国信通院测算，2016 年至 2020 年，我国算力规模平均每年增长 42%，能撬动数字经济增长 16%、GDP 增长 8%。从投入产出看，2020 年我国算力产业规模达 2 万亿元，直接带动经济产出 1.7 万亿元，间接带动经济产出 6.3 万亿元。平均来看，算力每投入 1 元，将带动 3 ～ 4 元 GDP 经济增长。算力对经济发展的带动能力可见一斑。未来随着我国产业升级、数字化转型的深入及社会智能化水平的提高，算力在整个社会经济发展中起到的基础性作用将会越来越突出。

然而，虽然算力对经济的带动能力很强，算力增长非常迅猛，算力产品规模也位于全球前列，但我国目前的算力资源情况依然无法满足当下的业务需求，更无法满足 5G 时代新业务对算力的爆发性需求。公开数据显示，目前我国数据中心规模已达 500 万标准机架，算力达到每秒 1.3 万亿亿次浮点运算，但算力需求每年仍以 20% 左右的速度快速增长。5G 时代的到来及智能化应用的发展带来大量新业务，比如 VR、AR、自动驾驶，元宇宙场景等，其计算量需求暴增。根据华为在"泛在算力，智能时代的基石（华为）"中的评估，目前全球算力分布从低算力国家的 100 GFLOPS/ 人到高算力国家的 2500 GFLOPS/ 人，即使是高算力国家，也只是进入智能社会的初级阶段。而中级阶段的人均算力为 10000 GFLOPS/ 人，我国距高算力国家尚有很大的距离。因此，算力在未来有很大的发展前景。目前集中式的云计算不再能够满足未来算力的需求。未来的很多业务场景需要根据业务特性、价格、网络条件来选择合适的算力，而云计算数据中心通常集中部署于某些地区，在时延上无法满足新业务需求。在此背景下，国内巨头纷纷开始进军布局算力网络。

作为数字基础网络的建设者与拥有者，"近水楼台"的运营商也成为布局算力网络最为积极的厂商。以中国移动为例，目前计划将依托"4+3+X"数据中心布局，按需部署网络节点、增设直连链路、调整组网架构，实现移动云中心节点间全互联组网。

以上海为例，据全国人大代表、上海移动董事长陈力在 2022 年两会期间介绍，上海正积极建设以 5G、算力网络、智慧中台为重点的新型信息基础设施，助力构建"连接＋算力＋能力"的新型信息服务体系，为上海经济、生活、治理三大领域数字化转型融合注智赋能。

同时，中国电信则明确了"2+4+31+X"的数据中心 / 云布局，未来将加快在八大枢纽节点的征地、建设工作，预计到"十四五"规划末，数据中心机架规模在相关区域占比达到 85%；中国联通则提出，将按照全国一体化大数据中心体系总体布局及八大算力枢纽节点的要求，优化"5+4+31+X"资源布局，实现大规模算力部署。此外，阿里、腾讯、华为、百度、字节跳动等也相继在全国多地布局数据中心。

在中国移动董事长杨杰看来，加快算力网络创新发展，不仅有利于贯彻落实国家"新基建"部署要求，推动算力资源的精准配置和按需获取，同时也将促进东部数字经济产业链向西部延伸拓展，有效降低算力能源消耗，助力区域协调发展和国家碳达峰、碳中和目标达成。

1.1.1　国家战略

近年来，随着社会经济的发展，尤其是新冠肺炎疫情给实体经济带来的直接困难表现下，数字经济的引擎作用日益突出。2021 年发布的《中国互联网发展报告 2021》显示，2020 年中国数字经济规模达到 39.2 万亿元，占 GDP 比重达 38.6%，保持 9.7% 的高位增长速度，成为稳定经济增长的关键动力。中国数字产业化规模达到 7.5 万亿元，不断催生新产业、新业态、新模式，向全球高端产业链迈进；产业数字化进程持续加快，规模达到 31.7 万亿元，工业、农业、服务业数字化水平不断提升。

然而，在数字经济的发展下，我们也看了一些问题，比如数据中心在地理上分布不均，带来资源不协调的矛盾。东部区域经济发达，对数据中心的要求很高，但在寸土寸金的东部区域，数据中心的建设带来了资源紧张，同时，数据中心对能耗的需求越来越高，电力成本激增，社会成本越来越高。而拥有丰富可再生资源、气候适宜、地广人稀的西部区域，其数据中心建设较少，但网络带宽低，跨省数据传输费用高。面对如此局面，我们思考，能否在 IT 基础设施上实施类似"南水北调"的方案，将东部密集的计算和存储需求引入成本较低的西部，一方面降低东部的计算存储成本，另一方面也在新基建上提升西部地区的基础设施建设水平，形成共赢的局面。

针对以上问题，国家层面有过很多的思考。在我国数字经济健康发展的集体学习中，强调要加快新型基础设施建设，加强战略布局，加快建设高速泛在、天地一体、云网融合、智能敏捷、绿色低碳、安全可控的智能化综合数据信息基础设施，打通经济社会发展的信息"大动脉"。

为推动数字经济发展，我国陆续出台了多项政策，加快构建以算力和网络为核心的新型基础设施体系。

以下是标准化组织或者国家陆续提出或出台的一系列标准和政策。可以看到国家对于算力网络的布局和推进是在不断前进的。

2019 年，中国运营商在国际标准组织中倡导算力网络：10 月的 ITU-T SG13 全体会议上，中国移动主导的"Functional Requirements of Computing-aware Networking"立项获得全会通过；中国电信主导的"算力网络框架与架构草案（Framework and Architecture of Computing Power Network）"获得通过。

2020 年 8 月，网络 5.0 产业联盟启动算力网络研究：信通院牵头的网络 5.0

产业联盟成立"算力网络特设研究组"，在网络领域中启动算力网络的前沿研究。

2021 年 3 月，"十四五"规划要求强化算力的统筹智能调度，要求"加快构建全国一体化大数据中心体系，强化算力统筹智能调度，建设若干国家枢纽节点和大数据中心集群，建设 E 级和 10E 级超级计算中心"。

2021 年 5 月，四部委联合发文，启动"东数西算"工程：发改委、网信办、工信部、能源局联合印发《全国一体化大数据中心协同创新体系算力枢纽实施方案》，明确提出布局全国算力网络国家枢纽节点，启动实施"东数西算"工程，构建国家算力网络体系。

2021 年 7 月，工信部发布"东数西算"工程指引下的算力发展格局：工信部印发《新型数据中心发展三年行动计划（2021—2023 年）》，明确用 3 年时间，基本形成布局合理、技术先进、绿色低碳、算力规模与数字经济增长相适应的新型数据中心发展格局。

2021 年 9 月，算力网络纳入 6G 网络关键技术：IMT-2030（6G）推进组发布《6G 网络架构愿景与关键技术展望》白皮书，将算力网络技术列为 6G 网络关键技术。

2022 年 2 月，"东数西算"工程正式全面启动：国家发改委、中央网信办、工信部、国家能源局联合印发通知，同意在京津冀、长三角、粤港湾大湾区、成渝、内蒙古、贵州、甘肃、宁夏 8 地启动建设国家算力枢纽节点，规划了 10 个国家级数据中心集群。

"东数西算"的数据中心布局，会因地制宜，根据不同地理位置的能源结构、产业布局、市场发展、气候环境等不同因素，分类布局不同类型的数据中心，形成梯次配置，包括国家枢纽节点、省内数据中心、边缘数据中心、老旧数据中心和海外数据中心等。

针对国家级枢纽节点，根据"4+4"的枢纽节点配置，重点统筹打造京津冀、长三角、粤港澳大湾区、成渝等枢纽，为周边经济的发展提供持续的数字化算力资源支撑，满足区域发展战略的实施需求；而在贵州、内蒙古、甘肃、宁夏等可再生资源丰富、气候适宜的区域，发挥资源优势，提升网络质量，打造非实时性算力保障基地。

"东数西算"是国家层面算力网络的一次大范围、超大项目的落地。该项目会为算力网络后续在更多业务场景下的应用提供宝贵经验。

1.1.2　5G时代的智能化应用对网络架构提出了新的要求

自从因特网的广泛使用开始，传统应用一直以下行流量的使用为特征，比如，浏览网页、VOD 点播、IM 社交、网络购物等。用户浏览的内容绝大部分都位于业务提供方的机房，或者大型数据中心。用户通过终端发送浏览请求，从服务端获取请求的信息，通过网络传输至用户终端，实现业务的供给。用户对于短暂的延时宽容度比较高，视频缓冲数秒，或者页面在 1 ～ 2 秒内打开，或者实时消息稍微晚点完全可以接受，因此，互联网业务一直比较顺利。

然而，随着 5G 时代的到来，以及 5G 场景下的业务创新，我们发现目前的网络架构已经很难满足未来的业务需求了。新场景如下：

- 虚拟现实的游戏环境中，玩家需要用自己的虚拟形象，以自己的实际动作，与在线的其他玩家实时互动。在这种场景下，终端设备需要对用户进行多角度全方位音视频采集，并按照用户的自定义设置渲染成为不同的效果，并实时展现在虚拟的场景中，完成与其他玩家的互动。
- 远程手术过程中，手术医生远在千里之外，通过机械臂为病人实施救护。医生需要通过音视频信息的传输及时判断操作的精准度，需长时间保持网络传输的流畅度。
- 李然和朋友出游，在长途高速路上，李然不想无聊地开车，希望开启自动驾驶模式，让车辆自己掌控方向驶向目的地，而自己可以陪着朋友一起海阔天空地聊，或者玩一把吃鸡游戏。

我们可以发现，业务的性质似乎有了改变。在虚拟现实游戏中，期望用户终端完成所有的渲染并实现与多个玩家的实时互动，在现有网络架构下完全无法实现。因为我们在可负担成本前提下的用户终端没有强大的算力能够实现复杂的渲染，以及在网络时延的条件下无法实时上传渲染结果并实时互动；在远程手术的过程中，可能遇到网络抖动或者长距离传输带来的时延问题，医生无法做到操作与感知的手术级细微同步；在自动驾驶场景中，车辆的安全行驶、距离保持都需要极短时延的对应操作，而在现有网络条件下，这些都是难以保障的。

那么，无法满足业务需求的原因在哪里？通过场景分析，我们可以得出以下结论：

- 终端设备的算力不足以支撑业务场景，需要提升算力水平。
- 终端上行带宽不足以保障业务的实时性，需要扩大上行带宽，同时降低上行流量。

业务有区分，常规业务对时延不敏感，而特殊业务对时延非常敏感，以至于决定业务的成败，因此，要针对不同需求提供差异化的网络，支持可靠稳定的毫秒级时延网络供给。

以上几个场景均带来一个现实的问题，即目前的网络架构对这种新型的业务应用不够友好，不能够实现对此类应用的支撑，业务的发展急需新的支撑技术出现。

1.2 电信运营商的算力网络发展概述

1.2.1 运营商算力网络发展背景

国内电信运营商在 2G 时代的传统个人业务是语音和短信，由于当时处于通信行业大发展的前期，移动电话和短信业务是用户的刚需，且用户量长期处于上行态势，三大运营商业务发展十分迅猛。然而，传统业务的爆发性增长也带来了创新性滞后的不足。随着 3G、4G 时代的到来以及 IT 技术的发展，互联网厂商的 OTT 业务不断蚕食运营商的传统优势业务。通过互联网向用户交付各类业务应用。其中的实时服务消息类和语音通话类业务更是将运营商的传统优势业务直接拉到了免费的竞争态势下，在事实上完成了对运营商的管道化，使运营商成为提供基础网络和流量的管道。不仅如此，随着互联网业务的蓬勃发展，比如多人在线游戏、VOD 点播等，都对高速、稳定的网络条件提出了更高的要求。运营商在投入庞大资金做基础设施建设的背后，却依然只能靠流量收取极为有限收益，与业务创新带来的大部分收益无缘。再加上工信部多年以来提速降费的指导方针，直接造成了三大运营商增量不增收，陷入剪刀差的境地。4G 时代，运营商仅提供带宽（流量）服务，远离用户，被迅速管道化、低值化。

三大运营商多年以来也在不断尝试新业务创新，以实现业务的可持续发展。比如，中国移动通过成立咪咕公司，用于运营中国移动的音乐、视频、阅读、游戏、动漫等业务，下设咪咕音乐、咪咕视讯、咪咕数媒、咪咕互娱、咪咕动漫等子公司。此外，中国移动还将自己的技术支撑能力开放出来，为业务应用的开发者提供互联网能力开放平台（dev.10086.cn）；中国联通也在发展自己的互联网业务，比如沃音乐、沃视频等；中国电信的天翼云，下属的天翼云游戏、天翼高清等也是在互联网业务上的探索。

在互联网服务上，到目前为止，只有中国移动的咪咕在比较有限的领域获得了市场的认可。中国联通和中国电信的互联网业务均不温不火，无法实现业务创新、打造新业绩增长点的目标，更难以与互联网公司进行直面的竞争。

那么，有什么领域是电信运营商具备优势，且能够实现商品化包装、服务的？答案很清楚，遍布各省市机房的算力资源和占据绝对优势的网络资源。在5G时代，运营商在不断探索适合其运营的、标准归一化的新业务。盘活大量机房局点资源，避免粗放、低层次的出租空间方式，基于算力网络对带宽、时延有要求的各行业中高价值客户，提供可信、有保障的算网一体的综合服务。在与云服务商的分布式云的竞争中，取得算力交易市场的主导地位。

在算力资源的层面上，运营商虽然具备海量的资源优势，但算力资源不集中，没有统一管理，且没有实现云化，缺少以服务的方式对外开放的能力。同时，面临着阿里云、华为云、腾讯云等云服务商巨头的竞争，冒然进入市场并不是个好主意。而算、网结合，封装为算网服务，新市场则打开了。

想象一下在1.1.2节中提到的几个业务场景，目前的网络架构能否支持？目前的云服务商，能否为我们提供低时延的、稳定的网络算力服务，能否为我们提供符合虚拟现实要求的实时上传渲染交互算力网络支撑？在国家"东数西算"的大背景下，指导思想是将集中化算力向西部转移，东部仅保留原有数据中心以及扩建对时延敏感性业务的边缘算力，那么未来云服务商是否有足够的算力向东部用户开放？是否需要对业务加以区分，针对不同的业务提供不同位置的算力资源？这一切，都给运营商带来了新的商机。

电信运营商的独特优势恰好能够解决以上云服务商所不能解决的问题。

● 遍布全国各省份、城市的大量边缘计算资源。电信运营商有着遍布全国各个地区的不同机房，包括BTS基站机房、地市级的核心设备机房、省级核心机房、全国区域机房。基于这些机房构建起来的大中小型数据中心，通过资源的虚拟化服务，能够满足不同的边缘计算需求。

● 唯一的网络提供者角色。电信网络运营投资成本在万亿级别，需要覆盖全国，且需要符合政策要求，因此，电信运营商具备网络的建设、提供、运营等独特优势。加上网络切片能力，能够为不同的业务类型提供不同等级的网络传输服务，满足特殊业务的特殊需求。

- 基于 PaaS 的业务支撑系统的能力支持。算力网络的能力需要通过 IT 系统承载，完成能力的纳管、封装和开放。以中国移动为例，近几年，中国移动大力升级业务支撑系统，通过集中化磐基 PaaS 平台建设，为智慧中台以及上层业务建设提供技术中台支撑。磐基 PaaS 平台可以用于算网的底层技术支撑平台，并为算网的运营提供支撑。

在这些独特的优势下，算力网络作为新基建，其运营有望成为电信运营商的新增长引擎，并为 5G 时代下新业务的发展提供算力支持。

1.2.2 运营商对算力网络的定义

国内三大运营商均对算力网络提出了自己的理解。

在中国移动算力网络白皮书中对算力网络没有直接的定义，而是通过算力网络的属性、目标、愿景间接做了定义。中国移动认为，算力网络是以算为中心、网为根基，网、云、数、智、安、边、端、链（ABCDNETS）等深度融合、提供一体化服务的新型信息基础设施。算力网络要实现"算力泛在、算网共生、智能编排、一体服务"的目标，逐步推动算力成为与水力、电力一样，可"一点接入、即取即用"的社会级服务，达成"网络无所不达、算力无所不在、智能无所不及"的愿景。

根据中国联通算力网络白皮书里的描述，算网一体是在继承算网融合 1.0 工作的基础上，根据"应用部署匹配计算，网络转发感知计算，芯片能力增强计算"的要求，在云、网、芯三个层面实现 SDN 和云的深度协同，服务算力网络时代各种新业态。

而在《中国电信算力网络：新型 ICT 融合解决方案》报告中，对算力网络做了以下描述：算力类比于电力，算网类比于电网，算力网络吸纳和调度社会分散算力，以统一服务的方式，结合确定性网络输送高可靠、可度量、通用化的算力资源，使能 AI 应用，体现网络价值。

可以看到，三家运营商的观点既有相似之处又有不同之处。相似之处在于，三家都认为算力泛在化，分布更广泛，算力的调度和交易依赖于运营商的网络基础能力。而不同之处在于，中国移动强调一体化的布局，算力包括网和算；中国联通强调算网对于算力的支撑作用；中国电信更侧重于算力的运营，统一的、归一化的产品销售模式。

随着国内外各厂家开始对算力网络进行布局、探索，相信算力网络的概念还会持续演进。通过概念凝聚共识，共同探索这一新型基础设施的设计、建设和运营。

1.2.3　技术趋势

从每个人的生活中可以明显感受到，如今的生活相比 30 年前已经恍如隔世。从遍布大街小巷的各种小商铺，到面向全国甚至全球市场的大型线上购物平台；从"交通基本靠走，通信基本靠吼"，到共享出行的火爆和全球范围内的实时连接。这些改变，都是底层技术突破和数字化经济带给我们的。我们以前从未敢想过，我们的格局可以如此大。我们在设计产品的时候，考虑的不再是一个县、一个市，甚至一个省的业务需求，而是可以通过一个平台，将产品推送到全球消费者的面前，我们也就能够拥有全球的潜在消费者。新技术的引入前所未有地改变了商品的供给，又反向刺激了生产者扩大产品类别，满足不同地区、习惯、民族等的需求，同时改变了商品的生产，给全世界都带来了极大的价值和更舒适的体验。

技术和业务本就是相互促进、相互支撑的。传统计算、网络架构下的数字化转型带来了很多革命性的业务模式，比如线上新零售、餐饮外卖、共享出行体验、电子支付、基于位置的本地生活服务等，给人们的生活带来了无数的便利。而这些业务的大发展，又促进了技术的发展，比如，海量用户的高并发业务需求促进了微服务技术、弹性伸缩技术、分布式数据库等技术的发展。然而，互联网业务发展到今天已经开始遇到瓶颈，很多我们已经期待的业务，由于底层技术的限制，暂时无法实现。这就倒逼技术上进行持续创新，满足新业务对技术支撑的诉求。

那么下一个 10 年，我们会遇到什么业务需求呢？又有哪些技术会为需求进行持续支撑呢？关于业务上的需求，我们似乎已经窥视到了未来的影子，比如我们可以在车里打着牌、聊着天，车子自主安全地将我们送到目的地；我们可以待在家里，与全球不同国家的同事完成"面对面"的协同工作；我们可以通过虚拟现实或者元宇宙，与逝去的亲人再次见面；我们可以在虚拟化环境中，体验永远都不能触达的遥远星空的寂寞。这一切都会引起无限的遐想，而这一切的背后，都有不同的新技术，比如人工智能、区块链、虚拟化、物联网等。而在这些新技术的背后，是更为底层的算力技术支撑。

在业务层面上，应用创新速度不断加快，应用种类和数量越来越多，将来，云、边、端协同将成为业务服务实现的主流。

随着自动驾驶、云游戏、VR/AR 等新型业务应用的兴起，以及物联网、移动应用、短视频、个人娱乐、人工智能的爆炸式增长，应用越来越场景化和多样化，用户对应用体验的追求也将不断提高。传统单一架构难以满足此类要求。这就对传统的计算平台提出了新的挑战，驱动计算架构向多样性发展，满足现实的业务需求。

边缘计算的使用会越来越广泛，未来超过 70% 的数据和应用将在边缘产生和处理。边缘侧设备和移动端设备受场景约束，处理能力和性能的提升受到技术和成本的限制，需要与中心云协同，满足业务需求的同时控制实施成本。随着 5G 的规模部署，网络传输时延、带宽、连接密度均得到指数级的提升，给云边端协同提供了基础保障。

在业务开发和交付方面，企业在寻求更加敏捷、灵活和高效的应用开发模式，以加速应用的创新和快速上线，如容器技术、微服务技术和 DevOps 技术。这些技术和应用开发模式拉近了业务和计算平台之间的联系，应用开发团队将定义基础设施的性能、可用性和规模，直接推动计算平台架构的变革和创新。

百亿连接带来数据爆炸式增长，智能和实时处理成为普遍诉求：5G 的商用将驱动行业物联网的应用与落地，工业机器人、工业互联网、智能电表、水表、路灯、车联网等快速普及。智能无所不及，人工智能技术将渗透到人们的生活和企业的业务中，智能驾驶、智能安防、智能制造、智慧城市等全面兴起。IDC 预测，2023 年全球物联网市场空间将达 1.12 万亿美元。海量的应用、百亿级连接、无处不在的智能，将产生海量的数据，带动海量数据分析处理，并围绕数据创造价值。新计算平台必须具备海量数据处理分析能力、各种应用场景下人工智能训练和推理能力，以及边缘计算、物联网大规模连接场景下的安全和实时处理等能力。

1. 泛在算力

算力离每个人都很近，近到我们貌似都对它失去了感知。

算力为所有的业务应用、各种技术提供底层支撑。日常生活中的每个电话、每条信息；在京东、淘宝的每次搜索、每笔订单、每次支付；在百度搜索的每个问题；物流小哥在每个站点位置的上报，位置信息同步到你的终端；每次打开菜鸟驿站的货柜取出自己心心念念的物品；每次打开手机看到展示在自己面前的画面，都是算力在进行支撑。

而涉及个人利益时，算力的概念又再次回到了我们的身边，比如在采购电脑的时候，具备最新一代 CPU 和大内存配置的机器总是更加吸引你的注意；购买手机的时候，你在预算充足的条件下，一定是选择拥有更强处理器的型号，因为你知道，这样的设备用起来很快；如果你和小伙伴玩在线组队游戏，你一般会选择一个离你的地理位置比较近的服务器，因为这样游戏速度更快；如果你有很多的文件、音乐、电影类的文件要长期保存，你可能会选择百度云盘或者阿里云盘，实现云上保存、随需随取。这几个场景中，你选择的算力设备或者算力服务分别属于算力端设备、边缘算力服务和中心云算力服务。在没有意识到的情况下，你已经选择了分布在云边端的算力架构模式为自己的不同需求提供服务。

那么，以后的 10 年，算力能力的提供上会有哪些变化呢？我们还是先看一下日常生活中熟悉的场景。比如个人电脑、手机，这些分别是 x86 架构和 ARM 架构的 CPU 算力。前几年随着比特币挖矿热度的提升，起初有人用显卡来实现比特币挖矿，导致市场上显卡价格飞涨。之所以用显卡挖矿，是因为显卡 GPU 也是一种算力设备，但 GPU 不像 CPU 那样，需要很大的存储单元、控制单元和计算单元。GPU 更多的是为了计算像素点，所以在设计时，更多强调计算单元，便于并行进行大量的计算。再到后来，一种专门用途的 7 纳米 ASCI 矿机推出，每秒能进行 110 万亿次哈希运算，因此迅速取代了显卡。

从以上几个日常生活中的例子我们可以看出，算力呈现出了泛在和多样化的趋势。

在算力能力的提供上，会因为算力的效费比以及算力本身发展的局限性带来泛在算力的必然结果。在效费比方面，性能优先的场景下，我们倾向于使用本地算力或者就近算力，这促进了边缘计算的迅速发展；而针对时效性不明显的业务，我们倾向于选择云数据中心的集中化算力提供成本更低的算力支持。在算力本身发展局限性方面，受硅基芯片本身的特性影响，算力的单核芯片计算能力将在芯片制程 3 纳米到达极限，后续算力的扩展需要通过多核化实现。然而，随着核数的增加又会出现算力散失效应，结果就是算力不再随着核心数的增加而线性增加。同时，从算力功耗上讲，核心数量在 128 核时会接近上限。芯片的"垂直扩容"到此走向尾声。在算力需求持续增长的背景下，需要通过"横向扩容"，以算力组网的形式增加算力，满足业务不断增长的算力需求。而网络化的算力矩阵会带来算力潮汐效应，所以，需要边缘端设备来解决需求错配问题。因此，未来算力必然构建云、边、端的泛在部署架构，满足社会智能化发展带来的算力需求。

而在算力的多样化上，随着 5G 业务、人工智能、AR/VR 业务、云游戏等业务的出现，传统的 x86 和 ARM 等以 CPU 为单一计算单元的通用算力已不能满足并行计算能力的要求，算力的内核从普通的 CPU，向 GPU、FPGA、NPU、ASIC、SoC 等异构方向拓展。在不同的场景根据需要选择使用通用算力或者专用算力成为了多样化业务发展的必然结果。

2. 算网深度结合

云、边、端的泛在算力架构必然要求位于不同位置的算力能够形成多级管理体系，类似于虚拟化技术中将一台物理机虚拟为多台虚拟机的"一虚多"技术，和分布式多节点虚拟为一个统一节点的"多虚一"技术，泛在算力也需要通过类似的技术，实现统一纳管和资源分配，并通过某种技术结合起来支持按需动态调度。而这种技术的实现方式就是网络。就像自来水和电力的流动离不开水网和电网，算力的流动也离不开算力网络。拥有四通八达的高性能算力网络，是泛在算力充分自由流动的基础。通过网络连接泛在算力，可突破单点算力的性能极限，发挥算力的集群优势，提升算力的规模效能。通过算网大脑，实现对算网资源的多级调度，可有效促进算力的"流动"，满足业务对算力随需使用的需求。同时，伴随着行业应用对网络在端到端质量方面的极致要求，网络也需要从尽力而为向端到端确定性保障演进。

实际上近年来电信运营商一直在持续推进云网融合。SDN 和 NFV 技术为云网融合提供了技术支撑。目前，运营商通过 SDN 技术已经实现了云和网的联通，核心网也通过 NFV 技术实现了功能的云化。然而，目前 SDN 和 NFV

都是独立部署，自成体系，尚没有实现深度协同。在算网结合的演进中，主要分为三个阶段。

第一阶段，泛在协同。目前的云计算，更多是处于算网泛在协同的阶段，这是算力网络的起步阶段，核心理念是"协同"。"算"和"网"是两个独立个体，各自编排调度，但开始向布局协同、运营协同发展。通过协同算网服务入口，实现资源互调，满足用户一站开通需求。该阶段的特点是网随算动，协同编排，协同运营，一站服务。

第二阶段，融合统一。该阶段，核心理念是"融合"。"算"与"网"逐步融合发展，但还是两个身体，负责管理编排的大脑开始融合统一，实现在算网资源层面的统一管理、编排、调度。本阶段的特点是算网融合。智能编排，统一运营，融合服务。关注网络智能化、算网大脑、多样化量纲、超边缘计算、确定性网络、应用感知为代表的技术，实现算网智能编排和端到端的质量保障。

第三阶段，一体内生。本阶段是算力网络的跨越阶段，核心理念是"一体"。算网边界被彻底打破，形成算网一体化基础设施，为用户提供融合多技术要素的一体化服务。该阶段的特点是算网一体，智慧内生，模式创新，一体服务。

未来的算力网络架构下，"算"和"网"会通过不断融合，逐步实现算网一体化。

3. 要素融合互促

在算力本身和算网融合发展的同时，算力网络底层技术的发展也会反向促进业务的发展以及新业务的出现。让我们开启上帝视角，回想一下平台经济最初发展面临的一个最核心的难题：信任问题。卖方如何能够相信自己寄出产品后，买方收到货品后会完成付款；买方又如何相信自己付了黄金的价格，得到的不是板砖。阿里巴巴通过第三方担保支付解决了该问题。而实际上，第三方担保支付只是一个应用，还算不上是技术。然而，我们却可以看到，有了第三方担保支付后，电商的发展如日中天。一直到今天，电商的火爆对实体线下销售都形成了压倒性优势。

在 2G 时代，我们通过模拟网络，实现远程通信，传统大黑粗的大哥大就是这个时代的应用巅峰。到了 3G 时代，我们可以看到多媒体的大发展。通过下行流量，可以看到丰富多彩的文本、图像和视频，虽然缓冲和卡顿一直常伴视频。4G 时代，我们看到视频业务的大发展，各种 VOD 点播不再需要长时间的缓冲，各种直播几乎是实时的，我们很少会遇到卡顿等情况，其业务使用体验前所未有。而这个阶段，其实还是以下行流量为主，通过 CDN 等加速手段，实现了用户终端的良好体验。而完全进入 5G 时代后，上、下行流量并行会是新业务的主要特色。我们可能不再依赖服务端已经拥有的内容，而自己仅仅作为一个看客。我们可能会更多地参与其中，与自己相关的数据源源不断上传，完成与其他人数据的融合渲染之后，再下行到用户终端，实现实时交互式业务体验。想想我们刚开始使用微博等社交工具时，通过文本交互给我们带来的满足，再想想我们以虚拟人的形态充分融入业务场景，这毫无疑问会带来各种新业务的大爆发。

那么，我们有理由相信，算力网络技术上的突破，同样也会以业务的发展形成反哺效应。比如依赖现有的网络和算力协同能力，我们无法实现无人驾驶，无法实现远程手术，更无法实现元宇宙的虚拟场景再现。也因此，这些业务一直还留存在实验室或者是大众的期待中。而如果某一天，技术上能够支持高吞吐量基础上的终端毫秒级延迟，那么，不同的新业务形态也会如雨后春笋般出现。在算力网络的赋能下，人工智能技术、大数据技术、区块链技术的应用场景越来越多，并在业务场景中为我们带来直接的用户体验。算力网络、新技术与业务相辅相成，相互融合互促，最终将为用户带来更高层次的业务体验。

4. 算网一体服务

在算网的不断融合上，其最终的目标是实现算网一体服务。从"云计算 +网络"的组合服务，转变为算网深度融合、灵活组合的一体化服务。在算网一体服务的基础上，再加上各种新技术的赋能，如通过容器技术实现算网应用的封装，通过云原生技术，实现算网应用的持续部署、运行托管、自动化运维，通过 SDN 技术实现对网络的虚拟化，等等，让服务开始从资源型向任务型发展，最终实现算网一体化服务。

1.2.4　发展愿景

国内三大运营商均基于算力网络的发展愿景对算力网络做出了相关的战略布局。本节以中国移动为例阐述中国移动对算力网络的发展愿景。

根据中国移动算力网络白皮书中的描述，算力网络是以"算"为中心、"网"

为根基，网、云、数、智、安、边、端、链深度融合，提供一体化服务的新型基础设施。

"算"为中心，"网"为根基：几十年来的互联网发展已经深入改变了整个社会的面貌，随着各行各业数字化转型的持续深入，整个社会层面已经从初级的以网络为核心的信息交换，发展到以算力为核心的信息数据处理。以几个互联网巨头为例，阿里巴巴拥有全网最强的消费者数据，能够根据消费者长期以来的消费习惯实现消费者的人物画像，并基于人物画像，提供千人千面的销售服务。腾讯公司有着全网最强的社交关系数据。根据社交关系，腾讯公司可以轻松获取人物的社交数据，并向外延伸，拓展到商品销售、精准推荐、位置服务之类的服务。百度公司有着全网最强的知识库数据，能够基于用户搜索，形成各类关注热点，比如社会事件热点、品牌热点、人物热点、话题热点等。通过对热点的挖掘，不仅能够实现精准的商业变现，还能够实时掌握社会舆情，有针对性化解风险。这一切均需要基于大规模算力的挖掘。因此，算力将成为信息技术发展的核心之一。而网络则作为连接用户、数据、算力的桥梁。网络需要与算力深度融合，形成算网一体化新型基础设施，最终达成"网络无所不达、算力无所不在、智能无所不及"的愿景。

我们的社会正在向智能社会急速演进。智能社会的主要构成要素为算法、算力、数据。算法的提供主要依靠高端研究院基于顶尖科学家的数学模型；算力由新基础设施提供；数据则来自于日常生活中的人和物交互。中国移动做出的算力网络的发展愿景，是网、云、数、智、安、边、端、链的深度融合。其中，云、边、端是泛在算力的基础，是信息化社会的核心生产力。云、边、端的算力通过网络连接起来，共同构建算力网络新基础设施，为万千行业赋能做底层支撑。大数据和人工智能是影响社会数智化发展的关键。链指的是区块链，这与算网的运营相关。算力的提供者通过区块链实现可信交易，是实现算力交易的核心基石。安全则是保障算力网络可靠运行的基石。八大因素的融合，让算力网络真正走向个人终端消费者，最终实现安全、可靠、按需使用、可信交易的算网服务愿景。

一体化服务是指通过算、网、数、智等多原子的灵活组合，实现算力服务从传统简单的云网组合服务向多要素深度融合的一体化服务转变。算力网络的服务模式将从资源式向任务式转变，为用户提供智能、极简、无感的算网服务。

1.2.5 发展目标

算力网络的发展目标是实现"算力泛在、算网共生、智能编排、一体服务"，逐步推动算力成为与水力、电力一样，可以"一点接入、即取即用"的社会级服务。

算力泛在指以算为中心，构建云、边、端立体泛在的算力体系，实现多级算力的统一纳管、调度、开放。算力泛在有三个方面的要求：第一，打通不同位置区域的物理算力资源池，实现对不同资源池资源的联通，构建不同层级的统一物理资源池；第二，基于不同层次的物理资源池，实现资源的虚拟化，打造统一的虚拟化资源池，在逻辑上实现资源的联通，构建集中和边缘的逻辑资源池布局；第三，异构资源的兼容支持，比如 X86、ARM、RISC-V，为多样化的业务提供不同类型的算力支撑。

算网共生指算力与网络在形态和协议方面深度融合，形成一体化基础设施。随着算力网络的演进，算力和网络由网随算动、算网融合走向算网一体，最终打破网络和算力基础设施的边界，实现算网一体的内生目标。网络从连接算力的桥梁演化至感知算力、承载算力，实现网在算中、算在网中。网络根据业务需求，按需进行算力网络编程，灵活调度泛在的算力资源，协同全网的算力和网络资源，实现算力路由。通过灵活部署的在网计算，对数据进行就近加速处理，降低应用响应时延，提升系统处理效率，实现算网发展互促互进、共生共赢。

智能编排指融数注智，构建算网大脑，实现算网的统一编排和全局优化。算网大脑向下实现算网全领域资源拉通，向上实现算网融合类全业务支撑，融合人工智能、大数据技术，实现算网统一编排、调度、管理、运维，打造算力网络资源一体设计、全局编排、灵活调度、高效优化的能力。未来，算网大脑还将融合意图引擎、数字孪生等技术，实现自学习、自进化，升级为真正智慧内生的超级算网大脑。

一体服务是指为用户提供算网数智等多要素融合的一体化服务和端到端的一致性质量保障。一体化服务包含三个方面的融合供给：第一，多要素融合供给。算力网络实现了算网数、智、链、安等多要素的深度融合，可提供多层次叠加的一体化服务。第二，社会算力融合供给。算力网络通过与区块链技术的紧密结合，构建可信算网服务统一交易和运营平台，支持引入多方计算提供者，倒灶新型算网服务及业务能力体系，并衍生出平台型共享经济模式，实现对社会闲置算力和泛终端设备的统一纳管。第三，数智服务融合供给。算力网络通过提供基于"任务式"量纲的新服务模式，可以让应用在无须感知算力和网络的前提下，实现对算力和网络等服务的随需使用和一键式获取，达到智能无感的极致体验。

2.1　算力网络与 IT 架构的关系

第 1 章介绍了算力网络的发展目标、价值与意义，但算力网络要落地，离不开 IT 的支撑，同时为了适应底层算力的异构与多样性特征，因此需要在中间有一层功能来适配，隔离底层差异，对上提供统一的算力纳管、应用发布、应用调度、应用按需弹性扩缩容、应用迁移等能力，这一层功能与目前的 PaaS 是能够吻合上的。在本章中，我们先看一下运营商 IT 架构的演进，再去看一下算力网络对 PaaS 提出的要求。

2.2　服务架构演进历史介绍

从整体来看，服务架构演进的路线如图 2-1 所示。

图 2-1　服务架构演进路线图

2.2.1　单体系统时代

"单体架构"是在整个软件架构演进的历史中，出现时间最早、应用范围最广、使用人数最多、统治历史最长的一种架构风格。

单体系统并不意味着只能有一个整体的程序封装形式，从横向来看，单体架构可以支持按照技术、功能、职责等维度，将软件拆分为各种模块，以便重用和管理代码。如果需要，它完全可以由多个 JAR、WAR、DLL、Assembly或其他模块格式来构成。即使是以横向扩展（Scale Horizontally）的角度来衡量，在负载均衡器之后同时部署若干个相同的单体系统副本，以达到分摊流量压力的效果，也是非常常见的需求。

在"拆分"这方面，单体系统的真正缺陷不在于如何拆分，而在于拆分之后的隔离与自治能力上的欠缺。由于所有代码都运行在同一个进程空间之内，所有模块、方法的调用都无须考虑网络分区、对象复制这些麻烦的事和性能损失。在获得了进程内调用的简单、高效等优点的同时，也意味着如果任何一部分代码出现了缺陷，过度消耗了进程空间内的资源，所造成的影响也是全局性的、难以隔离的，譬如内存泄漏、线程爆炸、阻塞、死循环等问题，都将会影响整个程序，而不仅仅影响某一个功能、模块本身的正常运作。如果消耗的是某些更高层次的公共资源，譬如端口号或者数据库连接池泄漏，影响还将会波及整台机器，甚至是集群中其他单体副本的正常工作。

同样，由于所有代码都共享同一个进程空间，不能隔离，也就无法（其实还是有办法的，譬如使用 OSGi 运行时模块化框架，但是很别扭、很复杂）做到单独停止、更新、升级某一部分代码，因为不可能有"停掉半个进程，重启1/4 个程序"这样不合逻辑的操作，所以从可维护性来说，单体系统也是不占优势的。程序升级、修改缺陷往往需要制订专门的停机更新计划，做灰度发布、A/B 测试也相对更复杂。

由于隔离能力的缺失，单体除了难以阻断错误传播、不便于动态更新程序以外，还面临难以技术异构的困难，每个模块的代码通常都需要使用一样的程序语言，乃至一样的编程框架去开发。单体系统的技术栈异构并非做不到，譬如 JNI 就可以让 Java 混用 C 或 C++，但这通常是迫不得已的，并不是最佳的选择。

2.2.2　SOA 时代

程序选择分布式，除了获取更高性能和算力的理由外，更是为了获得隔离、自治的能力，以及技术异构等目标。开发分布式程序也并不意味着一定要依靠今天的微服务架构才能实现。在新旧世纪之交，人们曾经探索过几种服务拆分方法，将一个大的单体系统拆分为若干个更小的、不运行在同一个进程的独立服务，这些服务拆分方法后来导致面向服务架构（Service-Oriented Architecture）的一段兴盛期，我们称为"SOA 时代"。

在单体架构之后，又涌现出了一些架构，我们来回顾一下这些架构解决和存在的问题，然后看看最后是怎么统一到 SOA 架构的。

（1）烟囱式架构。

信息烟囱又称信息孤岛（Information Island），使用这种架构的系统也被称为孤岛式信息系统或烟囱式信息系统。它指的是一种外部完全不与其他相关信息系统进行互操作或协调工作的设计模式。这样的系统其实并没有什么"架构设计"可言。以企业与部门的例子来说，如果两个部门之间完全不会发生任何交互，就没有什么理由强迫他们必须在一栋楼里办公。两个不发生交互的信息系统，让它们使用独立的数据库和服务器即可实现拆分，而唯一的问题，也是致命的问题是，企业中真的存在完全不发生交互的部门吗？对于两个信息系统来说，哪怕真的毫无业务往来，但系统的人员、组织、权限等主数据，会是完全独立、没有任何重叠的吗？这样"独立拆分""老死不相往来"的系统，显然不可能是企业所希望见到的。

（2）微内核架构。

微内核架构也被称为插件式架构（Plug-in Architecture）。既然在烟囱式架构中，没有业务往来关系的系统也可能需要共享人员、组织、权限等一些公共的主数据，那不妨就将这些主数据，连同其他可能被各子系统使用到的公共服务、数据、资源集中到一起，组为一个被所有业务系统共同依赖的核心（Kernel，也称为 Core System），具体的业务系统以插件模块（Plug-in Module）的形式存在，这样也可提供可扩展的、灵活的、天然隔离的功能特性，即微内核架构。

这种模式很适合桌面应用程序，也经常在 Web 应用程序中使用。任何计算机系统都是由各种软件互相配合来实现具体功能的，本节列举的不同架构实现的软件都可视作整个系统的某种插件。对于平台型应用来说，如果我们希望将新特性或者新功能及时加入系统，微内核架构会是一种不错的方案。微内核架构也可以嵌入到其他的架构模式之中，通过插件的方式来提供新功能的定制开发能力，如果需要实现一个能够支持二次开发的软件系统，微内核会是一种很好的选择。

不过，微内核架构也有它的使用前提和局限，前提假设是系统中各个插件模块之间互不交互，不可预知系统将安装哪些模块，因此这些插件可以访问内核中一些公共的资源，但不会直接交互。可是，无论是企业信息系统还是互联网应用，这一前提假设在许多场景中都并不成立，我们必须找到办法，既能拆分出独立的系统，也能让拆分后的子系统之间顺畅地互相调用通信。

（3）事件驱动架构。

为了能让子系统互相通信，一种可行的方案是在子系统之间建立一套事件队列管道（Event Queue），来自系统外部的消息将以事件的形式发送至管道中，各个子系统从管道里获取自己感兴趣、能够处理的事件消息，也可以为事件新增或者修改附加信息，甚至可以自己发布一些新的事件到管道队列中去，如此，每一个消息的处理者都是独立的、高度解耦的，但又能与其他处理者（如果存在该消息处理者的话）通过事件管道进行互动。

（4）SOA 架构。

当系统演化至事件驱动架构时，仍在并行发展的远程服务调用也迎来了 SOAP 协议的诞生，此时"面向服务的架构"（Service Oriented Architecture，SOA）已经有了登上软件架构舞台所需要的全部前置条件。

SOA 的概念最早由 Gartner 公司在 1994 年提出，当时的 SOA 还不具备发展的条件，直至 2006 年情况才有所变化，由 IBM、Oracle、SAP 等公司共同成立了 OSOA（Open Service Oriented Architecture）联盟，用于联合制定和推进 SOA 相关行业标准。2007 年，在结构化资讯标准促进组织（Organization for the Advancement of Structured Information Standards，OASIS）的倡议与支持下，OSOA 由一个软件厂商组成的松散联盟，转变为一个制定行业标准的国际组织，联合 OASIS 共同新成立了的 Open CSA（Open Composite Services Architecture）组织，这便是 SOA 的官方管理机构。

软件架构来到 SOA 时代，许多概念、思想都已经能在今天的微服务中找到对应的身影了，譬如服务之间的松散耦合、注册、发现、治理、隔离、编排，等等。这些在微服务中耳熟能详的名词概念，大多数是在分布式服务刚被提出时就已经可以预见的困难点。SOA 针对这些问题，甚至是针对"软件开发"这件事情本身，都进行了更加系统性、更加具体的探索。

"更具体"体现在尽管 SOA 本身还是抽象概念，而不是特指某一种具体的技术，但它比单体架构和前面所列举的三种架构模式的操作性更强，已经不能简单地视其为一种架构风格，而是可以称为一套软件设计的基础平台了。它拥有领导制定技术标准的组织 Open CSA；有清晰软件设计的指导原则，譬如服务的封装性、自治、松耦合、可重用、可组合、无状态等；明确了采用 SOAP 作为远程调用的协议，依靠 SOAP 协议族（WSDL、UDDI 和一大票 WS-* 协议）来完成服务的发布、发现和治理；利用一个被称为企业服务总线（Enterprise Service Bus，ESB）的消息管道来实现各个子系统之间的通信交互，令各服务之间在 ESB 调度下无须相互依赖却能相互通信，既带来了服务松耦合的好处，也为以后可以进一步实施业务流程编排（Business Process Management，BPM）提供了基础。用服务数据对象（Service Data Object，SDO）来访问和表示数据，使用服务组件架构（Service Component Architecture，SCA）来定义服务封装的形式和服务运行的容器，等等。在这一整套成体系、可以互相精密协作的技术组件支持下，若仅从技术可行性的角度来评判的话，SOA 可以算是成功地解决了分布式环境下出现的主要技术问题。

"更系统"指的是 SOA 的宏大理想，它的终极目标是希望总结出一套自上而下的软件研发方法论，希望做到企业只需要跟着 SOA 的思路，就能够一揽子解决软件开发过程中的全部问题，譬如该如何挖掘需求，如何将需求分解为业务能力，如何编排已有服务，如何开发测试部署新的功能，等等。这里面技术问题确实是重点和难点，但也仅仅是其中的一个方面，SOA 不仅关注技术，还关注研发过程中涉及的需求、管理、流程和组织。如果这个目标真的能够达成，软件开发就有可能从此迈进工业化大生产的阶段，试想如果有一天写出符合客户需求的软件会像写八股文一样有迹可循、有法可依，那对软件开发者来说也许是无趣的，但整个社会实施信息化的效率肯定会有大幅的提升。

SOA 在 21 世纪最初的十年里曾经盛行一时，有 IBM 等一众行业巨头厂商为其呐喊，吸引了不少软件开发商，尤其是企业级软件的开发商的跟随，最终却还是偃旗息鼓，沉寂了下去。SOAP 协议被逐渐边缘化的本质原因是，过于严格的规范定义带来过度的复杂性，而构建在 SOAP 基础之上的 ESB、BPM、SCA、SDO 等诸多上层建筑，进一步加剧了这种复杂性。开发信息系统毕竟不是作八股文章，过于精密的流程和理论也需要懂得复杂概念的专业人员才能够驾驭。SOA 诞生的那一天起，就已经注定了它只能属于少数系统阳春白雪式的精致奢侈品，它可以实现多个异构大型系统之间的复杂集成交互，却很难作为一种具有广泛普适性的软件架构风格来推广。SOA 最终没有获得成功的主要原因与当年的 EJB 如出一辙，尽管有 Sun Microsystems 和 IBM 等一众巨头在背后力挺，但 EJB 仍然败于以 Spring、Hibernate 为代表的"草根框架"，可见一旦脱离人民群众，终究会淹没在群众的海洋之中，连信息技术也不例外。

2.2.3　微服务时代

"微服务"这个技术名词最早在 2005 年就已经被提出，它由 Peter Rodgers 博士在 2005 年度的云计算博览会上首次使用，当时的说法是"Micro-Web-Service"，指的是一种专注于单一职责的、与语言无关的、细粒度的 Web 服务（Granular Web Service）。"微服务"一词并不是 Peter Rodgers 直接凭空创造出来的概念，最初的微服务可以说是 SOA 发展时催生的产物，就如同 EJB 推广过程中催生了 Spring 和 Hibernate 那样，这一阶段的微服务是作为一种 SOA 的轻量化的补救方案被提出的。时至今日，在英文版的维基百科上，仍然将微服务定义为一种 SOA 的变种形式，所以微服务在最初阶段与 SOA、Web Service 这些概念有所关联也完全可以理解，但现在来看，维基百科对微服务的定义已经颇有些过时了。

微服务的概念提出后，在将近十年的时间里，并没有受到太多的追捧。如果只是对现有 SOA 架构的修修补补，确实难以唤起广大技术人员的更多激情。不过，在这十年时间里，微服务本身也在思考蜕变。2012 年，在波兰克拉科夫举行的大会"33rd Degree Conference"上，Thoughtworks 首席咨询师 James Lewis 做了题为 *Microservices-Java, the UNIX Way* 的主题演讲，其中提到了单一服务职责、康威定律、自动扩展、领域驱动设计等原则，却只字未提 SOA，反而号召应该重拾 UNIX 的设计哲学（As Well Behaved UNIX Services）。微服务已经迫不及待地要脱离 SOA，成为一种独立的架构风格，也许，未来还将会是 SOA 的天下。

微服务真正的崛起是在 2014 年，相信大多数读者，是从 Martin Fowler 与 James Lewis 合写的文章 *Microservices:A Definition of This New Architectural Term* 首次了解到微服务的。这并不是指各位一定读过这篇文章，准确地说：今天大家所了解的"微服务"是这篇文章中定义的"微服务"。在此文中，首先给出了现代微服务的概念："微服务是一种通过多个小型服务组合来构建单个应用的架构风格，这些服务围绕业务能力而非特定的技术标准来构建。各个服务可以采用不同的编程语言，不同的数据存储技术，运行在不同的进程之中。服务采取轻量级的通信机制和自动化的部署机制实现通信与运维。"此外，文中列举了微服务的九个核心的业务与技术特征，下面将其一一列出并解读。

- 围绕业务能力构建（Organized around Business Capability）。这里再次强调了康威定律的重要性，有怎样结构、规模、能力的团队，就会产生对应结构、规模、能力的产品。这个结论不是某个团队、某个公司遇到的巧合，而是必然的演化结果。如果本应该归属同一个产品内的功能被划分在不同团队中，必然会产生大量的跨团队沟通协作，跨越团队边界导致在管理、沟通、工作安排上都有更高昂的成本，高效的团队自然会针对其进行改进，当团队、产品磨合调节稳定之后，团队与产品就会拥有一致的结构。

- 分散治理（Decentralized Governance）。这是要表达"谁家孩子谁来管"的意思，服务对应的开发团队有直接对服务运行质量负责的责任，也应该有着不受外界干预、掌控服务各个方面的权力，譬如选择与其他服务异构的技术来实现自己的服务。这一点在真正实践时多少存有宽松的处理余地，大多数公司都不会在某一个服务中使用Java，另一个中用Python，下一个中用Golang，而是会有统一的主流语言，乃至统一的技术栈或专有的技术平台。微服务不提倡也并不反对这种"统一"，只要负责提供和维护基础技术栈的团队，有被各方依赖的觉悟，有"经常被凌晨3点的闹钟吵醒"的心理准备就好。微服务更加强调的是确实有必要技术异构时，应能够有选择"不统一"的权利，譬如不应该强迫Node.js去开发报表页面，要做人工智能训练模型时，应该可以选择Python，等等。

- 通过服务来实现独立自治的组件（Componentization via Service）。之所以强调通过"服务"（Service）而不是"类库"（Library）来构建组件，是因为类库在编译期静态连接到程序中，通过本地调用来提供功能，而服务是进程外组件，通过远程调用来提供功能。前面的章节已经分析过，尽管远程服务有更高昂的调用成本，但这是为组件带来隔离与自治能力的必要代价。

- 产品化思维。避免把软件研发视作要去完成某种功能，而是视作一种持续改进、提升的过程。譬如，不应该把运维看作只是运维团队的事，把开发看作只是开发团队的事，团队应该为软件产品的整个生命周期负责，开发者不仅应该知道软件如何开发，还应该知道它如何运作，用户如何反馈，乃至售后支持工作是怎样进行的。注意，这里服务的用户不一定是最终用户，也可能是消费这个服务的另外一个服务。以前在单体架构下，程序的规模决定了无法让全部人员都关注完整的产品，组织中会有开发、运维、支持等细致的分工的成员，各人只关注于自己的一块工作。但在微服务下，要求开发团队中每个人都具有产品化思维，关心整个产品的全部方面是具有可行性的。

● 数据去中心化管理（Decentralized Data Management）。微服务提倡数据应该按领域分散管理、更新、维护、存储。在单体服务中，一个系统的各个功能模块通常会使用同一个数据库，诚然中心化的存储天生就更容易避免一致性问题，但是，同一个数据实体在不同服务的视角里，它的抽象形态往往也是不同的。譬如，Bookstore 应用中的书本，在销售领域中关注的是价格，在仓储领域中关注的是库存数量，在商品展示领域中关注的是书籍的介绍信息，如果作为中心化的存储，所有领域都必须修改和映射到同一个实体之中，这便使得不同的服务很可能会互相产生影响而丧失独立性。尽管在分布式中要处理好一致性的问题相当困难，很多时候都没法使用传统的事务处理来保证，但是两害相权取其轻，有一些必要的代价仍是值得付出的。

● 强终端弱管道（Smart Endpoint and Dumb Pipe）。弱管道（Dumb Pipe）几乎算是直接指名道姓地反对 SOAP 和 ESB 那一堆复杂的通信机制。ESB 可以处理消息的编码加工、业务规则转换等；BPM 可以集中编排企业业务服务；SOAP 有几十个 WS-* 协议族在处理事务、一致性、认证授权等一系列工作，这些构筑在通信管道上的功能也许对某个系统中的某一部分服务是有必要的，但对于另外更多的服务则是强加进来的负担。如果服务需要上面的额外通信能力，就应该在服务自己的 Endpoint 上解决，而不是在通信管道上一揽子处理。微服务提倡类似于经典 UNIX 过滤器那样简单直接的通信方式，RESTful 风格的通信在微服务中会是更加合适的选择。

● 容错性设计（Design for Failure）。不再虚幻地追求服务永远稳定，而是接受服务总会出错的现实，要求在微服务的设计中，有自动的机制对其依赖的服务能够进行快速故障检测，在持续出错的时候进行隔离，在服务恢复的时候重新联通。所以"断路器"这类设施，对实际生产环境的微服务来说并不是可选的外围组件，而是一个必需的支撑点，如果没有容错性的设计，系统很容易被两个服务的崩溃所带来的雪崩效应淹没。可靠系统完全可能由会出错的服务组成，这是微服务最大的价值所在。

- 演进式设计（Evolutionary Design）。容错性设计承认服务会出错，演进式设计则是承认服务会被报废淘汰。一个设计良好的服务，应该是能够报废的，而不是期望得到长存永生。假如系统中出现不可更改、无可替代的服务，这并不能说明这个服务是多么优秀、多么重要，反而是一种系统设计上脆弱的表现，微服务所追求的独立、自治，也是反对这种脆弱性的表现。

- 基础设施自动化（Infrastructure Automation）。基础设施自动化，如CI/CD的长足发展，显著减少了构建、发布、运维工作的复杂性。由于微服务下运维的对象比起单体架构要有数量级的增长，使用微服务的团队更加依赖基础设施的自动化，人工是很难支撑成百上千乃至上万级别的服务的。

Microservices:A Definition of This New Architectural Term 一文中对微服务特征的描写已经相当具体了，文中除了定义微服务的概念，还专门申明了微服务不是 SOA 的变体或衍生品，应该明确地与 SOA 划清界限，不再贴上任何 SOA 的标签。如此，微服务的概念才算是一种真正丰满、独立的架构风格，为它在未来的几年时间里如明星一般闪耀崛起于技术舞台铺下了理论基础。

从以上微服务的定义和特征中，你应该可以明显地感觉到微服务追求的是更加自由的架构风格，摒弃了几乎所有 SOA 里可以抛弃的约束和规定，提倡以"实践标准"代替"规范标准"。可是，如果没有了统一的规范和约束，以前 SOA 所解决的那些分布式服务的问题，不也就一下子都重新出现了吗？的确如此，服务的注册发现、跟踪治理、负载均衡、故障隔离、认证授权、伸缩扩展、传输通信、事务处理，等等问题，在微服务中不再会有统一的解决方案，即使只讨论 Java 范围内会使用到的微服务，光一个服务之间远程调用问题，可以列入解决方案的候选清单的就有：RMI（Sun/Oracle）、Thrift（Facebook）、Dubbo（阿里巴巴）、gRPC（Google）、Motan2（新浪）、Finagle（Twitter）、brpc（百度）、Arvo（Hadoop）、JSON-RPC、REST 等；光一个服务发现问题，可以选择的解决方案就有：Eureka（Netflix）、Consul（HashiCorp）、Nacos（阿里巴巴）、ZooKeeper（Apache）、Etcd（CoreOS）、CoreDNS（CNCF）等。其他领域的情况也与此类似，总之，完全是"八仙过海，各显神通"的局面。

　　微服务所带来的自由是一把双刃开锋的宝剑，当软件架构者拿起这把宝剑，一刃指向 SOA 定下的复杂技术标准，将选择的权利夺回的同一时刻，另外一刃也正朝向着自己，闪出冷冷的寒光。微服务时代，软件研发本身的复杂度应该说是有所降低。一个简单服务，并不见得就会同时面临分布式中所有的问题，也就没有必要背上 SOA 那百宝袋般沉重的技术包袱。需要解决什么问题，就引入什么工具；团队熟悉什么技术，就使用什么框架。此外，像 Spring Cloud 这样的胶水式的全家桶工具集，通过一致的接口、声明和配置，进一步屏蔽了源自具体工具、框架的复杂性，降低了在不同工具、框架之间切换的成本，所以，作为一个普通的服务开发者，作为一个"螺丝钉"式的程序员，微服务架构是友善的。可是，微服务对架构者是满满的恶意，对架构能力要求已提升到史无前例的程度，笔者在本书中反复强调过，技术架构者的第一职责就是做决策权衡，有利有弊才需要决策，有取有舍才需要权衡，如果架构者本身的知识面不足以覆盖所需要决策的内容，不清楚其中利弊，恐怕也就无可避免地陷入难以选择的困境之中。

2.2.4　后微服务时代

　　前面提到分布式架构中出现的问题，如注册发现、跟踪治理、负载均衡、传输通信等，其实在 SOA 时代甚至可以说从原始分布式时代起就已经存在了，只要是分布式架构系统，就无法完全避免，但我们不妨换个思路来想一下，这些问题一定要由软件系统自己来解决吗？

　　如果不局限于采用软件的方式，这些问题几乎都有对应的硬件解决方案。譬如，某个系统需要伸缩扩容，通常会购买新的服务器，部署若干副本实例来分担压力；如果某个系统需要解决负载均衡问题，通常会布置负载均衡器，选择恰当的均衡算法来分流；如果需要解决传输安全问题，通常会布置 TLS 传输链路，配置好 CA 证书以保证通信不被窃听篡改；如果需要解决服务发现问题，通常会设置 DNS 服务器，让服务访问依赖稳定的记录名而不是易变的 IP 地址，等等。经过计算机科学多年的发展，这些问题大多有了专职化的基础设施去解决，而微服务时代，人们之所以选择在软件的代码层面而不是硬件的基础设施层面去解决这些分布式问题，很大程度上是因为由硬件构成的基础设施跟不上由软件构成的应用服务的灵活性。软件可以只使用键盘命令就能拆分出不同的服务，只通过拷贝、启动就能够伸缩扩容服务，硬件难道就不可以通过敲键盘就变出相应的应用服务器、负载均衡器、DNS 服务器、网络链路这些设施吗？

　　微服务时代所取得的成就，本身就离不开以 Docker 为代表的早期容器化技术的巨大贡献。在此之前，笔者从来没有提起过"容器"二字，这并不是刻意冷落，而是早期的容器只被简单地视为一种可快速启动的服务运行环境，目的是方便程序的分发部署，这个阶段针对单个应用进行封装的容器并未真正参与到分布式问题的解决之中。尽管 2014 年微服务开始崛起的时候，Docker Swarm（2013 年）和 Apache Mesos（2012 年）就已经存在，更早之前也出现了软件定义网络（Software-Defined Networking，SDN）、软件定义存储（Software-Defined Storage，SDS）等技术，但是，被业界广泛认可、普遍采用的通过虚拟化基础设施去解决分布式架构问题的开端，应该要从 2017 年 Kubernetes 赢得容器战争的胜利开始算起。

　　2017 年是容器生态发展历史中具有里程碑意义的一年。在这一年，长期作为 Docker 竞争对手的 RKT 容器一派的领导者 CoreOS 宣布放弃自己的容器管理系统 Fleet，未来将会把所有容器管理的功能移至 Kubernetes 之上去实现。在这一年，容器管理领域的独角兽 Rancher Labs 宣布放弃其内置了数年的容器管理系统 Cattle，提出了"All-in-Kubernetes"战略，把 1.x 版本时就能够支持多种容器编排系统的管理工具 Rancher，从 2.0 版本开始"反向升级"为完全绑定于 Kubernetes 上的一种系统。在这一年，Kubernetes 的主要竞争者 Apache Mesos 在 9 月正式宣布了"Kubernetes on Mesos"集成计划，由竞争关系转为对 Kubernetes 提供支持，使其能够与 Mesos 的其他一级框架（如 HDFS、Spark 和 Chronos 等）进行集群资源动态共享、分配与隔离。在 2017 年，Kubernetes 的最大竞争者 Docker Swarm 的母公司 Docker，终于在 10 月被迫宣布 Docker 要同时支持 Swarm 与 Kubernetes 两套容器管理系统，亦即在事实上承认了 Kubernetes 的统治地位。这场已经持续了三四年时间，以 Docker Swarm、Apache Mesos 与 Kubernetes 为主要竞争者的"容器编排战争"终于有了明确的结果，Kubernetes"登基加冕"是容器发展中一个时代的终章，也是软件架构发展下一个纪元的开端。

同一个分布式服务的问题在传统 Spring Cloud 中提供的应用层面的解决方案与在 Kubernetes 中提供的基础设施层面的解决方案，尽管因为各自出发点不同，解决问题的方法和效果都有所差异，但这无疑提供了一条全新的、前途更加广阔的解题思路。

"前途广阔"不仅仅是一句恭维赞赏的客气话，当虚拟化的基础设施从单个服务的容器扩展至由多个容器构成的服务集群、通信网络和存储设施时，软件与硬件的界限便已经模糊。一旦虚拟化的硬件能够跟上软件的灵活，那些与业务无关的技术性问题便有可能从软件层面剥离，悄无声息地解决于硬件基础设施之内，让软件得以只专注业务，真正"围绕业务能力构建"团队与产品。如此，DCE 中未能实现的"透明的分布式应用"成为可能，Martin Fowler 设想的"凤凰服务器"成为可能，Chad Fowler 提出的"不可变基础设施"也成为可能，从软件层面独力应对分布式架构所带来的各种问题，发展到应用代码与基础设施软、硬一体，合力应对架构问题的时代，现在常被媒体冠以"云原生"这个颇为抽象的名字加以宣传。云原生时代与此前微服务时代中追求的目标并没有本质上的改变，因此在服务架构演进的历史进程中，我们将其称为"后微服务时代"。

Kubernetes 成为容器战争胜利者标志着后微服务时代的开端，但 Kubernetes 仍然没有能够完美解决全部的分布式问题——"不完美"的意思是，仅从功能上看，单纯的 Kubernetes 反而不如之前的 Spring Cloud 方案。这是因为有一些问题处于应用系统与基础设施的边缘，使得这些问题完全在基础设施层面中确实很难精细化地处理。举个例子，微服务 A 调用了微服务 B 的两个服务，称为 B1 和 B2，假设 B1 表现正常但 B2 出现了持续的报错，那在达到一定阈值之后就应该对 B2 进行熔断，以避免产生雪崩效应。如果仅在基础设施层面来处理，就会遇到一个两难问题，切断 A 到 B 的网络通路则会影响到 B1 的正常调用，不切断的话则持续受 B2 的错误影响。

以上问题在通过 Spring Cloud 这类应用代码实现的微服务中并不难处理，既然是使用程序代码来解决问题，只要合乎逻辑，那么实现什么功能只受限于开发人员的想象力与技术能力，但基础设施是针对整个容器来管理的，粒度相对粗犷，只能到容器层面，对单个远程服务就很难有效管控。类似的情况不仅仅在断路器上出现，服务的监控、认证、授权、安全、负载均衡等都有可能面临细化管理的需求，譬如服务调用时的负载均衡，往往需要根据流量特征，调整负载均衡的层次、算法，而 DNS 尽管能实现一定程度的负载均衡，但通常并不能满足这些额外的需求。

为了解决上述问题，虚拟化的基础设施很快完成了第二次进化，引入了今天被称为"服务网格"（Service Mesh）的"边车代理模式"（Sidecar Proxy）（所谓的"边车"是一种带挎斗的三轮摩托，我小时候还算常见，现在基本就只在影视剧中才会看到了）。这个场景里指的具体含义是由系统自动在服务容器（通常是指 Kubernetes 的 Pod）中注入一个通信代理服务器，相当于三轮摩托上的挎斗，以类似网络安全里中间人攻击的方式进行流量劫持，在应用毫无感知的情况下，悄然接管应用所有对外通信。这个代理除了实现正常的服务间通信外（称为数据平面通信），还接收来自控制器的指令（称为控制平面通信），根据控制平面中的配置，对数据平面通信的内容进行分析处理，以实现熔断、认证、度量、监控、负载均衡等各种附加功能。这样便实现了既不需要在应用层面加入额外的处理代码，也提供了几乎不亚于程序代码的精细管理能力。

很难从概念上判定清楚一个与应用系统运行于同一资源容器之内的代理服务到底应该算软件还是算基础设施，但它对应用是透明的，不需要改动任何软件代码就可以实现服务治理，这便足够了。服务网格在 2018 年才火起来，今天它仍然是个新潮的概念，仍然未完全成熟，甚至连 Kubernetes 也还算是个新生事物。未来 Kubernetes 将会成为服务器端标准的运行环境，如同现在 Linux 系统；服务网格将会成为微服务之间通信交互的主流模式，把"选择什么通信协议""怎样调度流量""如何认证授权"之类的技术问题隔离于程序代码之外，取代今天 Spring Cloud "全家桶"中大部分组件的功能，微服务只需要考虑业务本身的逻辑，这才是最理想的 Smart Endpoints 解决方案。

2.2.5 无服务时代

人们研究分布式架构，最初是由于单台机器的性能无法满足系统的运行需要，尽管在后来架构演进过程中，容错能力、技术异构、职责划分等各方面因素都成为架构需要考虑的问题，但其中获得更好性能的需求在架构设计中依然占很大的比重。对软件研发而言，不去做分布式无疑才是最简单的，如果单台服务器的性能可以是无限的，那架构演进的结果肯定会与今天有很大的差别，分布式也好，容器化也好，微服务也好，恐怕都未必会如期出现，最起码不会像今天这个样子。

　　绝对意义上的无限性能必然是不存在的，但在云计算落地已有十年时间的今日，相对意义的无限性能已经成为了现实。在工业界，2012 年，Iron.io 公司率先提出了"无服务"（Serverless，应该翻译为"无服务器"才合适，但现在称"无服务"已形成习惯了）的概念，2014 年开始，亚马逊发布了名为 Lambda 的商业化无服务应用，并在后续的几年时间里逐步得到开发者认可，发展成目前世界上最大的无服务的运行平台。到了 2018 年，中国的阿里云、腾讯云等厂商也开始跟进，发布了旗下的无服务的产品，"无服务"已成了近期技术圈里的"新网红"之一。

　　在学术界，2009 年，云计算概念刚提出的早期，UC Berkeley 大学曾发表论文 *Above the Clouds:A Berkeley View of Cloud Computing*，文中预言的云计算的价值、演进和普及在过去的十年里一一得到验证。十年之后的 2019 年，UC Berkeley 的第二篇有着相同命名风格的论文 *Cloud Programming Simplified:A Berkeley View on Serverless Computing* 发表，再次预言未来"无服务将会发展成为未来云计算的主要形式"，由此可见，"无服务"也同样是被主流学术界所认可的发展方向之一。

　　无服务现在还没有一个特别权威的"官方"定义，但它的概念并没有前述各种架构那么复杂，本来无服务也是以"简单"为主要卖点的，它只涉及两方面内容：后端设施（Backend）和函数（Function）。

　　后端设施是指数据库、消息队列、日志、存储，等等用于支撑业务逻辑运行，但本身无业务含义的技术组件，这些后端设施都运行在云中，无服务中称其为"后端即服务"（Backend as a Service，BaaS）。

　　函数是指业务逻辑代码，这里函数的概念与粒度都已经很接近于程序编码角度的函数了，其区别是无服务中的函数运行在云端，不必考虑算力问题，不必考虑容量规划（从技术角度可以不用考虑，从计费的角度你的钱包够不够用还是要考虑一下的），无服务中称其为"函数即服务"（Function as a Service，FaaS）。

　　无服务的愿景是让开发者只需要纯粹地关注业务，不需要考虑技术组件，后端的技术组件是现成的，可以直接调用，没有采购、版权和选型的烦恼；不需要考虑如何部署，部署过程完全是托管到云端的，工作由云端自动完成；不需要考虑算力，由整个数据中心支撑，算力可以认为是无限的；也不需要操心运维，维护系统持续平稳运行是云计算服务商的责任而不再是开发者的责任。在 UC Berkeley 的论文中，把无服务架构下开发者不再关心这些技术层面的细节，类比成当年软件开发从汇编语言踏进高级语言的发展过程，开发者可以不去关注寄存器、信号、中断等与机器底层相关的细节，从而令生产力得到极大的解放。

与单体架构、微服务架构不同，无服务架构有一些天生的特点决定了它以后如果没有重大变革的话，估计也很难成为一种普适性的架构模式。无服务架构对一些适合的应用确实能够降低开发和运维环节的成本，譬如无须交互的离线大规模计算，又譬如多数 Web 资讯类网站、小程序、公共 API 服务、移动应用服务端等都契合于无服务架构所擅长的短链接、无状态、适合事件驱动的交互形式；但另一方面，对于那些信息管理系统、网络游戏等应用，又或者所有具有业务逻辑复杂、依赖服务端状态、响应速度要求较高、需要长链接等这些特征的应用，至少目前是并不适合的。这是因为无服务具备的"无限算力"的假设决定了它必须要按使用量（函数运算的时间和占用的内存）计费，以控制消耗算力的规模，因而函数不会一直以活动状态常驻服务器，请求到了才会开始运行，这导致函数不便依赖服务端状态，也导致了函数会有冷启动时间，响应的性能不可能太好（目前无服务的冷启动过程在数十毫秒到百毫秒级别，对于 Java 这类启动性能差的应用，甚至能接近秒的级别）。

如果说微服务架构是分布式系统这条路当前所能做到的极致，那无服务架构，也许就是"不分布式"的云端系统这条路的起点。虽然在顺序上将"无服务"安排到了"微服务"和"云原生"时代之后，但两者之间并没有继承替代关系，强调这点是为了避免有读者从两者的名称与安排的顺序中产生"无服务会比微服务更加先进"的错误想法。相信软件开发的未来不会只存在某一种"最先进的"架构风格，多种具有针对性的架构风格同时并存，是软件产业更有生命力的形态。软件开发的未来，多种架构风格将会融合互补，"分布式"与"不分布式"的边界将逐渐模糊，两条路线在云端的数据中心交会。今天已经能初步看见一些使用无服务的云函数去实现微服务架构的苗头了，将无服务作为技术层面的架构，将微服务视为应用层面的架构，把它们组合起来使用是完全合理可行的。以后，无论是通过物理机、虚拟机、容器，抑或是无服务云函数，都会是微服务实现方案的候选项之一。

2.3 运营商业务的特点

电信运营商行业相较于互联网行业，用户和收入规模稳步增长，以中国移动为例，总用户量虽已超过 9 亿户，但分省部署架构下，大省用户规模在 3000 万～5000 万户，短时间内不可能有飞跃性突破，性能压力相对不大。同时，为提供"电信级"服务，企业对 IT 的主要要求是保持稳定运营，同时快速支撑复杂多变的业务需求。这种复杂性包括套餐的复杂性、产品使用过程的复杂性等。

电信运营商行业为国家指定基本通信服务提供者，通常为前向收费模式，需要提供"必须好"的服务承诺，企业对数据丢失、服务中断等风险敏感度高。

运营商需要提供全面化、多样化、高覆盖的电信服务，业务关联关系复杂且多变：跨本地网、跨业务、不同客户之间存在捆绑、交叉优惠。

电信运营商企业靠核心网、业务网的领先技术、规模和质量构成差异化核心竞争力，IT 部门通常为技术应用者，一般依赖供应商提供成熟的商用技术产品或技术开发服务。

电信运营商企业业务复杂且强调融合支撑，用较少的复杂大系统支持多种业务、多种功能、多个业务流程，导致关键业务系统的业务模块间关联性强，体现在数据库表多、表间关系复杂。

电信运营商通常采用低风险的以"通用架构＋标准化产品"为基础的适应"差异化业务需求"的架构模式。

电信运营商通常以高数据一致性为前提，兼顾系统高可用性，当前分省模式下业务量没有互联网行业大，高性能集群方案基本可以满足。

在运营商的架构演进过程中，除了会经历前述过程外，还会因为硬件依赖上的解耦，经历硬件改造的过程。

2.4 2010 年以前"IOE 架构"阶段

运营商以前的 IT 系统多是由小型机、高端服务器、磁阵和商业数据库软件搭建，经过多年的建设，虽然目前已覆盖 MSS、BSS、OSS 等领域，实现了集中式的 IT 架构，但也存在以下问题。

首先，服务器融合程度低，大量服务器上的系统独立部署、运营，云化程度较低，资源不能实现集中共享。

其次，传统基于 IOE 架构的系统，新建扩容周期长、硬件部署效率低、横向扩容困难。IOE 设备和软件维保费用高。对 IOE 厂商依赖程度较高，维保价格，每年的 IOE 设备维保费上千万元，占全部 IT 设备维护费用 50% 之多。

最后，5G 高清视频、数据业务的大量需求，物联网及大数据各种业务的迅速应用，使得各种数据量爆炸式增长，运营商的 IT 系统每个月几乎都有至少 50T 左右的数据增加，传统的计费系统以及数据仓储等系统架构无法满足现有业务的需求。

2.5 2010—2015 年"阶段云化 & 去 IOE&IT 系统集约化改造"阶段

中国联通从 2011 年开始，通过 uCloud 项目建设，提出以数据为中心、应用一体化、基础资源统一管理的建设目标，这一 IT 集约的思想应该是三大运营商中最早提出且积极推进的。在 2013 年下半年，中国联通在 uCloud 项目基础之上启动了 cBSS1.0 项目建设，建设北方 6 省的集中营帐版本，截至 2015 年已完成了 31 省的 4G 业务集约以及 3G 业务的营业集约工作，但在 3G 计费、开通以及预付费用户支撑上仍在省内完成。

自 2014 年下半年起，中国联通在 cBSS1.0 上启动了对固网业务集约、3G 业务、预付费业务的集中化营帐支撑，并启动 cBSS2.0 的规划，通过 cBSS2.0 的建设达到整体云化、集约的目标。中国联通在"去 IOE"、云化与 IT 系统集约的推进上最为激进，但在融合业务支撑上仍存在许多问题。

中国移动自 2013 年起，适度启动了"去 IOE"的工作，目前采用"省内去 IE 到云化"的模式，集团统一集约的推进刚刚启动。中国移动在大多数省都完成了计费域和 CRM 域的 x86 分布式部署，整体看"去 IE"的建设各省都在进行中。"去 O"的实施上仍有瓶颈，核心数据库仍采用 Oracle 数据库。中国移动于 2015 年在集团内部 CRM 域启动了云化部署工作，采用混搭模式支撑全新的集约 CRM 云化。

中国电信从 2013 年起正式提出"去 IOE"的工作要求，2014 年提出省内 IT 系统小型机"零采购"，以此促进省内应用 x86 部署，截至 2015 年在非核心系统上已初步实现"去 IOE"。中国电信从 2013 年年初启动 CRM 域 4G 业务受理系统的集中建设，至 2014 年下半年完成全国 31 省 CRM 域的割接，实现 4G 业务客户关系管理系统的集中、"去 IE"。中国电信在"去 IOE"、云化与 IT 系统集约的推进上相对中规中矩。

总体来看，三大运营商在"去 IOE"方面，对于"去 IE"均有不同进展，但在"去 O"上尤其在核心业务处理系统仍存较大难度。在云化方面，运营商均在虚拟化资源池上存在应用与服务，但在云管控平台、应用服务云化再造与提供方面仍有较大滞后。在集约支撑方面，虽均有推进，但在业务需求、服务支撑上还存在不足。

2.6　2017 年至今云原生改造阶段

2.6.1　云原生的概念

云原生体系结构和技术是一种方法，用于设计、构造和操作在云中构建并充分利用云计算模型的工作负载。

云原生计算基金会提供了官方定义：云原生技术使组织能够在新式动态环境（如公有云、私有云和混合云）中构建和运行可缩放的应用程序。容器、服务网格、微服务、不可变基础结构和声明性 API 便是此方法的范例。

这些技术实现了可复原、可管理且可观察的松耦合系统。它们与强大的自动化相结合，使工程师能够在尽量减少工作量的情况下，以可预测的方式频繁地进行具有重大影响力的更改。

2.6.2　云原生演进路线

云原生阶段实现过程可包含三个子阶段：

（1）子阶段 I：本阶段重点可以引入云原生的两个关键技术：容器和微服务。一方面在业务侧，通过服务化架构进行业务重构，将复杂的网络功能分解成多个高内聚的微服务基本单元，微服务间松耦合且彼此不需要关注对方的具体实现，通过契约化的服务接口进行通信，从而实现多个微服务的快速并行解耦开发、测试和灰度发布。基于容器化部署的网络功能微服务可以减少网络产品的初始部署时长、弹性伸缩时长，从而实现业务的敏捷发布。另一方面在平台侧，网络云通过引入 CaaS 功能，构建一个轻量敏捷的云化基础设施平台，以支持容器化网络应用的敏捷弹性伸缩、敏捷部署以及灰度升级的基础能力。

（2）子阶段 II：本阶段增加电信 DevOps 能力，以支撑电信业务 DevOps 工程技术实践，提升网络业务端到端自动化能力，支撑业务的敏捷上线，并解决工程交付和运维的痛点，进一步提升用户体验。电信 DevOps 能力将推动网络功能的"CI → 自动化集成测试 → CD → 运营运维"流程打通，其中 CI 在设备商侧完成，由运营商进行新业务测试规范的制定和自动化测试工具的定制，并通过自动化集成测试环节将 CI/CD 打通，后续再通过自动化运维管理工具保证业务上线可靠性。电信 DevOps 能力将保证网络的稳定与安全，同时充分发挥云原生的敏捷高效的特点。

（3）子阶段 III：本阶段逐步将基础公共能力下沉，引入包括公共中间件服务、公共数据库服务、统一的服务治理框架等基础能力；通过统一工具链的引入支持统一的 DevOps 基础能力，从而实现统一的基础 PaaS 底座平台，支撑上层 CT 应用的 E2E 敏捷开发、流水线测试到自动化上线、灰度发布、自动运维等全流程自动化能力。

除基础 PaaS 之外，本阶段还将对网络功能进行进一步分解重构，使其以更灵活的基本微服务子功能形式存在。运营商可以利用这些基本的微服务子功能快速动态地拼接出全新的业务。为提高客户体验，部分子功能组件可以智能化地推送到客户侧或者网络边缘，一些更为通用的业务子功能组件可以下沉到 PaaS，作为公共的基础应用平台能力统一对外提供。新业务可以采用统一的 DevOps 模式开发并以敏捷弹性的方式部署。PaaS 阶段网络完全开放可编程，业务功能组件化，统一基于微服务架构，并可让第三方进入组件编排。

电信网络云原生演进将面临多种技术和非技术挑战。例如，如何端到端打通设备商的开发流程与运营商的运维流程；是否以（微）服务形态代替完整网元形态交付和运维；如何运维管理基于（微）服务灵活编排组合后的完整网络服务功能，等等。网络云原生演进面临的众多问题和跳转需要在后续的实践中不断探索解决。

2.6.3　微服务成为运营商"IT化转型"的主要路径

电信运营商涉及的系统类型比互联网公司更加复杂，按照业务类型可以分为支撑类（如 CRM/BOSS）、业务类（如 CDN/ 短信）、网络管理运营类（如 OMC/SDN 编排）、网元类（如 NFV）四类，按照系统属性可以分为 IT 架构与 CT 架构，两种划分模式间存在复杂的对应关系。

由于运营商系统存在诸多历史遗留问题，因此同一运营商内部可能运行着涵盖单体架构到微服务架构的全部架构类型系统。同时近年来主流运营商推动 CT 系统云化，致使 CT 架构与 IT 架构的边界也愈加模糊。AT&T、Telefónica、中国移动等大型运营商在多类系统中规模部署微服务架构体系，可以将其架构升级的驱动概括为以下六个方面：

（1）应对日益复杂的经营管理模式。

运营商经过数十年发展，受业务范围、管理诉求复杂化影响，内部堆积了大量"烟囱"系统，省级运营商系统数可达千级。应用微服务可以化繁为简，对冗余系统集中收敛。

（2）微服务已成为 CT 云化事实标准。

微服务发源于 IT 领域，在 IT 领域的成熟度也远高于 CT 领域。但是在 CT 云化改造的过程中，3GPP、ETSI 等主流标准化组织已将微服务作为行业标准，应用于 NFV 等框架设计中。最典型的是 5G 技术体系，完全按照服务化进行设计。

（3）集约化管理趋势影响。

国内三大运营商一直在加强集约化管理，并构建集中的 IT 系统满足不同业务以及不同省间访问需求，微服务因具有独立部署、快速迭代等优势，成为集约化管理最佳选择。

（4）业务多元化发展诉求。

运营商经营方向已从传统的通信服务向信息服务、内容服务、互联网金融、物联网业务等转型，渠道经营也走向多样化电子渠道，从自有营业厅向外部电商、第三方伙伴渠道扩展，同时引入了互联网化运营模式（如流量包抢购、内容限时免费、免月租卡抢购等）。因此，内部系统的复杂度随着各项功能的叠加也日益增加，交付需求不断加速。单体系统已无法承受业务复杂度的提升和快速、灵活响应需求。

（5）运营商技术自主把控意愿愈加强烈。

IT 自主研发工作已得到运营商充分重视，但存量单体系统主要由外部合作伙伴提供，技术栈固化，自主研发团队无法切入。从软件工程的角度，推动合作伙伴构建微服务架构，实现接口层交互更有利于双方的独立发展，基于契约驱动的模式可以为自主研发提供更大空间。

（6）微服务架构技术条件已经成熟。

配套技术生态环境（如容器化、DevOps 工具链、开发语言的框架、设计开发方法论等）已经比较成熟，诸多互联网企业和政府组织也验证了微服务架构在提高应用交付速度的独特优势。

2.6.4　运营商云原生化其他进展

国内三大电信运营商目前均开展云原生相关技术研究与实验。中国移动已经完成制定容器层技术规范并在 CDN 边缘云试点中进行验证，IT 云已完成自研云原生 PaaS 平台并承载 OSS/BSS 应用系统；中国移动于 2020 年 5 月在 Linux 基金会牵头成立开源项目 XGVela，联合产业界及开源社区力量，共同探索并构建电信网络云原生 PaaS 平台开源参考实现，当前项目正在梳理平台架构、文档及种子代码。中国电信于 2019 年完成支持承载电信网元 PCRF（Policy Control and Charging Rules Functions，网络策略控制系统）的云原生平台的研发，并在物联网进行试点落地；2020 年，在天翼云上部署了基于云原生的轻量级 5GC，可向垂直行业提供 5G 网络"即插即用"的专网级网络服务能力。中国联通已完成包含容器的虚拟化层技术规范制定并在省份实验网中进行验证，积极推进电信网络资源管理能力建设，同时，在 2020 年开展轻量化 5G 核心网方案的研究和技术规范制定，并在多个垂直行业试点落地部署。

主流电信设备商主动推进网元容器化实现，提升研发效率、降低研发成本。华为将云原生理念引入 CT 领域，针对 5G VNF 进行全云化重构，提供所有核心网网络功能全云化能力，实现三层架构、无状态设计，同时引入服务化架构、微服务和容器等先进技术，实现弹性、健壮、敏捷、安全的全云化核心网。中兴通讯云原生产品包括虚机 CaaS 和裸机 CaaS，虚机 CaaS 在 VNF 或 VNFM引入 CaaS 层，部署云原生的 5GC 控制面和转发面网元，裸机 CaaS 在 ETSI 容器编排标准确定可快速部署 5GC CNF。爱立信主流核心网元已支持云原生架构，爱立信的 CaaS 平台也已通过 CNCF 认证，既支持基于虚机部署，也支持基于裸机部署，并成功在全球多个电信运营商进行了云原生网元的商用或预商用部署。诺基亚 5GC 控制面网元和 IMS 网元均支持云原生架构，支持虚机容器部署方式与裸机容器部署方式，并从 2019 年在全球范围内多个电信运营商进行了云原生网元部署方式的试点。

第3章 算力网络的运营载体

我国的水资源分布并不均匀，南方多，北方少。因此，在几十年前，我国的国家领导层和各级专家就曾提出了在全国范围内调度水资源的"南水北调"设想。"南水北调"工程是将南方丰富的水资源，通过几条线路，输送到北方，解决中国北方缺水问题的一项国家级战略工程。那么，如此大量的水资源，除了调度外，如何解决北方区域的使用问题？是大水漫灌，通过运河，直接导入北方的江河湖泊？还是通过一系列分级的居中汇聚、存储、调度，最终实现按需分配？我国经过几十年的实践，成功探索出了一条动态调度水资源的道路，解决了北方缺水的问题，为全国的社会、经济、民生甚至国防发展做出了极大的贡献。

我国算力目前面临着相似的问题，东部对算力资源的渴求不断扩大而受限于资源的有限性；西部拥有广阔的绿色资源但对算力的需求相对不足。那么我们能否书写"东数西算"的神话？算力的调度与水力的调度有何不同？

算力是针对不同使用场景的异构算力和存储能力，由不同的算力基础设施提供，比如 CPU、GPU、FPGA 等。网络是由适配器、网桥、中继器、路由器、交换机、网线等一堆网络硬件构成。算力网络是算力和网络的结合，通过网络，将异构的，处于不同位置的算力打通，实现算力的流动。

类似于"南水北调"的具体实施，我们要具体考虑算力网络如何落地，如何服务于东部的算力消费者。算力网络的一堆硬件，如何赋能社会经济发展，最终创造价值？如何能让东部人民用上西部绿色的算力资源？换句话说，东数如何西算、西存？是将西部相应的硬件一一为需求方赋权，还是以算网能力运营的方式，通过算网能力虚拟化，动态调度管理，实现算力的流动，最终实现类似"南水北调"的效果，让东部用户用上西部算力。

答案很明显，算力网络能力的管理、调度、运行、运营、交付都需要一个载体，用于将算网的能力抽象化、管理起来，并最终以不同的规格提供给消费者。

在这个算网能力管理、提供、消费的过程中，还需要提供相应的运营、运维支撑。我们把这个支撑作用的提供者叫作算网能力的载体，而这个载体就是 PaaS。

3.1　算力网络载体的体现

算力网络从异构算力的纳管开始，到算网能力的消费，中间有不同的环节。我们总结了一下，主要的环节如下：

（1）对异构算力的统一纳管：场景的多样性带来数据的多样性。不同的业务类型对算力类型要求是不一样的，算力网络需要尽可能地为主要的业务类型提供相应的算力服务，这体现在算网的载体 PaaS 平台对异构算力资源接入的支持能力，实现异构算力的兼容，并在其上实现算力的虚拟化，以及为异构算力提供多级管理支撑。

（2）多维度灵活的算力资源调度：在异构算力资源纳管的基础上，PaaS 平台提供多级的异构资源调度，为算力资源申请者调度算力资源，实现算力应用的运行支撑。在调度算法上，根据业务的类型提供不同的调度方式。比如监控类服务，需要在每个节点部署唯一一个监控服务。而在普通任务调度上，可能会涉及任务或节点的亲和性和反亲和性调度。因此，在调度策略的支持上，PaaS 平台为不同类型的业务场景，提供不同的调度算法。

（3）算力任务部署：用户在申请算力资源后，会涉及算力任务的部署以及算力任务运维。在 PaaS 层面，算力任务的部署支持两类部署类型，分别是软件安装包部署和容器镜像文件部署。目前使用更加广泛的是通过容器技术实现的容器镜像部署，这种部署方式更有利于部署的效率和运维阶段应用弹性伸缩的敏捷性。

（4）算力组件的生命周期管理：算力网络服务下，除了算力资源服务之外，各种技术组件的开通是必不可少的，比如数据库服务、消息服务、负载均衡服务等。这些服务的部署依赖有效管理的标准服务组件。PaaS 平台提供组件管理模块，对算力组件进行生命周期管理，保障算网服务的完善性以及技术栈的统一性。完善的组件仓库能够大幅提升算网技术服务的业务满足度和技术统一性，为算网业务的运行提供足够的支撑作用。

（5）算网分布式微服务管理：提供算力网络的微服务发现、注册、治理等能力支撑，以及服务调用的网关能力支持。随着云原生技术持续演进，微服务的业务设计模式和开发方式得到越来越多不同用户的认可。而使用微服务离不开分布式的微服务体系。算力网络架构下的微服务体系与目前的微服务体系没有大的区别，都需要相应的服务框架实现服务的注册、发现、调用、治理。区别在于，算网场景下，微服务可能涉及基于位置的跨区域的微服务调用、治理。比如，在车联网场景中，车联网应用的服务对象可能遍及多个地理区域，而该应用的部署则分别会在集中化的数据中心、不同区域的边缘计算节点以及车辆本身，形成云、边、端的三级算力架构。

（6）算网能力运营、运维：算网的能力如何触达最终用户，如何受理用户的申请，如何为用户开通服务以及监控服务使用，为用户提供计量、计费，这些都属于算网能力的运营。在运营的过程中，PaaS 提供用户友好的屏蔽技术细节，便于用户操作使用的一站式操作管理页面，支持用户完成从算力资源或者算力服务申请，到服务使用支撑的一系列操作。算网运维包括相应的监控和故障处理工作，其运维对象包括算网的资源池使用情况，算网运行状态，算网组件状态，算网服务的健康度，工作负载，租户在算网体系下的算力资源使用、组件使用、服务使用、健康度、负载，等等。通过全面的算网运维监控能力，实现算网运行的可观测性，保障业务的持续稳定运行。

（7）一站式算网门户：对不同角色的算力网络使用人员提供的一站式操作管理门户，降低用户的使用成本，快速触达算网能力支撑。

以下分别对算力网络载体的多层面体现进行介绍。

3.1.1 异构算力的统一纳管

新兴业务应用对算力网络平台提出的云—边—端协同、海量多样化数据智能处理、实时分析等需求，这些需求的满足需要在 IT 基础设施的计算体系架构、芯片架构、业务部署架构等诸多方面进行创新。多样化的场景带来了多样化的数据类型，比如语音、文本、图片、视频等。需要支持计算多样化的支撑平台来对多样化的业务场景提供支持。

如今，算力的发展已经呈现出多样化的趋势。以 ARM 为代表的 RISC 通用架构处理器以及具备特定定制化加速功能的 ASIC 和 FPGA 芯片等在多样化的特定场景下具备明显的优势。例如在分布式数据库、大数据、Web 前端等高并发应用场景下，单芯片核数更多，多核并行的 ARM 架构处理器相比传统处理器拥有更好的并发处理效率。而随着 TPU、NPU 等人工智能处理芯片在智能摄像头、无人驾驶等领域的广泛部署，使得通用处理器加上深度学习加速芯片成为典型的边缘计算架构。IDC 预测，未来计算产业发展方向必然是多种计算架构共存，云服务的普及将会加速这一进程。云管理平台通过对数据中心内部异构和多样化的计算资源进行统一管理、调度，结合上层应用的负载特征等业务诉求，调配处理效率最优的底层计算资源，让最合适的计算资源来处理对应的业务，从而实现算力资源的最优匹配，利用率最大化。

算力网络架构下的主要计算资源类型有以下几个。

1）CPU

一般来说 CPU 运算能力相对较弱。虽然主频较高，但是单颗的核心数量有限，一般只有 8～16 核。按照一个核心 3.5 GHz 计算，16 核只有 56 GHz，再考虑指令周期，每秒大概 30G FLOPS 次计算（三百亿次浮点计算）。然而，CPU 擅长管理和调度，比如读取数据、管理文件、人机交互等，例程多，辅助工具也很多。目前在个人终端上 CPU 的使用远超其他计算芯片。

2）GPU

GPU（Graphics Processing Unit，图形处理器），是一种专门在个人电脑、工作站、游戏机和一些移动设备上做图像和图形相关运算工作的处理器，比如视频渲染、编解码等。GPU 管理相对较弱，但运算能力更强。其特点是多进程并发，更适合整块数据进行流处理的算法。在需要进行视觉识别的场景下，比如自动驾驶，在行驶过程中，需要识别道路、行人、红绿灯等路况和交通状况，这都属于并行计算，CPU 无法满足此类需求，需要使用 GPU。但是 GPU 的不足在于功耗过大，且价格相对较高。

3）NPU

NPU（嵌入式神经网络处理器/网络处理器），是一种专门应用于网络应用数据包的处理器，采用"数据驱动并行计算"的架构，擅长处理视频、图像类的海量多媒体数据。

NPU 也是集成电路的一种，但与 ASIC 的单一功能不同，NPU 处理更加复杂、灵活的网络数据。利用软件或硬件基于网络运算的特性，通过编程实现网络的特殊用途，在一块芯片上实现多个不同功能，可以适用于多种不同的网络设备及产品。NPU 的优势在于能够运行多个并行线程。

NPU 工作原理是在电路层模拟人类神经元和突触，并且用深度学习指令集直接处理大规模的神经元和突触，一条指令完成一组神经元的处理。相比于 CPU 和 GPU，NPU 通过突触权重实现存储和计算一体化，从而提高运行效率。CPU、GPU 处理器需要用数千条指令完成的神经元处理，NPU 只要一条或几条就能完成，因此在深度学习的处理效率方面优势明显。实验结果显示，同等功耗下 NPU 的性能是 GPU 的 118 倍。

4）ASIC

ASIC 是一种为专门目的而设计的集成电路。是根据特定用户要求和特定电子系统的需要而设计、制造的集成电路。与通用集成电路相比，ASIC 具有体积更小、功耗更低、可靠性更高、性能更高、保密性更强、成本更低等优点。ASIC 的数字电路由硅片中永久连接的门和触发器组成，因此功能无法变更，主要应用在成熟稳定的算法类应用，比如安全加解密算法。

5）FPGA

FPGA（Field Programmable Gate Array）是在 PAL（可编程阵列逻辑）、GAL（通用阵列逻辑）等可编程器件的基础上进一步发展的产物。它是作为专用集成电路（ASIC）领域中的一种半定制电路而出现的，既解决了定制电路的不足，又克服了原有可编程器件门电路数有限的缺点。

FPGA 能管理、能运算，但是开发周期长，复杂算法开发难度大。适合流处理算法。从实时性来说，FPGA 是最高的。CPU、GPU 处理器为了避免将运算能力浪费在数据搬运上，一般要求累计一定量数据后才开始计算，产生群时延，而 FPGA 所有操作都并行，因此群时延可以很小。

在算网叠加 5G 的时代，更多的业务类型不断涌现。我们需要为业务提供同时满足性能要求和性价比最优的计算解决方案。这种情况下，对多种异构资源的兼容、适配和管理就成了算网底层资源管理的核心能力要求。

异构算力的统一纳管主要包括：

- 异构资源的统一适配和管理。
- 异构资源的池化。
- 异构资源池的运维监控告警。
- 异构资源能力进行精细化运营。

算网的运营需要根据用户的业务类型或者用户对特定算网资源的直接申请，为用户提供不同的算力类型。这就要求算网平台需要先把异构资源统一管理起来。

异构算力的统一管理可以通过多云管理技术实现。多云管理，包括不同公有云的管理、公有云私有云的混合管理以及不同私有云之间的管理。不同的云内部以及它们之间，都会涉及异构资源的兼容适配。通过多云管理技术，对异构资源以及不同的资源池进行统一纳管，在资源集中化的基础上做资源的虚拟化，封装为标准的资源服务，为业务的使用做好准备。

关于异构算力的统一纳管，我们会在第 4 章做详细的说明。

3.1.2 多维度灵活的资源调度

在算力网络架构下，为了能够支撑 5G 时代下的多样化业务应用的使用，需要提供更为灵活的资源调度策略。传统云计算中心的资源调度主要基于用户的选择和小范围资源池内的自动化调度，包括云计算提供商的选择，资源大区的选择以及大区内资源池的选择。云计算平台通过用户设置的条件，基于用户提供的资源需求，如地区、资源池、CPU、内存、存储，为用户调度资源。

算力网络的调度，在业务流程上与传统云计算有一定的不同。算力网络同样支持传统云计算资源调度的个性化配置，比如在"东数西存"场景中，用户可以手动选择西部的数据中心，实现东部数据的存储。这种方式一方面能够充分利用西部更加绿色的资源，另一方面还能降低东部用户数据存储的成本。然而，针对需要超低时延的边缘计算场景，在资源调度上，算力网络还需要支持基于网络时延的动态调度策略。算力网络需要根据算力消费终端的位置，为该算力需求方提供算力服务。这也意味着，算力网络要有类似千人千面的算力资源展示。算力注册到算网大脑后，处于不同位置的算力消费终端看到的同一个算力资源，其时延是不一致的。

算力网络需要提供泛在算力调度，即对云、边、端三级算力资源提供调度服务。一般来说，中心云还是采用传统大型云计算数据中心的调度策略，为用户提供大规模或者超大规模的数据处理支持。边缘云较为分散，为算力需求方提供就近的低时延算力支持。而在端侧会涉及海量的使用不同计算架构的边缘设备，如 ARM 设备、DSP、GPU、FPGA 等。这些端侧设备会为业务提供最基本的算力支持，一般会涉及信息的采集，本地计算以及业务访问入口。比如人脸识别设备，为了避免服务端的延迟以及服务端由于网络故障带来的识别故障，会将识别模型下发至端侧，由端侧在本地实现人脸识别。算力网络可以通过自己的调度策略，将云、边、端三级算力协调起来，满足用户的不同业务需求。这就要求算网能力的载体PaaS平台在算网能力调度时具备更加灵活的调度策略。

资源调度的能力很大程度上会带来算网资源使用成本上的巨大差异以及低时延业务支撑保障上的差异。此外，在容灾需求的满足上，也同样需要灵活的资源调度提供支撑。相比于目前 PaaS 所支持的资源调度能力和调度的范围，算网架构下的资源调度无疑要求更高，需要对更大范围内的资源提供多层级的按需调度支持。

3.1.3　算力部署的弹性

异构资源的纳管、调度，都是为了算力任务的部署。基于资源的动态调度技术可以满足算力任务的部署需求。在算力任务的部署上，两个虚拟化技术的出现为任务的部署提供了极大的便利。一个是操作系统级别的虚拟机技术，一个是进程级别的容器技术。

虚拟机（Virtual Machine）技术减轻了软件和硬件之间的耦合关系，应用不必强依赖于物理硬件。虚拟机技术提供一虚多地能力。将一台物理设备虚拟为多个逻辑设备，每个逻辑设备独立运行，支持不同的操作系统。部署在不同逻辑设备上的应用程序可以相互隔离、互不影响。这显著提升了物理设备的利用率。然而，传统虚拟机技术需要在不同的逻辑设备上安装操作系统才能执行应用程序，每个虚拟机实例都需要运行操作系统的完整副本以及其中包含的大量应用程序，对于单体应用较为合适，但对于需要快速部署的微服务，显得有点"重"了。而多数情况下，尤其是在微服务不断落地的情况下，应用程序都是比较"轻"的，对资源的需求通常在"MB"级别。采用虚拟机技术操作复杂，且资源的分配在"GB"级别，资源依然不能充分使用，且应用随业务负载的弹性扩缩容也不方便。应用的迁移或者扩容需迁移、复制整个虚拟机，因此，虚拟机技术虽然为单体应用的部署带来了极大的便利，但在微服务时代，在弹性伸缩方面以及资源的充分利用方面依然存在明显的不足。

第二个虚拟化技术是以 Docker 为代表的容器技术。容器技术相比于虚拟机技术更加的轻量化。容器技术也是在创建隔离环境，但是它不像虚拟机采用操作系统级的资源隔离，容器采用的是进程级的系统隔离。它没有虚拟机的

Hypervisor 层。容器技术使用 Docker 引擎进行调度和隔离，因此提高了资源利用率，在相同硬件资源下可以运行更多的容器实例。

Docker 轻量化的容器方案，近年来迅速发展，在互联网、电信等行业得到了全面的应用，它的优势在于可以让开发者将各种应用及相关依赖文件封装在 Docker 镜像文件中，然后在任何物理设备（Linux 设备或 Windows 设备等）上安装运行，让应用程序彻底脱离底层设备，并可以在不同设备之间灵活迁移部署，以及弹性动态伸缩。这些特点，使运维工程师摆脱了烦琐的环境部署工作，极大地提高了工作效率，同时减少了由于环境细微差别带来的部署失败风险。在自动化运维工作中，Docker 技术的引入也将实例的弹性扩容降低到了秒级，对于互联网类流量波动极大的业务适用性非常高。

Docker 容器带来的这些特性大大提升了应用部署、运维的便利性。然而，对容器集群的管理也是一大棘手问题。试想一下，即使拥有了镜像化封装，一次封装到处运行这些优势，当用户面对成千上万的镜像文件，以及容器实例时，会是一种什么体验？为了解决这些问题，容器集群管理调度平台也因此诞生。

在对容器集群进行管理的初期，"Mesos+Marathon"方案适用范围比较广泛。类似于计算机中的组装机，"Mesos+Marathon"就是一种利用不同模块组装起来实现容器管理的方案。该方案利用 Mesos 的资源管理调度以及 Marathon 的任务管理，提供容器的编排调度。基于该方案，有的公司封装出了 DCOS 弹性计算平台，至今仍在小范围内使用。

几乎就在同一时期，谷歌开源了 Kubernetes 方案。该方案是一个容器编排引擎，支持应用的自动化部署、基于负载的可伸缩架构、应用容器生命周期管理等特点。在 Kubernetes 集群中，管理的最小粒度是 Pod，而在一个 Pod 里面，可以支持创建多个 Container（容器），每个 Container 里面运行一个应用实例，通过内置的负载均衡策略，实现对应用实例的管理、发现、访问。而这些细节都由 Kubernetes 的管理节点实现，不需要运维人员去进行复杂的手工配置和处理，大大提升了运维的效率。

后来，Docker 的母公司推出了自己用于管理容器集群的产品 Swarm。但由于 Swarm 推出的时间较晚，以及社区的活跃度、使用便利性等多种原因，没有形成规模落地。基于 Kubernetes 的容器集群管理调度平台是目前市场的绝对主流。云原生的技术体系中的关键环节容器技术，也是构建在 Kubernetes 之上的。

在 PaaS 中，弹性计算平台模块专门提供容器化应用的部署托管。弹性计算平台作为整个 PaaS 平台的基座，提供跨地域的异构资源编排和弹性伸缩能力，兼容多版本 k8s 集群，提供 X86、ARM 等异构基础设施资源；在多租户环境下，面向应用和技术服务组件提供统一的应用容器化生命周期编排和操作使用的能力，弹性的算力部署能力由该模块提供。算力的弹性部署包括以下环节：

（1）为算力任务提供资源调度：在异构资源纳管的基础上，为应用部署提供资源调度。传统的数据中心一般使用多种调度算法，比如基于负载调度、标签调度、打散调度等。在算力网络架构下，还要增加按照时延维度的调度算法。

（2）通过拉取相应的算力任务镜像，完成在调度资源上的算力任务部署：弹性计算平台通过位于不同位置的组件库、制品库等仓库类应用，拉取相应的算力任务镜像文件，完成应用的部署。通常在镜像的拉取上，会采用 CDN 或者 P2P 加速等技术，提升镜像包获取的速度。

（3）基于业务的负载，为该实例提供弹性伸缩支持：基于实例的运行负载，配合监控阈值指标，为应用提供弹性伸缩，满足业务稳定运行的同时提升资源的利用率。

（4）实现算力实例的灰度发布：支持应用的灰度发布以及基于条件的引流，在线小范围验证新版本。

（5）实现算力实例的滚动升级：实现应用的不停机升级。实例逐步完成升级。

以"东数西存"场景为例，业务应用在东部采集大量的业务数据需要存储，希望能够充分利用西部的数据中心，降低东部数据存储的成本。这种场景下，就可以通过选择西部资源池，并通过弹性计算平台在西部资源池将整个业务服务集群创建起来，并通过负载均衡策略，将业务请求转发至西部的业务处理中心，实现"东数西算"。采集的数据也将存储在西部数据中心节点，为用户降低使用成本。

关于算网弹性计算平台，会在第 5 章进行更加详细的介绍。

3.1.4 算力网络组件的生命周期管理

算力网络的组件主要指算力网络可能会使用到的技术和公共业务组件。这些组件以应用程序包或者镜像包的形态，由组件库进行管理。在得到部署请求时，由弹性计算平台从组件库拉取相应版本的组件，实现组件的部署。

组件部署文件的管理随着组织复杂度的不同也有不同的实现形式，从简单的共有仓库和私有仓库的两级架构，到独立制品库，都是为技术组件提供生命周期管理方案。在电信行业，通常会有独立的 PaaS 组件库实现组件的生命周期管理。通过组件资产、运营运维、组件服务化、组件调度等能力，提供给租户一站式订购能力，同时提供组件服务基本运营运维能力，达到资源合理利用、高效运营运维目标。

组件指部署后可以服务的方式集成在 PaaS 平台，为业务提供技术支撑能力的技术服务，比如缓存组件、消息组件、分布式数据访问组件、云原生数据库组件、AI 组件等。也可以指原子化可以与不同应用共享的业务公共组件，如 GIS 服务组件。

组件在 PaaS 平台中，可以按照类型分为托管组件、非托管组件和其他类型组件。托管组件指可以在 PaaS 平台订购，支持容器化封装的组件。这类组件支持组件服务实例动态创建、扩缩容、监控和注销，可以服务的形式向服务消费者提供服务；非托管组件指在 PaaS 平台发起订购，通过工单线下开通，不在平台进行实例创建、升级、扩容和监控的组件，此类组件服务会在开通后集成至 PaaS 平台，在平台上开放；其他类型组件指不可在平台订购，通过自动发现使用的外部组件服务。

组件管理通过与开发交付、运营运维、弹性计算平台以及 PaaS 门户关联，构建数据互通、信息共享、能力多样等手段，达到一站式服务的效果。组件管理模块与 PaaS 体系的其他模块有着密切的关系。

（1）组件管理与门户的关系：由门户提供租户权限服务接口，组件管理纳入统一租户权限管理；由组件管理模块提供组件管理页面，门户做页面集成；由组件管理提供组件及服务信息、审批信息、服务实例状态接口，门户在订购页面通过组件管理接口获取组件信息、审批信息、服务实例信息。

（2）组件管理与开发交付体系的关系：开发交付体系主要实现代码的编译打包，以制品的形式提交产出物。制品包括两类，一类是非镜像的部署安装包，比如 WAR 文件或者 JAR 文件，另一类是镜像文件。持续集成流水线完成编译，经测试通过后，将文件投放至不同的组件库，实现组件的发布。在实际生产环境组件制作过程中，还涉及为底层异构资源提供指令集适配的组件包（或称制品）。比如，为了支持 X86 和 ARM 架构底层资源，需要发布基于 X86 和

ARM 架构指令集的不同组件。

（3）组件管理与弹性计算平台的关系：弹性计算平台使用组件库中的标准化组件完成服务的部署。弹性计算平台接到部署服务的命令后，会根据该服务对资源的需求文件，完成部署资源的调度。之后从组件库拉取相应版本的服务镜像，部署在调度的资源节点上。在这个过程中，弹性计算平台会判断资源的类型，并拉取相应的组件完成组件部署。

（4）组件管理与运营运维的关系：运营运维提供组件信息同步接口、组件监控数据接口、CMDB 服务实例信息同步接口，组件管理提供报表查询接口。组件管理同步组件信息到运营运维，并获取监控数据页面展示。

通过组件管理模块，为 PaaS 平台提供技术组件，为应用提供技术支撑。

组件的生命周期管理包括组件入网流程和组件退网流程。组件入网流程包括：信息注册、组件发布、组件测评以及入网审批。组件退网流程包括：组件退网申请、退网审批、服务注销等。

组件入网后，通过组件服务化过程，实现镜像、组件包服务化封装，同时将组件包通过中央制品库进行统一版本管理。完成服务化后，发起服务注册、发布申请，审批通过后，服务上架提供给租户订购。

对于托管和非托管类组件，通过服务目录提供给租户订购，租户根据业务需求选择相应规格进行订购，同时支持服务退订能力。

关于组件，我们在本书中给出了 PaaS 平台的几个技术组件以作说明，可以在算网微服务章节详细了解。

3.1.5　算力网络下的分布式微服务体系

分布式微服务体系是相对于传统单体应用来说的一个概念。传统单体应用，也称为单体系统或者是烟囱式架构系统。它把系统中所有的功能、模块耦合在一个应用中实现。多个业务模块被打包成一个 WAR 包，部署在轻量化容器，比如 Tomcat 中运行。单体应用有其优势，比如项目管理简单、部署简单、运维简单。但它的不足也很明显，比如复用能力低、扩展困难、可靠性低、团队协作困难等。随着项目的扩大，越来越难以维护。

在向分布式演进的过程中，经常会有一种误解，认为部署多个单体应用的副本就是分布式了。实际上，单体应用的多副本并不是分布式含义。多副本是克隆，通过负载均衡，将请求按照不同的策略、路由到不同的副本，起到降低单实例负载的作用，并没有解决单体应用固有的问题。

分布式服务是指根据业务属性和特点，将单体应用划分成不同的模块，通过模块间调用，实现整体业务流程。每个模块仅提供业务的部分功能，都不是完整的业务应用，通过流程编排，实现模块间的串联，最终编排成完整的应用。以电信行业 CRM 系统为例，整个 CRM 系统基于领域模型，被拆分成多个服务中心，比如用户中心、物流中心、订单中心、产品中心、商品中心等。每个中心实现服务自治。对于前台业务人员使用的 CRM 系统，则通过 PaaS 的流程编排组件能力，实现多个中心的服务编排，并通过 PaaS 提供的数据访问代理组件以及消息服务，实现多个中心之间的数据一致性保障。这样拆分的好处在于，每个中心化服务都是独立演进的，其迭代、升级均不影响其他服务的运行，实现了应用不同模块的解耦，降低了因部分功能升级给整体应用带来的影响。

应用的微服务化拆分并没有固定的规则，一般是按照业务本身的性质和功能模块，实现不同粒度的拆分，原则上是尽量实现服务之间的解耦。实现服务的业务模块拆分后，就需要基于分布式开发框架实现服务的开发，以便于后续的分布式服务注册、发现、调用、治理。

服务的自动注册发现是分布式微服务体系的前提。微服务体系从开发到运维都需要自动化体系的支撑才能平稳运行。在服务的注册发现方面，如果依赖人工通过配置文件的方式实现注册发现，不仅效率低，且容易出错，对于基于业务负载的弹性扩缩容也无法保证。目前，关于服务的注册有很多开源项目都可以使用，比如 Eureka、SpringCloud Config、Consul、Nacos 等。在电信行业，从广泛兼容性角度出发，一般支持不同类型的注册中心，包括基于开源组件封装的注册中心以及商用的自实现的注册中心。

服务的发现基于客户端从注册中心获取订阅的微服务实例地址，通过本地化缓存地址列表，以不同算法选择实例发起服务调用。在服务发现过程中，一般会涉及服务健康度的检查，在发现某个实例调用失败后，会向注册中心上报故障，并将故障实例剥离服务地址列表。服务的调用目前普遍都是基于 HTTP 协议的服务调用。基于公有协议的主要好处就是能够统一不同服务的调用协议，实现更加便利的服务接入和调用。然而，在性能上可能就不如一些框架的私有化协议处理效率高了。

分布式服务治理为微服务体系稳定可靠运行提供保障。在突如其来的业务负载高峰时，通过限流、熔断、降级等不同手段，保障核心服务的可用性。再通过 PaaS 平台的自动化运维，如副本策略，实现服务实例的扩容，平抑业务负载。

对于用户来讲，单体应用可以申请算网资源用于应用的部署，而对于用户的分布式应用，除了自有体系下的分布式应用外，也可能需要在算网上实现与其他分布式应用的组合编排、调用、治理。因此，承载算网的 PaaS 平台需提供一套广泛兼容的，拥有不同架构体系微服务应用接入和统一治理能力的分布式微服务体系作为不同用户分布式应用的载体。算力网络的价值体现依赖为构建其上的业务应用提供快速的计算存储资源支撑，满足业务的运营需求。

算力网络下的分布式微服务体系与目前云计算下的微服务体系没有本质上的区别。微服务体系强调的是服务的拆分以及拆分后对服务调用、治理的技术支撑，通过引入不同的自动化技术，纳管异构微服务，以更加灵活的方式更好地实现业务价值。

关于微服务体系，会在第 6 章进行更加详细的介绍。

3.1.6　算力网络能力运营、运维

算力网络的商业目标像销售水、电资源一样便利地销售算力服务，其重要内涵是构建、设计一套完整的算力商业运营模式，以满足算力需求方、供给方和运营方等多方需求，实现多方利益最大化，实现整个价值链的闭环。商业模式的关键要素包含多方的合作边界、分账模式、算力计费等。算力网络的建设属于新基础设施建设，就像水、电、气一样，其本身是为生产生活赋能的基础性要素。算力网络要想实现为业务赋能，通过为业务创造价值实现自身的价值体验，其本身需要运营。因此，算力网络需要持续的运营以实现目标价值。算网的运营主要体现在以下 4 个方面。

第一，需要实现算网能力的抽象化。就像云计算一样，算力网络也需要将资源虚拟化并抽象出不同的资源规格，并将该资源规格以公共服务的形式发布出去。算力网络的资源规格与传统云计算有着很大的区别。算力网络的资源规格有着多种衡量维度，比如类似于传统云计算的资源量维度，像 CPU 核数、存储大小等。此外，算力网络还有传统云计算不具备的资源维度，即算力资源的时延性维度和算力服务的时延性维度。

算力网络的一大场景是云—边—端的算力协同。时延性要求高的业务，需

要就近使用边缘侧算力。这其中就包括两个子场景，一是边缘资源的时延性，比如用户申请的算力资源，在资源节点上的时延性有相应的指标。第二是边缘服务的时延性，比如自动驾驶服务部署在边缘侧算网资源节点上。用户驾驶车辆进入覆盖范围后，申请此类服务实现自动驾驶，这就对算力服务的时延性提出了需求。

第二，需要有个算网能力的运营商城。在这个商城中，主要有三种角色，分别是算力提供者、算力运营者、算力消费者。算力提供者提供不同规格的算力资源，并在商城平台注册。此处有两种类型的算力提供者，一种是集中化的算力服务，比如传统云计算供应商提供的集中化算力，以及边缘侧算力提供商；另一种是分散的算力提供者，此类算力提供者可以是一个小的数据中心的拥有者，甚至可以是个人算力拥有者。比如 1999 年 5 月 17 日，美国加州大学伯克利分校开展了一项寻找地外生命迹象的科学项目——Search for Extra Terrestrial Intelligence at Home（SETI@home）（在家里寻找外星文明，现已暂停）。该项目主要是利用全球联网的个人计算机闲置算力分析世界上最大的射电望远镜获得的数据，以帮助科学家探索地外生命。该项目将全球志愿者的计算机算力管理并调度起来，实现星空数据的分布式计算。这个场景下，每个个人算力提供者都可以算作一个算力节点，注册到该项目的任务分发部署平台上，提供算力支撑。在算力网络下，不同的算力提供者通过区块链技术，以不同的结算模式获取算力提供的收益。

第三，需要有算力的计量、计费规则。算力的使用需要有一套计量和计费规则。在算力计量上，主要需要区分使用的资源类型，是使用的算力基础设施资源，还是算力服务。如果是基础设施资源，可以考虑使用类似于云计算的计量方式加上时延性要求带来的额外费用；如果是使用的算力服务，可以考虑通过服务的接入量、使用时长、服务时延要求、服务实例数等多维度进行综合计量。在计量的基础上，提供标准单位的计费以及相应的业务运营扣减规则支持。

第四，算力使用的运维支持。在算力消费者使用算力资源或者算力服务的过程中，需要提供相应的运维支持，比如算力使用监控、弹性伸缩等。在算力网络的运营过程中，需要引入智能化运维技术。智能化运维又称算法运维，在近几年又被赋予了新的含义：人工智能运维。智能运维一般会利用大数据、机器学习和其他的分析技术，从数据分析着手，实现系统的自动化运维，用以增强系统运行的稳定性、可靠性等。目的是让算力网络为用户提供稳定的资源支撑。

关于算力网络的运营、运维，会在第 8 章算网运营运维对相关的指标、监控、运营分析等进行更加详细的介绍。

3.1.7 一站式算力网络门户

门户作为面向不同角色用户的统一平台，可以屏蔽系统复杂性，降低用户的学习成本，提升用户的使用体验。算力网络的运营提供很多服务，比如资源类服务、组件类服务，涉及不同的使用者，比如提供者、消费者、运营者，不同的角色需要关注相应资源的运营状况，等等。通过一站式门户，不仅能够集成后端服务，实现不同服务的拉通，还能为不同的使用者提供统一的管理操作台，用于实现不同角色的权限操作。

门户更多的是一种能力的展示层，包括算力商城、算力一体化平台、算力的计量计费、算力申请流程、工单系统和统一展示大屏等。

关于算力网络的一站式门户，会在第 9 章进行更加详细的介绍。

3.1.8 总结

综上所述，可以看出，算力网络作为新基建中一项重大创新项目，有着很大的业务应用价值和商业价值。但算力网络要使用起来为业务赋能，则需要一整套的措施作为其载体，基于整个算力网络基础设施的管理、运维、运营，实现算网能力的输出。PaaS 作为云计算经典三层架构中的中间层，南向管理、调度 IaaS 资源，北向为上层 SaaS 应用提供技术支撑，是算力网络运营的绝佳载体。

算力网络作为资源能力提供时，需要对底层异构资源进行纳管、动态调度、灵活弹性伸缩、资源使用监控、资源能力提供等技术支持，通过 PaaS 平台的资源管理调度引擎实现资源的纳管、调度、开通、扩缩容；通过 PaaS 的监控能力实现资源使用的监控，以及通过 PaaS 的能力开放能力实现资源的对外开通。

算力服务对外提供时，不仅需要对算力服务部署所依赖的资源进行管理，还需要额外对算力服务进行管理，包括服务的生命周期管理，算力服务的调用、治理、弹性伸缩、升级、监控等。这些技术支撑能力都是 PaaS 所擅长的领域。因此，PaaS 可以作为算网能力的运行、运营天然载体，为算网能力的商业化提供技术支撑。

3.2　电信领域的 PaaS 平台

3.2.1　PaaS介绍

典型的云计算模型分为三层，分别是 Infrastructure as a Service（IaaS）、Platform as a Service（PaaS）和 Software as a Service（SaaS）。IaaS 服务主要为用户提供基础设施资源，像阿里云、腾讯云，很多的弹性主机服务都属于 IaaS 服务。SaaS 更多的是企业的一种运营和交付方式。通过 BS 架构为用户交付产品和价值，快速扩大市场，降低交付成本。而 PaaS 则作为承载 IaaS 和 SaaS 的中间层，在基础设施的基础上，为业务应用的构建提供一揽子技术支撑。

PaaS 平台是指云环境中的应用基础设施服务。应用基础设施包括很多内容，比如开发框架、开发工具、应用服务器、数据库、总线、网关、缓存、消息中间件等。而目前对 PaaS 的定义又随着业务的发展在不断扩大。根据 Gartner 对 PaaS 的定义以及 2021 年发布的技术成熟度曲线，PaaS 可以细分为适用于不同业务场景的 37 个子 PaaS。而在电信领域，PaaS 平台主要指的是 aPaaS，主要作用是为业务应用的开发、部署、运维、运营提供一揽子解决方案。

在中国移动智慧中台技术规范中，将 PaaS 平台定位于技术中台，其主要作用是为业务中台、数据中台和 AI 中台提供技术支撑，实现能力联动，推进数据互通、能力共享。在本书中，我们主要以中国移动的磐基 PaaS 平台为例，对电信领域的 PaaS 平台做概括性说明。

3.2.2　PaaS的重要意义

云计算发展到一定阶段之后，PaaS 的重要性将日益凸显。企业应用想要体验云计算带来的价值和收益，就需要按照云计算架构的模式进行业务设计、托管、运营。而为了实现这一切，都需要一套统一的技术平台提供工具作为上云支撑。

PaaS 产品面向软件开发，集成了多种底层基础架构组件，例如操作系统、服务器、数据库、中间件、网络设备和存储服务。PaaS 平台提供计算和存储基础结构，以及文本编辑、版本管理、编译和测试服务，可帮助开发人员更快、更高效地开发新软件。PaaS 产品还可以促进开发团队之间的协作。

PaaS 作为连接基础设施和应用之间的一层，其主要意义在于以下几点：

（1）在多样化的混合基础设施上，PaaS 提供对混合型基础设施的兼容适配，并提供多样化的调度策略，为应用的部署提供灵活按需的资源调度支持。让应用开发者无须关注应用的部署环境，更加专注于应用的开发。

（2）标准化的运行环境提供。PaaS 节省了开发人员安装运行环境的时间，PaaS 提供的是标准化的环境，能够解决环境的一致性问题，避免出现因为细微差别带来的部署失败问题。

（3）应用资源的统一管控。在企业或者组织内部，可能涉及不同的项目或者组织。不同的项目会申请相应的开发资源，而这些开发资源被申请后的使用情况只有相应的项目了解。在没有统一管控的情况下，资源的使用是十分低效的。通过资源的统一管控，不仅能够为资源需求方快速开通资源，还能够对分配的资源做使用监控，及时回收资源，提升资源的使用率。

（4）PaaS 提供标准化的研发环境和技术栈。每个企业都有自己的开发规范，而对开发规范的遵守则很难有效把控。不同的项目团队在做技术选型的时候，也会遇到踩坑的情况。通过 PaaS 平台，实现企业的技术栈收敛，为开发团队提供统一的开发框架、经过验证的有效组件，提升研发效能，减少不必要的风险。

（5）快速的扩展支持满足业务需求，包括资源的快速扩容和应用的快速弹性伸缩。比如业务负载变高，在没有使用 PaaS 之前，通常需要运维人员重新搭建一个新的业务集群，再通过修改负载均衡器，将新集群加入到负载均衡，实现业务负载的分担。我们知道，业务负载会呈现出快速波动的情况，等完成应用部署，可能负载已经降低了。如果需要一直保持业务的健壮性，那就需要忍受大部分时间内的低资源使用率。因此，系统的健壮性和资源的使用率一直都是一个矛盾。而使用 PaaS 平台之后，可以基于应用监控，实现秒级微服务级别的弹性伸缩。在业务负载降低后，还能够及时回收资源，降低资源占用。

（6）敏捷开发的落地支持。为了更好地避免开发结果与需求不一致的情况，现在大部分的开发企业都从瀑布型开发模式转向了敏捷开发模式，以小步快跑的方式，在最小可用产品的基础上持续丰富产品功能，逐渐靠近客户需求。

有了 PaaS 平台持续集成支持，这一切都有了工具支持。项目经理可以看到每天的开发进展，了解业务开发的真实进度，也能随时为客户呈现产品开发迭代效果，避免整体推倒重来的重大风险。

（7）推动组织架构与 IT 流程结合。在没有 PaaS 之前，需要通过产品经理或者开发团队，不断收集产品运行、运营过程中的问题，并依赖不同的手段完成需求的处理、跟踪。这期间很多需求会与原始诉求偏离，造成功能与预期不符。通过引入 PaaS，可以完成需求的统一收集管理、拆分、跟踪，以及需求满足度评审和覆盖度检查。同时，还可以利用运维前置的能力，让运维人员提前参与到产品设计或者功能规划中，提升产品的运维运营能力。

3.2.3　PaaS平台的建设背景

中国移动各省公司近几年来均在不同程度上尝试建设 PaaS 平台，为业务提供统一的技术栈支撑。区别在于不同的省进展不同。比较超前的省份基本都已建立起较为完善的 PaaS 平台，并在 PaaS 平台支撑下完成了大型应用的解耦，实现了中心化的分布式微服务体系建设。

随着中国移动企业级智慧中台的持续推进，各省公司重点聚焦在业务本身的建设及创新，各省自主建设模式以及技术多元化的发展，使得业务在创新和上云过程中，逐渐形成了混合复杂的环境，一定程度上存在架构演进、能力建设和技术组件等标准不一致的情况，导致技术能力被打散到不同的系统里，未能沉淀和积累，无法灵活、快速复用，也不利于全网技术拉通和集中管控。总的来说，面临着以下问题：

● 应用系统复杂、技术标准化程度低：为了快速响应业务需求，往往忽略了长期规划，在运行环境、技术架构和研发规范等方面难以形成统一的标准，技术能力共享程度不高，存在一定的重复能力建设，也不利于企业自身核心能力的掌控。

● 系统体量大，横向扩展能力受限：系统众多，数据量大，普遍存在大量异构的、紧密绑定的平台和应用，解耦困难，无法拆分部署，出现性能瓶颈后很难实现自动化的弹性伸缩。

● 开发质量无法衡量：为了逐渐实现自主可控，各省公司除了技术架构和组件使用开源以外，绝大多数业务是自主建设，但相对缺少专业的流程和机制，对于应用质量的管理比较缺乏。

基于以上原因，围绕平台互通、能力拉齐、数据共享等诉求，通过统一规划建设 IT 容器云，打造云化、开放、弹性伸缩的分布式架构，横向拉通整合B 域（业务支撑）、O 域（网管支撑）、M 域（管信支撑）所需的 IT 技术能力，提升应用上云的开发和运维效率。

3.2.4 PaaS解决方案

本节还是以中国移动为例，对 PaaS 解决方案进行介绍。中国移动智慧中台是围绕集团创世界一流"力量大厦"战略的一项重大管理变革，是数智化转型工作的重要抓手。为支撑智慧中台业务场景快速落地，促进业务和平台能力深层解耦，实现需求驱动向能力驱动转型，集团公司牵头构建集团统一化PaaS——磐基 PaaS 平台（以下简称磐基 PaaS 平台）。该平台基于云原生架构，是一款推动构建全网开放、标准、自主可控的 PaaS 平台。

磐基 PaaS 平台从业务发展、成本优化以及企业管理层面出发，贯穿 IT 系统进行设计、规划、建设一个标准化的 PaaS 平台，提供迁移、部署、培训、咨询和支持等服务，以及整体治理，在企业内部构建和形成一个紧密的技术生态，为业务的快速支撑和转型打下牢固基础。磐基 PaaS 平台的目标如下：

（1）形成统一技术标准，构建企业级技术生态，支持互联互通：通过统一 PaaS 平台建设，在技术架构和研发规范等方面形成统一的标准。不同的省公司都在同一个技术框架体系基础上进行业务应用的开发，有助于形成基于这个技术架构的技术生态。各个不同的业务实现能够在统一标准前提下进行互联互通，避免技术差异带来的问题。

（2）构建统一版本，支持业务创新快速复制，节约开发成本：通过构建统一版本，在统一的技术要求下进行业务开发带来的最大效果，包括开发效率快速提升，节约开发成本，加速技术沉淀，提升产品质量。

（3）拉通基础技术底座能力，实现优秀省份技术能力快速拉齐：各省公司的技术底座建设绝大多数是自主建设，但相对缺少专业的流程和机制，对于应用质量的管理比较缺乏，而且各省公司的发展情况不同，通过统一 PaaS 平台的建设，迅速将优秀省公司的技术能力向各省公司进行拉平，补足落后省公司的技术短板。

磐基 PaaS 平台的总体说明如图 3-1 所示。

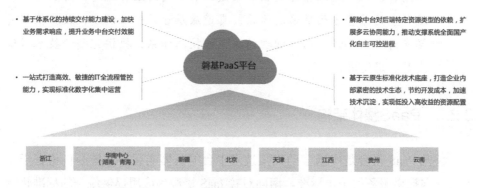

图 3-1 磐基 PaaS 平台

磐基 PaaS 平台建设以中国移动集团的统一规范为指导，结合不同省份的本地支撑经验以及需求，形成包括开发交付体系、弹性计算能力、微服务体系、组件管理、运营运维能力和统一门户为一体的 PaaS 平台基线版本，打造具备云原生能力的技术底座，完成不同省份间技术拉通，实现组件能力统一和技术框架一致。磐基 PaaS 具备以下特点：

● 统一化的集团PaaS平台：基于集团规范，形成统一的基线版本，做到发布部署过程统一、组件能力统一、调用框架统一、运维框架统一、对外服务提供标准统一、资源方式使用统一，通过基线版本进行技术栈收敛，助力形成统一的技术生态。

● 打造云原生六大能力：实现开发交付体系、微服务体系、运营运维、弹性计算、统一门户、组件管理等六大能力，提供应用容器化、组件标准化、微服务化、云原生四种接入模式，实现能够进行高效业务持续交付的技术基础。

● 引入新兴技术支撑：引入双平面、灰度发布、服务网格、IPv6支撑、异构资源调度、容器安全隔离、DevSecOps等新兴云原生能力，满足不同场景要求，实现全网系统的连续性、客观理性、安全性等提升。

● 完善提升平台能力：提升演进一站式运维能力，收敛和完善各组件运维能力；构建完备的标准化运营运维指标体系，提供多维数据支持，提升运营运维体验；标准化提供包括缓存、队列、配置中心、任务调度等组件。

● 形成体系化技术底座：贯通开发交付体系的开发，微服务及组件的应用运行，组件运维指标输出和集成三者之间的配合通道，形成开发、运行、运维各方面贯通的体系；贯通底层资源弹性调度，服务框架灵活支持，上层统一门户管理的体系化技术体系，提供完整的技术栈供上层应用使用。

3.2.5　PaaS整体架构

磐基 PaaS 平台是中国移动集团技术中台的具体实现，其核心价值在于，对外北向提供服务的统一标准，南向对接 IaaS 资源为应用提供统一的标准化运行环境；对内将各类技术组件进行横向拉通，形成统一的技术要求和标准，实现面向应用的开发态、运行态、运营运维态的生命周期管理。

磐基 PaaS 平台由六大体系模块构成，分别是 PaaS 平台门户、开发交付体系、微服务体系、组件管理体系、运营运维体系和弹性计算平台，如图 3-2 所示。

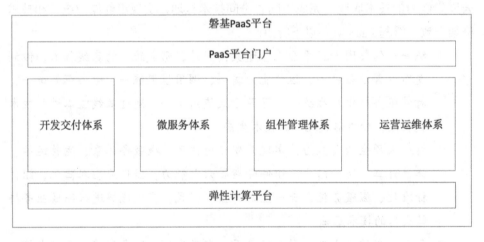

图 3-2　磐基 PaaS 平台整体架构

1. PaaS 平台门户

平台门户是面向平台运营方、平台运维方、平台使用方（租户）的所有参与人员的综合操作界面，将平台各个系统模块操作界面整合到一个统一的操作平台上提供给用户。由于 PaaS 平台的复杂性，门户主要起到屏蔽不同模块的技术细节，为用户提供统一的管理操作平台的作用，降低 PaaS 平台的使用门槛，提升平台友好度。平台门户主要集成以下能力：

- 弹性计算平台的管理控制台。通过集成弹性计算平台的管理控制台，在门户上能够为租户分配权限和资源，可查看租户的资源利用情况，租户环境的状态监控数据，包括资源状态、组件状态、应用状态；能够提供对多个容器集群信息展示，以及集群管理界面的切换；能够提供对弹性计算平台纳管的基础资源信息进行展现，可按资源类型（物理机、虚拟机、容器化）进行单独展现。

- 不同微服务组件的管理控制台。类似于弹性计算平台的管理控制台，不同微服务组件的管理控制台同样可以集成至门户。通过门户首页能够以 SSO 方式登录到各组件的管理控制台，并将组件能力以云服务化的形式向外开放。

- 开发交付体系的流水线执行与管理界面。集成后，在门户上运行并查看流水线执行情况以及流水线执行统计信息；可查看代码扫描结果以及单元测试覆盖率信息；查看制品信息；查看自动化测试的各项测试结果，包括接口测试、性能测试、界面测试、安全性测试；查看应用的部署结果。

- 组件管理模块的模块配置、权限控制及可视化界面操作功能。可针对不同的用户提供可配置的操作界面、组件门户界面，包括但不限于组件管理各功能操作界面、组件服务化管理操作界面、开源软件管理的各功能操作界面、组件调度管理的各功能展示界面。

2. 开发交付体系

开发交付（又称持续交付）是指持续将各类变更（包括新功能、缺陷修复、配置变化、实验等）安全、快速、高质量地交付到生产环境或用户手中。工具包括代码管理、构建与持续集成、制品管理、自动化测试、发布管理、流水线。

- 代码管理：管理开发商的源代码，主要能力为源代码的版本管理、分支管理以及开发协同。

- 构建与持续集成：通过不同类型的编译构建框架把源代码编译构建成可执行文件，并且在编译构建过程中进行质量管控，包括对代码质量进行自动化评审及进行自动化单元测试。

● **制品管理**：把编译构建的可执行文件和各类环境配置文件打包成制品进行统一管理，制品分为两类，包括软件制品包、容器镜像。

● **自动化测试**：对运行时的制品进行接口测试、界面测试、性能测试；对静态制品进行安全性扫描测试，以保证软件的实现与预期一致。

● **发布管理**：把目标软件制品或者容器镜像发布到目标环境，包含部署过程管理、发布策略管理、发布环境管理、应用配置管理、数据变更管理等能力。

● **流水线**：流水线作为控制总线，通过自身的编排能力，把以上各个环节组合起来，形成可灵活编排的自动化流水线。

3. 微服务体系

微服务体系是容器云平台对外进行能力输出和能力运营的重要技术保障，承载着为上层应用提供可靠、稳定、可编排、可治理的服务能力，主要包括分布式服务调用框架、API 网关、微服务能力组件三部分。

● **分布式服务调用框架**：分布式服务调用框架是微服务体系的核心，解决了微服务的分布式调用和服务治理问题。

● **API网关**：API网关作为微服务架构下API访问的入口，是容器云平台进行能力输出和能力管控的重要工具，主要提供API请求接入接出的访问管控、协议转换、加解密、API调用运行监控等能力。

● **微服务能力组件**：微服务能力组件是容器云平台为方便应用构建和运行时依赖提供的基础能力组件，主要包括分布式缓存管理、分布式消息管理、分布式数据总线、分布式配置管理、弹性任务调度、统一流程平台。

4. 组件管理体系

组件管理主要面向自研组件、开源组件、商业组件及第三方研发的组件的生命周期管理，对外提供标准化通用组件服务，组件管理功能包括组件资产管理、组件操作管理、组件服务化管理、组件调度管理、开源软件管理等。组件管理体系的功能架构如图3-3所示。

图 3-3　组件管理体系架构

各模块的说明如下：

● 组件资产管理：对组件进行注册、发布，实现组件资产库、组件生命
周期、版库管理。

● 组件操作管理：提供组件安装部署能力，通过统一视图展示组件整体
运行情况，自动发现在网组件实例。

● 组件服务化管理：对符合条件的组件进行服务化封装，通过流程申请
组件服务，并向集团平台上报数据。

● 组件调度管理：提供组件调度能力，根据调度策略进行组件资源合理
调度使用，自动处理审批通过的工单。

● 开源软件管理：对开源组件进行专题深入分析，实现开源软件版本
库、协议及漏洞管理，支撑开源软件收敛管理要求。

5. 运营运维管理

容器云运营运维管理主要面向平台管理人员及租户提供被管对象等多种场
景监控，并提供运营分析工具，对应用及系统运行状况、资源利用率分析等进
行分析，主要功能包括运维监控、运营分析和基础管理。

● 运维监控：支持对IT容器云所纳管的资源实例、组件实例、API网关、
应用实例等多场景的监控。

● 运维分析：支持以多维度、多指标优化管理目标分析；支持资源类、
组件类、服务类、应用类等多种分析报表。

● 基础管理：提供租户申请注销管理、租户权限管理等功能。

6. 弹性计算平台

弹性计算平台是 IT 容器云的基座，南向提供了对 IaaS 层分配的计算资源、网络资源、存储资源的适配与管理；北向为应用提供了部署编排能力和弹性可扩展的、高可靠的云化运行环境，主要包括资源适配、资源管理和应用管理模块。

3.2.6　总结

通过以上内容可以看出，算力网络能力的提供和运营需要载体，而磐基 PaaS 平台的能力契合算力网络运营载体这个角色。这两者的有机结合一定能够为算力网络的实施落地提供便利。

在后面章节，我们会从 PaaS 能力出发，层层展开，讲述 PaaS 平台与算力网络如何结合，以实现业务和经济价值的最大化。

第 4 章 算力网络调度引擎

4.1 算力网络调度引擎简介

根据 Flexera 2020 报告统计，在超过 1000 家组织取样中，有 93% 的企业采用了多云架构部署策略；87% 的企业采用了混合云部署策略，还有一部分组织机构在公有云和私有云中对应用进行隔离部署，如图 4-1 所示，其中 41% 的应用程序采用在云之间集成数据的方案，在 Flexera 所有参与调查的组织中只有 33% 使用多云管理工具，所有受访者平均使用 2.2 个公共云和 2.2 个私有云。

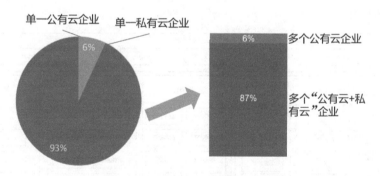

图 4-1　Flexera 2020 云计算报告统计图

多云的架构部署能够为企业带来很多的优势，企业在多云的环境中有利于保持自身的灵活性；采用多云架构能够使企业应用在部署上有更多的选择性，且有利于降低部署成本，避免单一厂商绑定；同时企业通过构建分布式应用架构，灵活地融入多云环境，可以得到更好的系统可用性，取多家厂商云资源优势于一体，从而使得企业自身在数字化建设方面具备更强的竞争实力。

随着数字化建设的发展，云上的应用数据也逐步成为所有企业所共识的宝贵财富，在发现数据价值之前也会采取稳妥的方式进行长期的留存，所以一旦数据丢失将会对企业现状和未来的发展造成无法挽回的损失，如果所有的数据存放在一朵云上，数据的可靠性和安全性也会大打折扣。另外企业由于自身业务需求的潮汐性，尤其是在电商类行业中，多云情况使得企业可以根据自身的业务需要和各厂商的商务报价进行灵活的舍取，通过分布式部署、双活、主备等方式，使得应用同时在多个云上进行承载，支持将应用在任何一朵云中灵活迁移，既保持了企业对云厂商的议价权，也避免单点业务造成故障的风险。

综上，多云架构必将是大部分企业的首选，所以如何对多云环境进行统一的资源管理和调度，也是多云企业数字管理的刚需，由于企业在长期的历史发展过程中，会有各种各样的技术演进路线，积累了大量的技术平台，其部署方式和架构存在复杂和多样性，由不同厂家所提供的软硬件资源甚至过维保的软硬件资源，如何将以上资源与现有的多云环境进行融合利用，也是一项巨大的工作难题，只有具备充分开放、异构融合特性的平台，才能更好地适应企业实际需求现状。

在算力网络整体功能布局中，多云管理平台是管理多个云资源池异构资源的底层调度单元，本书称之为算网调度引擎，算网调度引擎的整体架构示例如图 4-2 所示。

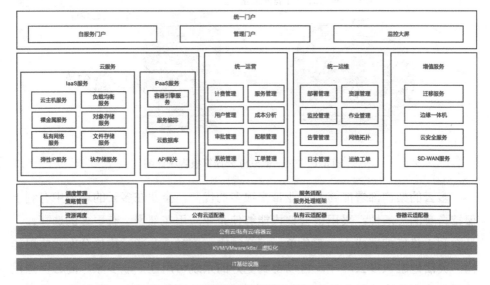

图 4-2　算网调度引擎功能架构

构成算网调度引擎各个主要模块及核心功能如下：

（1）资源管理模块，负责对各个云资源池资源进行并网及资源全生命周期管理，并进行资源配额调整。云服务管理部分需要在此阶段对入网的资源进行服务的绑定，如果是新的服务，需要先在运营管理服务目录中进行服务注册，然后再进行资源绑定。服务适配器是对底层各个资源池接口进行适配的模块，支持公有云、私有云，以及 OpenStack、K8s、VMware 等多种异构资源池适配接入。调度管理是对底层资源池进行策略选择，提供满足客户需求的资源开通方案的能力，包括进行过滤和排序的调度器以及对调度的策略进行更新管理。

（2）云服务管理模块，包括各资源池本身提供的 IaaS/PaaS 服务，如 IaaS 层服务中的计算服务（云主机、裸金属、GPU 服务器、FPGA 服务器等）、存储服务（块存储、对象存储、文件存储等）、网络服务（云专线、VPN 服务器、对等连接、弹性公网等），PaaS 服务中如云数据库、消息队列、微服务、数据库缓存、大数据引擎、云容器引擎等，由平台云服务管理模块统一集成，提供受理开通和监控管理。除各资源池自身所提供的服务能力外，算网调度引擎还能提供附加功能，在企业多云以及算网调度环境下使用，其中包括云迁移服务，按照迁移对象可分为服务器迁移、数据库迁移、文件迁移、应用迁移等，可集成外部第三方的安全服务能力，包括运维、应用、硬件、网络等各个层面的安全产品，如给到运维人员使用的云堡垒机，对应用安全性进行监测的渗透测试和漏洞扫描等。通过第三方工具和集成能力可以对用户多云数据和应用提供容灾能力，包括应用级容灾和数据级容灾的服务。

（3）运营管理模块，是对所有资源池的服务进行统一的注册和对服务全生命周期管理，包括服务相关的计量计费、订单账单管理。基于用户的出账记录分析用户资源的构成，结合监控数据分析资源的实际利用率及以上信息进行分析，最终得出最佳的资源开通方案，帮助企业优化或节约上云的成本。运营管理还包括对用户多级权限和组织机构的管理，区分个人级用户和企业级用户。提供工单流程，收集实际资源使用过程中的问题，进行工单流转处理。

（4）运维管理模块，包括对各纳管资源池所有资源、应用监控运维的相关能力，如对底层硬件资源的监控，包括 CPU、内存、存储的动态资源利用率和上层虚机运行状态的指标监控。能够自定义巡检指标形成自动作业，按照预定的巡检策略自动执行和触发告警，告警方式支持短信、邮件及其他第三方对接的能力。所有的监控和告警信息形成日志进行本地或云端存放和管理，也支持从其他业务平台中通过接口对接进行日志的汇总。

（5）云门户模块，针对各类使用群体，算网调度引擎需要提供不同的门户平台，如为运维管理员提供运维门户，实现所有平台资源的运维功能；为运营管理员提供运营的门户，能够对服务进行全生命周期管理，对服务的资源进行绑定和解绑，查询用户的订单账单，并形成成本分析报告推送给用户；面向租户提供围绕云服务相关的控制台能力，使租户能够进行所有云服务的购买和管理使用，并且对资源进行可视化监控，查询租户自身的订单账单，提交故障工单，收取成本优化报告等；通过门户并无法覆盖企业所需的全部 IT 能力，算网调度引擎提供开放 API 接口和使用文档，在一定权限允许范围内将各资源池能力和上层功能封装成接口，由客户或第三方系统进行调用，满足监控大屏、手机 App 应用、微信小程序等多种不同的应用场景。

4.2 算力网络调度引擎整体说明

4.2.1 多算力云管理

由于企业历史原因和当前业务需要，未来很长一段时间企业内部可能会同时存在多种类型的云如公有云、私有云、专属云，也会存在多个厂商的云如华为云、阿里云、腾讯云，还有一部分传统的 IDC 物理硬件资源如硬件防火墙、交换机、物理服务器等，如要实现所有资源的统一纳管对接，需要算网调度引擎具备兼容对接各类云平台厂商的能力以及对接物理硬件资源的能力。

多云适配的管理整合能力覆盖范围较广，涵盖如所支持的云平台厂商、技术架构、版本的类型、所支持的云服务的范围和相关高级功能，如计算服务中的云主机服务，还包括云主机配置在线升级、弹性伸缩、云主机复制等高级功能。云服务范围涵盖计算、存储、网络、中间件、云数据库、安全服务等。需要支撑起服务、管理、运维、运营多场景，同时能够随基础架构的演进，开放可扩展支持新的基础设施，满足"开放封闭"原则，支持新的云平台只需要扩展适配层，无须修改上层功能层。多云适配整合能力范围主要涵盖支持云平台类型版本，支持云服务范围、深度，如计算、网络、存储、中间件、数据库、负载均衡、安全组防火墙等。多池共管，包括统一认证、集中运维、成本优化分析。

在多云对接方式上，分两大类，第一类是做到功能的统一集成，通过适配器纳管底层资源池，将底层资源池的所有功能如资源开通、管理、释放、计费、出账、支付等通过 API 实现对接，所有资源池的功能接管到上层统一实现，在实现成本和时间上，考虑到云接口的多样性和后续的版本升级更新，需要大量的开发精力和维护时间。第二类是通过页面跳转的方式来完成，但是这种方式底层并没有实现完全的打通，客户对资源的操作还是在各自的平台上去完成，上层可能只实现单点登录和订单账单的汇总，这种方式在实现上更加快捷，也不需要太关注各自平台的版本更新，但这种把各平台页面简单粗暴集成在一起的方式，看起来更像一个缝合产物，对实现各云平台的成本优化、服务生命周期管理、统一运营运维都毫无意义。

4.2.2　异构算力资源纳管

在云计算发展成熟阶段，人工智能、物联网、大数据、区块链等以云为依托的热门应用发展势头迅猛，对底层云基础设施的需求也日新月异，传统的 CPU 算力已经无法完全满足各个行业的应用需求，以 GPU、FPGA、超算等为代表的异构资源池也快速地出现，逐步担任算力需求中重要资源类型，现有的算力主要分以下几种类型：

（1）CPU 采用目前主流的 x86 和 ARM 两类，均采用冯·诺依曼架构，即把计算模型区分为标准的取值、译码、执行、访存、写回和更新几个阶段，通过应用层的适配，在不追求效率最优的情况下可以完成任何场景的计算。时至今日 CPU 架构演化已经相当的完善和复杂，实际在真正单场景应用中，其中能够提供有效计算的功耗比例不足 10%，因为 CPU 面向的是通用的复杂场景，比较适合计算密度要求不高的情况，提供一个通用模型来解决问题。在解决一些典型算力模型场景中，需要采用定制化的架构来实现算能加速，即后续的几类专业算力类型。

（2）GPU 主要是以 NVIDIA、AMD、intel 为代表的厂商提供的显卡产品，即图形加速器。相比于 CPU，GPU 的处理器较为简单，且处理单元更多，如 NVIDIA 的 RTX 3090 GPU 的内核数量达到 10496 个，简单的内核利于执行图形计算场景下典型的模型处理，另外在人工智能的机器学习场景下应用也较为广泛，还有虚拟货币的挖矿机中也大部分采用 GPU 来达到较好的性价比。

（3）FPGA（Field Programmable Gate Array，现场可编辑门阵列）也是芯片的一种，但是可以通过编程来改变芯片的内部电路结构，能够满足不同硬件产品的应用需求，FPGA 可以无须送回厂商就能在现场通过编程来改变硬逻辑的特点，使得自身具备高度的灵活性，既可以组成简单的模型，也可以组成非常复杂的模型，目前主要应用在网络和存储设备上，随着 5G 设备的快速发展，这种可编程芯片的特性能够快速地完成交付，并且能够随着标准和需求灵活地调整。

（4）HPC 高性能计算，泛指用高配的服务器或者汇聚起来的算力来处理普通工作站无法完成的计算密集型的任务。在某些场景下需要大量的运算，而通用服务器无法在有效时间内完成，HPC 通过使用专门高端的硬件服务器、交换机、存储等设备或是将多个通用服务器集群进行有效的整合，来完成这类计算任务。在气象、石油、制药、仿真、监测领域，HPC 有着广泛的落地部署。

（5）DPU 被视为仅次于 CPU、GPU 的第三大类芯片，主要负责处理"CPU做不好，GPU 做不了"的任务类型，DPU 的主流定义由 NVIDIA 提出，是集数据中心基础架构与芯片的通用处理器。DPU 作为 CPU 的卸载引擎，接管了网络虚拟化、硬件资源池等基础设施层的计算任务，使得 CPU 的算力聚焦在更宝贵的应用上，从而降低 CPU 自身的能耗，实现基础设施和上层应用的计算分离，目前 DPU 的发展还处于早期阶段，技术标准和生态还有待完善。

无论采取 GPU、FPGA 还是其他加速芯片，在专用的场景下相比于通用的CPU 解决方案，系统的算力效能能提升数倍，基于目前异构算力技术的快速发展以及在不同场景下的应用，算网调度引擎需要在算网场景之前实现异构算力的统一标识和资源抽象，便于上层应用灵活调度。

4.2.3 算力网络资源管理

算网资源管理包括对资源的并网、扩缩容、资源下架等全生命周期的管理功能，通过资源分区的抽象管理，面向使用者提供统一的资源管理服务，将资源分区和接入的多云资源关联映射，完成资源统一管理。

通过集中式的资源管理，算网调度引擎可以管理云计算环境内所有的资产信息，包括服务器、网络交换机、分布式存储硬件设施、应用及管理软件等，调度引擎需要提供资源的自动发现，对于资源环境发生变化时，通过适配器自动触发资源的更新，用户能够通过统一的管理平台查询到更新到云计算平台所管理的各类资源的情况，各类型资源设备管理包括但不限于以下资源类型：

（1）计算资源：芯片类型、架构、型号、内存、存储空间、虚拟化方式、超配比、主频等。

（2）网络资源：型号、端口数量、端口类型、端口大小、吞吐、最大连接数等。

（3）存储资源：存储类型、协议类型、存储空间、读写性能等。

（4）软件资源：适配系统、版本信息、授权等。

通过资源管理模块，将各资源池的物理资源和虚拟资源统一抽象为一个资源池，并通过服务管理与资源进行绑定，按照服务的开通请求，将服务开通请求最终调度给相应的资源集群进行服务的开通。在云管平台进行资源纳管的过程中，势必会遇到各种的资源类型接口多样性的问题，算网调度引擎资源插件应具备统一集成、易扩展的特性，能够降低开发人员对底层资源复杂性的了解，减少由于进行适配造成的额外开发时间，使用户专注于上层应用程序本身的功能实现。

资源管理是整个算网引擎的基础，只有把底层基础资源管理好，才能实现上层更多的管理功能、用户自服务、自动运营等高级能力，算网资源管理需要实现以下几点功能：

（1）硬件基础设施管理，包括对计算、网络、存储等硬件物理机设备统一接入和监控运维，具备设备发现、设备监控、自动告警、一键化部署等能力。

（2）虚拟资源统一适配，提供不同虚拟资源统一适配接入的能力，如openstack、VMware、K8s 等不同虚拟化架构的资源，对外屏蔽底层的差异性，提供一个统一的 API 接口。

（3）虚拟化服务管理，实现各资源池计算、存储、网络、中间件等服务的统一注册、修改、上下架等服务全生命周期的管理能力。

（4）动态资源池调度，提供资源的动态分配、动态电源管理、负载分摊、调度策略管理、实现资源高可用等功能。

（5）管理系统及门户，提供完善的运维管理平台和用户自服务门户，如监控日志、告警通知、性能监控、用户权限等功能。

4.2.4 算力网络资源调度

在响应用户资源开通请求时，需要在资源层选择合适的物理设备分配资源并开通实例，这需要在云平台中部署调度模块，以实现按照特定的策略和目的进行底层资源动态的分配，根据调度需要达到的不同效果，可以细分为以下几种调度场景。

1. 亲和与反亲和

在应用实际部署场景中，某些实例之间存在业务的频繁交互，如果其中某一类实例不可用，可能导致应用整体不可用，同时为提高交互效率、缩短访问时延，这些实例之间优先会部署在同一个集群甚至同一台物理机里，这种情况称为应用之间具有亲和性。相反，某些相同的实例，内部通过分布式部署实现负载均衡流量分发，相互之间几乎不需要通信，这类实例只要有一部分实例存活下来，就能保障应用整体的可用性，为了在面临物理故障的时候尽量减少对应用的影响，实例部署位置越分散越好，这种情况称为反亲和。

2. 动态电源管理

动态电源管理设计是为了将降低机房整体电能损耗，当有服务器处于长期闲置的状态时，暂停该服务器带外服务并进行下电操作，以节省整个数据中心的耗电，在工作负载升高需要补充新的硬件资源时，再恢复供电将该服务器上线。这要求在进行资源调度的时候，优先将实例调度到已经部署过应用的服务器上，在整体负载允许的前提下，尽量空余出更多的服务器。

3. 资源负载均衡

资源负载均衡与动态电源管理的调度方向恰恰相反，而是充分利用已有的可用服务器，动态监控各服务器的负载利用率，实施合理的均衡分配，在具体的分配过程中，除了动态检测收集各个服务器的负载情况，还会考虑到实际实例的亲和性与反亲和性等其他调度策略要求，综合考虑后进行动态的、周期性的调整。

4. 资源预占

资源预占是考虑到某些实际应用场景，如重大客户在预见的业务高峰前，向资源提供商提前告知预期的较大量资源需求，以避免在临时进行资源伸缩期间出现可用资源不足，导致伸缩失败的情况。这需要先进行一部分资源的预约，实际操作办法有两大类。一类是直接在所需的实例开通服务器集群中，进行硬件服务器下电预留。在资源开通之前再通过人工的方式上线，在约定的时间用户提交资源开通请求，按预定的计划将实例创建出来。这种操作方式可靠性较高，基本能够保障用户需求得到满足，但对资源厂商来说这种操作方式投入成本较高，只适用于重大客户且资源需求种类较少的情况。另一类是预先开通占位机，在用户业务流量峰值来临时再将占位机重新开机，但如果恰巧遇到整个资源池本身负载较高，所有用户实例出现性能抢占，将会存在占位机开机失败的风险，这种操作方式由用户承担了大部分的风险。

5. 资源高可用

资源高可用与资源反亲和需要达到的效果类似，都是将实例分散避免单点故障，但是相比于资源反亲和，资源高可用的调度范围更广一些，一般情况下是将实例开在不同的可用区，在面临硬件范围性故障时，资源反亲和可能无法避免应用不可用，但资源高可用的可靠性更高，即使出现某个机房整体不可用，高可用资源依然能够利用另一个机房的实例保障应用正常提供服务。

6. 能耗均衡

能耗均衡是负载均衡的电力版，不是考虑底层服务器的业务负载，而是直接检测各个服务器的能耗情况，根据每台服务器的能耗模型，分配能量支出和工作热点，达到降低最终能耗的目的。

4.2.5　算力网络资源开通

算网资源开通需要先构建全网统一的资源模型，算网引擎将底层各服务完成统一注册、编辑、上架后，为用户提供在线服务平台，使用户能够在此平台上进行自助开通和使用，运营管理平台中需要完成对服务注册、服务与资源的绑定、服务的开通流程以及支付相关功能管理。

（1）服务注册，下属被纳管资源池的资源最终开放给用户是以服务的方式开通的，由开通服务（IaaS/PaaS/SaaS）来调度底层资源，完成服务在资源上的创建。所以开通资源的前提条件之一是需要完成服务的统一注册，与服务相关的功能包括服务目录、服务规格、服务价格等，如计算服务—云主机服务为服务目录，4 核 VCPU、8G 内存、CentOS 7.0 操作系统是该服务的规格，而200 元 / 月则是服务的价格。

（2）服务资源绑定，服务注册完成后，需要将下层具备该服务开通能力的资源池资源绑定到该服务上，这样在该服务收到开通请求时，调度器可根据该服务所关联的资源去筛选可用的后向资源进行服务部署，关联动作通过统一的 API 适配接口完成。

（3）服务开通流程，服务的开通可通过以下几种途径：租户通过自服务门户进行服务订购；用户或第三方通过 API 接口调用开通请求；管理员通过运维门户开通资源，其中前两类需要产生订单、账单。第三类操作根据实际情况具体分析。

（4）支付相关流程，在用户服务订购流程的最后阶段，需要根据用户实际选购的服务内容，按照服务价格核算生成用户订单，订单可以直接进行支付，或周期性转为待支付账单再进行批量支付。一份订单会产生多份周期的账单流水，欠费账单可以自动扣费或者手动支付。

自服务门户为用户提供统一服务的线上平台，能够自助订购在运营平台注册过的服务，并在控制台中对服务资源进行监控，具体包括以下几个功能。

（1）服务介绍和订购入口，门户需要提供服务的基本介绍，包括服务的功能、应用场景、服务价格、用户手册等，通过订购入口，用户能够选择订购的服务规格和数量，生成订单进行提交。订单将推送给服务后台进行资源开通。

（2）自服务控制台，自服务控制台对已经开通或正在开通的资源进行监控和管理，包括各类资源实时的和历史的运行情况及统计分析，如资源基本信息、资源占用率、内外网络流量等。用户还可以对资源配置进行修改，如扩缩容、修改密码、远程登录等。

（3）在线帮助或工单客服，为用户提供各类服务的在线或线下支持，包括资源的开通、使用、释放、计费和支付相关的所有内容，可以通过线上通信软件、电话或工单流转的方式，解决用户在使用中遇到的问题。

4.3　算力网络调度引擎核心技术

算网一体通过算力度量、算力感知、算力路由、在网计算和泛在调度等技术实现算力和网络在协议和形态上的深度融合、一体共生。以算网一体为核心特征的算力网络是 5G 网络的关键技术，5G 网络对内实现计算内生，对外提供计算服务。5G 中的算力网络通过实时准确的算力发现、灵活动态的服务调度、体验一致的用户服务，实现计算和网络资源的智能调度和优化利用。

4.3.1　算力度量

算力度量是对算力需求和算力资源进行统一的抽象描述，并结合网络性能指标形成算网能力模板，为算力路由、算力管理和算力计费等提供标准统一的度量规则。

面向未来差异化业务需求，需建立统一算力度量体系，关联整合映射异构计算资源，实现算力资源合理分配和高效调用。可通过计算、存储、网络、内存等多维度构建异构算力资源度量及节点综合能力评估模型，实现对多样化算力资源信息的抽象整合，通过对业务的深入分析，构建多量纲业务能力度量模型，实现对业务能力的有效表征。算力度量体系模型的构建主要包括：

（1）由点及面，完成算力资源度量从单一要素度量到多要素融合度量的演进。不仅需要构建和完善 CPU、GPU 等芯片能力的度量模型和评价算法，也需要结合存储、内存、网络等多因子，研究多维度融合的算力节点层面的度量算法和指标。

（2）由静及动，逐步推进从对芯片规格化算力的评估向节点可利用资源以及有效算力评估的演进。现有节点能力通常采用芯片的浮点数运算能力（FLOPS）进行度量，可以从宏观的角度实现算力整体的统计分析，然而，理论浮点计算能力与实际浮点计算能力相差较大，且无法有效地完成对算力调度、算力标识等其他技术的支撑，因此，需考虑 CPU 利用率、内存配比、业务支撑能力等因素，构建节点运行状态下算力的评估。

（3）由硬到软，重点针对任务式服务（TaaS），实现从底层硬件资源度量向上层软件业务度量的纵向拉通，保证各层次间度量指标的可映射、可转化、可利用。

算力度量体系包括对异构硬件芯片算力的度量、对算力节点能力的度量和算网业务需求的度量。首先，异构硬件设备通过统一的算力度量和建模，实现对现场可编程门阵列（FPGA）、GPU、CPU 等异构物理资源的统一资源描述，从而可以有效地提供计算服务。其次，考虑到计算过程受不同算法的影响，需要对不同的算法如人工智能（AI）、机器学习、神经网络等算法所需的算力进行度量，更有效地了解应用调用算法所需的算力，从而服务于应用。最后，由于用户的不同服务会产生不同的算力需求，需要把用户需求映射为实际所需的算力资源，从而可以使网络更充分有效地感知用户的需求，提高和用户交互的效率。

算力是设备或平台为完成某种业务所需具备的处理业务信息的关键核心能力，涉及设备或平台的计算能力，包括逻辑运算能力、并行计算能力、神经网络加速等。根据所运行算法和所涉及的数据计算类型不同，可将算力分为逻辑运算能力、并行计算能力和神经网络计算能力。

（1）逻辑运算能力。这种计算能力是一种通用的基础运算能力。硬件芯片的代表是中央处理器（CPU），此类芯片需要大量的空间去放置存储单元和控制单元。相比之下，计算单元只占据了很小的一部分，因此其在大规模并行计算能力上很受限制，但可用于逻辑控制。一般情况下，TOPS（表示处理器每秒可进行一万亿次操作）可以用来衡量运算能力。在某些情况下，能效比TOPS/W（表示在功耗为 1W 的情况下，处理器能进行操作的次数）也可被作为评价处理器运算能力的一项性能指标。

（2）并行计算能力。并行计算能力是指一种一次可执行多个指令以提高计算速度的计算能力。这种计算能力特别适合处理大量类型统一的数据，不仅在图形图像处理领域大显身手，而且适合科学计算、密码破解、数值分析、海量数据处理（排序、Map-Reduce 等）、金融分析等需要并行计算的领域。典型的硬件芯片代表为英伟达公司推崇的图形处理单元（GPU）。GPU具有数量众多的计算单元和超长的流水线。常用浮点运算能力作为并行计算的度量标准。单位 TFLOPS/s 可简写为 T/s，意思是每秒一万亿次浮点指令。此外，相关单位还有 MFLOPS（megaFLOPS）、GFLOPS（gigaFLOPS）和

PFLOPS（petaFLOPS）。

（3）神经网络计算能力。神经网络计算能力主要用于 AI 神经网络、机器学习类密集计算型业务，是一种用来对机器学习、神经网络等进行加速的计算能力。近年来，厂商发布的 AI 类芯片都是为加速神经网络计算而设计的，如谷歌提出的张量处理单元（Tensor Processing Unit，TPU）、华为提出的网络处理器（NPU）。

专门做神经网络加速能力的芯片厂商都有各自测试的 Benchmark，处理能力也大多配合各自研发的算法。目前，这类能力常用的度量单位也是浮点计算能力 FLOPS。浮点计算能力高的计算设备能够更好地满足在同一时间里更多用户的任务请求，可以更有效地处理高并发任务数量的业务。

算力的统一量化是算力调度和使用的基础。根据前面的分析可知，算力的需求可分为三类：逻辑运算能力、并行计算能力及神经网络加速能力。同时对不同的计算类型，不同厂商的芯片有各自不同的设计，这就涉及异构算力的统一度量。不同芯片所提供的算力可通过度量函数映射到统一的量纲。针对异构算力的设备和平台，假设存在 n 个逻辑运算芯片、m 个并行计算芯片和 p 个神经网络加速芯片，那么业务的算力需求可统一描述如下：

$$C_{br}\begin{cases} \sum_{i=1}^{n} a_i f(a_i)+q_1(TOPS) \text{ 逻辑运算能力} \\ \sum_{j=1}^{m} \beta_i f(b_j)+q_2(FLOPS) \text{ 并行计算能力} \\ \sum_{k=1}^{p} \gamma_k f(c_k)+q_3(FLOPS) \text{ 神经网络加速能力} \end{cases}$$

式中：C_{br} 为总的算力需求；$f(x)$ 是映射函数；α、β 和 γ 为映射比例系数；q 为冗余算力。以并行计算能力为例，假设有 b_1、b_2、b_3 三种不同类型的并行计算芯片资源，则 $f(b_j)$ 表示第 j 个并行计算芯片 b 可提供的并行计算能力的映射函数，q_2 表示并行计算的冗余算力。

4.3.2　算力感知

算力感知是网络对算力资源和算力服务的部署位置、实时状态、负载信息、业务需求的全面感知。一方面，各算力节点将算网信息度量建模后统一发布，网络通过对多节点上报的算网信息进行聚合，构建全局统一的算网状态视图。另一方面，网络完成对业务算网需求的统一解析，实现对业务的全面感知，为基于业务需求进行算力调度提供保障。

通过整合计算资源，以服务的形式为用户提供算力。在电信网络中，承载计算资源信息的通信协议可以位于网络层之上（包括网络层）的任意层，并以网络层协议为基础，将服务所需的异构算力资源信息和路由机制结合并在网络发布，作为服务寻址的关键依据。

随着 5G、人工智能等技术的发展，算力网络中的算力提供方不再是专有的某个数据中心或计算集群，而是云边端这种泛在化的算力，并通过网络连接在一起，实现算力资源的高效共享。因此，算力网络中的算力资源将是泛在化的、异构化的。目前，市面上不同厂家的计算芯片类型形式各异，如GPU、ASIC，以及近年出现的 NPU、TPU 等，这些芯片的功能和适用场景各有侧重，如何准确感知这些异构的泛在芯片的算力大小、不同芯片所适合的业务类型及其在网络中的位置，并且对其进行有效纳管、监督是目前的主要挑战。

算力感知可通过标准化的模型函数将不同类型的算力资源映射到统一的量纲维度，形成业务层可理解、可阅读的零散算力资源池。另外，对于业务运行，不仅要有足够的算力，也需要配套的存储能力、网络能力，甚至还可能需要编解码能力、吞吐能力等来联合保障用户的业务体验。可从微服务的角度来衡量算力，对相应的资源调度分配原则进行标准化，降低算力网络中业务和应用部署的复杂度，简化业务管理流程和机制。

4.3.3 算力路由

面对算网一体阶段，网络演进的核心需求是算力与网络相互协同感知，需要通过网络感知、调度、编排算力，融合计算和网络形成新的架构和协议，进一步推动基础设施走向算网融合，使海量的应用能够按需、实时调用不同位置、差异化的算力资源，通过连接和算力的全局优化，实现用户体验、资源利用率和网络效率的最优组合。

算力路由技术推进算力和网络在协议上一体共生。算力路由基于对算力资源 / 服务的部署位置、实时状态、负载信息、业务需求的感知，将感知算力信息在网络中进行通告，通过"算力＋网络"的多因子联合计算，按需动态生成业务调度策略，将应用请求沿最优路径调度至算力节点，提高算力和网络资源效率，保障用户体验。

算力路由支持对计算、存储、网络等多维资源、服务的感知与通告，从而实现"网络＋计算"的联合调度。算力路由包括算力路由控制技术和算力路由转发技术，这两种技术可以实现业务请求在路由层的按需调度。

算力路由控制面可以通告算力节点的信息并生成算力拓扑，进而生成算力感知的新型路由表。算力路由控制面基于业务需求生成动态、按需的算力调度策略，实现算力感知的算网协同调度。算力路由转发需要通过 IP 协议 /SRv6扩展增强实现网络感知应用、算力需求及随路管理等功能。算力路由支持网络编程、灵活可扩展的新型数据面，能够实现算力服务的最优体验。

算力路由技术主要包括：

● 构建算网协同感知技术体系。完成单一网络维度的感知，并向算力、网络和业务多维资源感知体系演进。通过多维资源感知方法、算力信息通告模板、汇聚处理方法、算力通告协议等技术，形成算网协同感知技术体系，实现对算力资源和服务的部署位置、实时状态、负载信息、业务需求等的全域感知，构建全局统一的算网状态视图。

● 攻关算力路由和寻址机制。研究从单一距离向量路由到算力、距离多要素叠加融合路由演进，基于IPv6/SRv6等协议进行继承性创新，探索Underlay、Overlay以及两者协同的多种技术路线，形成新型路电协议和寻址机制。结合算力路由信息表和业务需求，通过"算力+网络"的多因子联合计算，按需动态生成业务调度策略，使业务沿最佳网络路径调度到目的算力节点，实现算网一体调度。

● 探索新型算力路由协议。结合信息通信网络由数据转发向数据处理转变的趋势，研究新型融合路由协议，助力构建转发及计算融合的新范式，推动实现算网一体共生发展。

4.3.4　在网计算

在网计算是指通过在网络中部署对报文进行解析的算力，将部分计算任务从主机侧迁移至网络侧，由交换机、路由器、智能网卡、DPU 等设备或部件完成计算加速的技术。通过网络设备自身算力的共享，在不改变业务原有运行模式的前提下，对数据进行随路计算、降低通信延迟、提升计算效率、减小总体能耗。

当前数据总量增速加快和单芯片算力增速不足之间矛盾日益突显，为了弥补端侧算力不足的问题，通过在网计算，将应用相关的功能安装至网络设备，在完成数据转发的同时实现高效的数据处理，提升系统整体计算效率，降低通信延迟，减少总体能耗。为实现在网计算技术，需要结合上层应用和底层硬件进行一体化设计，对底层硬件进行抽象，同时将应用相关的部分功能以计算原语的形式下放到网络设备，从而实现数据转发和数据处理的并行操作。

在网计算技术包括：

（1）提升网络设备的可编程能力。利用可编程交换机、FPGA 智能网卡、DPU 等异构可编程硬件在分布式计算、AI 计算以及网络安全检测等特定应用场景的局部卸载和加速方法，将数据聚合、流量统计及过滤的相关计算操作安装至网络设备，提升系统计算效率。

（2）推动构建在网计算体系架构。将底层网络设备硬件进行统一抽象和管理，同时不断完善上层软件框架，将计算任务实时动态地发送到具备空闲计算能力的网络设备完成，实现更加高效的数据处理，同时大幅提升网络资源利用率，推动在网计算技术从数据中心或局部应用变为全局泛在的技术。

4.3.5 泛在调度

业务场景的不断丰富对泛在化算力的协同能力提出了更高的要求。泛在调度技术综合考虑用户的位置、数据流动、业务 SLA 保障等要素，通过跨域拉通云间、云内多段网络，跨层调度云、边、端多级算力，最终实现应用在云计算、边缘计算、超边缘计算、端计算节点之间的敏捷部署和动态调整。

泛在调度的方式可分为集中式调度和分布式调度。集中式调度将算力资源作为寻址信息映射在报文头部，通过网络的集中控制器分发计算节点的算力信息，将云、边、端的算力进行协同。在算力网络发展初期，以集中式调度为主，中后期将以更加灵活的分布式调度为主。分布式调度将修改现有的 IP 包头，构建面向算力寻址的新报文，算力网络之间通过信令协商资源。

1. 集中式调度

在 SDN/NFV 集中控制编排平台上进一步增强算力管理功能，集中分发计算节点的算力信息，并结合网络的路径及时延等信息，将云、边、端算力进行协同，为用户提供最佳的算力分配及网络连接方案。

首先，各计算节点向集中控制平台上报本节点剩余的算力资源，当租户有计算需求时，向集中控制平台发起算力申请以及对时延的要求等，集中控制平台计算出各计算节点到租户的多条路径以及各路径的时延，然后根据租户所能承受的时延指标要求，计算最优方案，分配并建立相应的网络连接，在对应的计算节点上部署租户所需的应用，为租户提供服务。

2. 分布式调度

在分布式调度中，节点计算能力状况和网络状况作为路由信息发布到网络，网络基于虚拟的服务 ID 将计算任务报文路由到最合适的计算节点，以达到用户体验最优、计算资源利用率最优、网络效率最优。边缘计算是分布在网络中的单点，分布式调度算力网络通过网络内建计算业务动态路由的能力，拉通网络中分散的各个节点，实现边缘计算成网。通过边边协作（边缘侧与边缘侧），解决 MEC 部署复杂、效率低、资源复用率低等问题，实现用户的就近接入和负载均衡，适应服务的动态性。

泛在调度作为算力网络的关键技术之一，可实现算网基础设施高效利用和应用的灵活调度。主要包括：

（1）实现服务和应用的跨集群全域调度。以资源为中心的服务模式已经不能完全满足算力网络的应用需求，需要结合当前正在快速发展的分布式云原生方案实现更细粒度的资源和应用感知、敏捷管理及弹性调度，实现云、边多级异构算力以及多方算力的全局监控、统一管理及协同调度，面向应用提供一致的容器服务、编排支持、DevOps、服务网格和微服务管理等。

（2）实现算和网一体化调度。通过算和网的深度融合，在汇集算和网实时动态数据的基础上，实现基于算和网的全量感知的弹性调度机制，同时进一步运用 AI 等新技术，对用户需求的感知、预测以及高效的资源利用率等提供多维度的调度决策支持，进一步实现泛在调度技术的智能化、自动化。

（3）实现泛在终端算力调度。端侧设备数量巨大，芯片、操作系统等异构性较强，需攻关适合在终端部署的资源占用低、平台兼容性高、安全隔离能力强的一整套泛终端调度架构。

4.4 算力网络新技术的引入

4.4.1 算力注册

资源池资源可通过云技术网络入网。云技术网络已经形成了两种主要的形态：公有云和专有云，它们各具优势。混合云网络主要是为了解决多种网络环境的互联互通问题，环境不同，连接方式也不同。网络环境主要有 4 种：专有云环境、公有云环境、互联网环境、线下 IDC 环境。不同的网络环境通过混合云丰富的网络技术实现联通。

云网络架构中常见的几种接入形态，可分为智能接入网关、高速通道和VPN 网关接入如表 4-1 所示。

表 4-1 云网络常见接入方法

方法	场景	优势
智能接入网关	智能接入网关是 SD-WAN 网络的终端，协助企业快速构建混合云网络。 适用场景： •线下门店 / 企业多分支互通 •线下总部和门店上云	•私网连接：可靠、安全的内网访问方式，提供更高的安全性，并提供数据加密能力 •弹性部署：灵活交付，在基于 Internet 接入方式下实现即开即用，同时提供自动化组网，降低部署成本和资源投入 •全场景覆盖：一站式服务覆盖客户分支 / 数据中心 / 移动办公等不同接入场景，在大带宽专线链路接入情况下，也可在云控制台进行一站式购买
高速通道	高速通道（Express Connect）可在本地数据中心和云上专有网络之间建立高速、稳定、安全的私网通信通道。 适用场景： •面向大中型企业的多地容灾高可用网络架构 •面向大型企业的高弹性、高可用网络架构	•高速互通依靠网络虚拟化技术，连通不同的网络环境，两侧直接进行高速内网通信，不再需要绕行公网 •支持 BGP 路由

续表

方法	场景	优势
VPN 网关	VPN 网关是一种基于 Internet 的网络连接服务，通过加密通道实现企业数据中心、企业办公网络或 Internet 终端与专有网络（VPC）安全、可靠地连接。 适用场景： • 本地 IDC 上云 • 移动客户端上云	• 安全：使用 IKE 和 IPSec 协议对传输数据进行加密，保证数据安全、可靠 • 高可用：采用双机热备架构，发生故障时秒级切换，保证会话不中断，业务无感知 • 成本低：基于 Internet 建立加密通道，比建立专线的成本低 • 配置简单：开通即用，配置实时生效，快速完成部署

从技术角度，资源池入网有云专线、VPN 和 SD-WAN，云专线独占物理网络带宽，性能有保障，费用比较高；VPN 则采用公共网络，比如 Internet，通过加密技术在其中建立私密的安全通道，性能无法得到保障，费用比较低。

1. 云专线

云专线（Direct Connect）是搭建在用户本地数据中心与云上虚拟私有云（Virtual Private Cloud，VPC）之间的高安全、高速度、低延迟、稳定可靠的专属连接通道。在充分利用云服务优势的同时，继续使用现有的 IT 设施，实现灵活、可伸缩的混合云计算环境。通过云专线可以将用户的数据中心、办公网络、托管区和云相连接。

使用场景：用户可以使用云专线将客户数据中心连接到公共云区域的虚拟私有云，享受高性能、低延迟、安全的数据网络。

云专线业务的优势如下：

● 网络质量，使用专用网络进行数据传输，网络性能高，延迟低，用户使用体验更佳。

● 安全性高，用户使用云专线接入云上 VPC，使用专享私密通道进行通信，网络隔离，满足各类用户对高网络安全性方面的需求。

● 传输带宽高，云专线单线路最大支持 100Gbps 带宽连接，满足各类用户带宽需求。

● 超高安全性能物理专线的私网连接不通过公网，网络链路用户独占，无数据泄露风险，安全性能高，可满足金融、政企等高等级网络连接需求。

- 稳定网络延时可靠性高，通过固定路由配置，免去拥堵或故障绕行带来的时延不稳困扰。
- 组网方案多，用户通过多线路（不同运营商），接入不同的云接入点，以实现多链路互备，保障高可靠性。

云专线服务主要由物理连接、虚拟网关、虚拟接口三部分组成。

（1）物理连接。

物理连接是用户本地数据中心与接入点运营商物理网络的专线连接。提供两种物理连接专线接入方式，其中的标准专线接入是用户独占端口资源的物理连接，这种类型的物理连接由用户创建，并支持用户创建多个虚拟接口。

（2）虚拟网关。

虚拟网关是实现物理连接访问 VPC 的逻辑访问网关。虚拟网关会关联用户访问的 VPC。一个 VPC 只能关联一个虚拟网关。多个物理连接可以通过同一个虚拟网关访问同一个 VPC。

（3）虚拟接口。

虚拟接口是用户本地数据中心通过专线访问 VPC 的入口。用户创建虚拟接口关联物理连接和虚拟网关，连接用户网关和虚拟网关，实现云下数据中心和云上 VPC 的互访。

云专线服务提供了 Web 化的服务管理平台，即管理控制台。用户可直接登录管理控制台访问云专线服务。

云专线的功能特点如下：

- 高安全性：用户使用云专线连接Vecloud VPC，使用专属私人通道通信，网络隔离，安全性高。
- 低延迟：专用网络进行数据传输，网络性能高，延迟低，用户体验更好。
- 支持大带宽：Vecloud云专线单线最大支持10Gbps带宽连接，满足各种用户的带宽需求。
- 资源无缝扩展：用户本地数据中心通过云专线与云上资源互联，形成灵活可伸缩的混合云部署。

云专线是从用户本地的网络到运营网的网络再到云内部的网络，端到端地打通流量转发，用户的网络由用户管理，运营商的网络由运营商管理，云的网络由云管理，对云网络来说，最重要是保证在云的专线网关上到用户网络的路由和到 VPC 的路由，能准确指导转发数据报文。

2. VPN

VPN 网关提供了 IPSec-VPN 连接和 SSL-VPN 连接。

（1）IPSec-VPN。

使用基于路由的 IPSec-VPN，不仅可以方便地配置和维护 VPN 策略，而且它还提供了灵活的流量路由方式。

可以使用 IPSec-VPN 功能连接本地数据中心与 VPC，或者在不同的 VPC 之间进行连接。IPSec-VPN 支持 IKE v1 和 IKE v2 协议。只要是支持这两种协议的设备，就可以与云 VPN 网关互联，如华为、华三、深信服、Cisco、Juniper、Nokia、IBM 和 Ixia 等厂家的相关 IPSec-VPN 设备。

（2）SSL-VPN。

SSL-VPN 基于 OpenVPN 架构，可以使用 SSL-VPN 功能从客户端远程接入 VPC，从而安全地访问 VPC 中部署的应用和服务。当设备安装完成后，仅需要在客户端加载证书发起连接，即可实现远程接入。

3. SD-WAN

随着 5G、AI、物联网等新兴技术与云紧密结合，企业业务智能化和云化开始加速。企业分支 WAN 流量激增，传统以 MPLS 专线为主的广域互联网络难以支撑业务发展，SD-WAN 成为应对云时代的必然选择。SD-WAN 将企业的分支、总部和多云之间互联，应用在不同混合链路（MPLS、Internet、5G、LTE 等）之间选择最优的链路进行传输，提供优质的上云体验。通过部署 SD-WAN 提高了企业分支网络的可靠性、灵活性和运维效率，确保分支网络一直在线，保证业务的连续和稳定。

SD-WAN（Software Defined Wide Area Network），即软件定义广域网，是将 SDN 技术应用到广域网场景中所形成的一种服务，这种服务用于连接广阔地理范围的企业网络、数据中心、互联网应用及云服务。这种服务的典型特征是将网络控制能力通过软件"云化"，支持应用可感知的网络能力开放。

2017 年年底，VMware 收购了 SD-WAN 解决方案的市场领导者 VeloCloud，将其产品纳入虚拟化网络NSX产品家族,改名为NSX SD-WAN by VeloCloud(以下简称 VeloCloud)。通过这一收购,VMware 将网络虚拟化从传统的数据中心进一步拓展到了广域网,为企业用户提供 SD-WAN 服务。VeloCloud 的体系架构主要由以下几部分组成:

- Orchestrator:Orchestrator是整个软件定义广域网的管理者,管理员通过Orchestrator提供的界面来对整个网络进行配置、安装和实时监控;Orchestrator也负责调度整个虚拟广域网的数据包流量路由,以达到优化性能的目标。
- Gateway:Gateway部署在全球的各大云数据中心,为云服务、分支机构、企业数据中心的访问提供优化的访问路径。
- Edge:Edge是整个SD-WAN的接入设备,担负着各个站点的虚拟广域网接入,并且负责对数据包进行扫描以确定应用类型、监控网络性能、提供端到端的虚拟网络服务。

通过 VeloCloud 把整个广域网虚拟化后可以大大提高网络的敏捷性,因为这时整个广域网都变成了基于软件,可以对网络中的各种突发事件做出灵活响应,例如当某一段网络发生故障或延迟时,动态改变数据路由来继续保证应用层数据传输的质量。

易于部署是 VeloCloud 的另一个重要特点,VeloCloud 引入了零触碰(Zero-Touch)的管理理念,只需要把 Edge 设备寄往各个分支机构,由当地的工作人员接上网络和电源之后,就可以由云端的 Orchestrator 来统一远程管理,所有的系统配置都是从云端推送到每一个 Edge 设备。

管理员首先在 Orchestrator 上为远程站点创建好 Edge 设备对象,并设置好相关的参数(Edge Profile);然后管理员发送一封邮件给远程站点的员工,其中包含 Edge 设备的安装配置步骤和激活码(Activation Code)。

站点员工收到快递过来的 Edge 设备后,按管理员的指示将 LAN 和 WAN 的网线插入 Edge 设备,接通电源开机;然后把收到邮件的笔记本电脑(或平板电脑)连接上 Edge 设备的 Wi-Fi(SSID 为"velocloud_xxx"),点击邮件中的激活链接就行了。Edge 设备会根据邮件中的激活码下载对应的参数配置文件 Edge Profile,根据参数来对设备进行配置,远程站点的 Edge 设备就自动配置好了,接下来就能为该站点提供 SD-WAN 网络服务了。

这种零接触安装模式可以帮助企业节省大量的人力和差旅成本,Edge 设备安装完成后就由 Orchestrator 来进行集中管理，不再需要站点的现场操作。如果 Edge 设备在使用过程中发生硬件故障，也可以通过厂商提供的邮寄服务来替换硬件设备，非常便捷。

SD-WAN 的服务能力如下：

● 开放性：兼容桥接、路由、NAT、私网互联和VPN等多种接入方式，主流协议对接各种SD-WAN的POP点。

● 精确性：将流量准确地分为不同服务等级应用，指向不同的WAN方向，包括SD-WAN方向。

● 简化部署：一键部署，不只是接入，更是融合的计费策略。

● 服务稳定性：链路探测，评估质量，WAN优化失去后服务回退保障。

● 全局监控：云平台监控，集中资源下发，集中大数据分析。

SD-WAN 解决方案能够提供强大组网、优质体验和简易运维的能力，满足小型、中型、大型甚至超大型企业和运营商、服务提供商的 WAN 互联需求。5G/ 有线多种上行和强大的组网能力，满足不同组网类型、组网规模需求，使企业能够增加分支带宽、提高灵活性并降低传统 WAN 的成本。应用智能选路和优化、本地安全以及和第三方安全云对接的能力，保障企业可以进行安全可靠的云体验。LAN/WAN 统一管理，即插即用、自动化部署业务，极大简化了分支网络的运维难度。

基于云网通 SD-WAN 控制台、智能接入终端，以及云网通广泛覆盖的骨干网，通过 Hybrid WAN，客户可使用"SD-WAN+ 专线"混合组网，以更低的成本享受同等专线的网络性能，可快速实现企业在数据中心、云环境、分支机构、办公室之间端到端数据互通、多点组网、上云等需求，可实现统一可视化管理、降低交付成本，快速实现业务上线。

SD-WAN 专线入云，支持北向对接云管、OSS 等系统，南向兼容多个 SD-WAN 厂家，实现公有云内 vCPE 的自动拉起和 CPE 到 PE 之间 IIPSec 隧道的自动打通，实现用户的一跳入云。

SD-WAN 入云解决方案由北向接口开放 API 供各系统调用，南向可支持对接多个 SD-WAN 厂商，实现业务的灵活适配。

SD-WAN 解决方案支持 SD-WAN 主流场景的业务端到端自动化开通、拆除、变更及运维。

SD-WAN 的优势如下：

- 端到端智能化服务需求：基于SDN化能力，所有节点均支持动态带宽调整，通过SD-WAN接入技术，提供给客户端到端智能化管控能力。

- 快速部署：在线自助订购，业务自动下发，实现用户一键订购，快速入云。

- 简化运维：通过云网融合业务集中控制与网络业务可视，提升运维效率。

- 开放标准：支持开发API，便于快速对接新系统。

- 兼容中立：完全解耦，支持与多厂家SDN控制器交互操作，实现厂家中立的通用编排器。

- 智简隧道：基于广覆盖的运营商网络，实现隧道业务快速响应和故障快速倒换。

4.4.2　算力调度

算力调度综合考虑网络的实时状态、用户的移动位置、数据流程等要素，实现对算力资源的跨层调度、统一管理和应用的敏捷部署和动态调整，用户可在不关心算力形态和位置的情况下，实现对算力资源的即取即用。

（1）提出一种基于权重的可配置的资源池算力调度的方法，实现对算力的自动调度，提高弹性和效用。

Step1：对 cpu，用算法 cpu((capacity-sum(requested))*10/capacity)，得分最高的胜出。

Step2：对均衡资源的使用方式，以 cpu 和内存占用率的相近程度（均衡）作为评估标准，二者占用越接近，得分就越高，得分高的胜出。

Step3：对磁盘，寻找（寻道）时间 $Ts=m*n+s$，m 为与磁盘驱动器速度有关的常数，n 为磁道数，s 为启动磁臂的时间；

延迟时间 Tr：$Tr=1/（2*r）$。式中，r 为磁盘的旋转速度；

传输时间 Tt：$Tt=b/（r*N）$。式中，b 为每次所读 / 写的字节数，r 为磁盘每秒钟的转数；N 为一个磁道上的字节数。

总平均存取时间 Ta 可以表示为：$Ta=Ts+Tr+Tt$。

总平均存取时间值越小，得分越高。

Step4：查找当前对象对应的 service、statefulset、replicatset 等所匹配的标签选择器，在节点上运行的带有这样标签的越少得分越高。

Step5：遍历对象亲和性的条目，将能够匹配到节点的权重相加，值越大的得分越高，得分高的胜出。

Step6：根据对象中的 nodeselector，对节点进行匹配度检查，成功匹配的数量越多，得分就越高。

Step1 ～ Step6 逐一评估，最后得分相加，即得到权重值。

根据综合资源基准对比算法，以第一个正常工作的服务器为基准，将其他服务器的信息和基准服务器的信息以公式：

$$\text{ratio} = a \times \frac{p_{\text{cpu}} \times \text{cpu}}{p_{\text{cpu}}^{\text{sta}} \times \text{cpu}^{\text{sta}}} + b \times \frac{p_{\text{mem}} \times \text{mem}}{p_{\text{mem}}^{\text{sta}} \times \text{mem}^{\text{sta}}} + c \times \frac{p_{\text{disk}} \times \text{disk}}{p_{\text{disk}}^{\text{sta}} \times \text{disk}^{\text{sta}}} + d \times \frac{\text{net}}{\text{net}^{\text{sta}}}$$

进行加权比较，式中，P 为处理能力；cpu、mem、disk 和 net 分别为其使用率；有 sta 标记者为基准数据；a、b、c、d 分别为权值。权值可根据如上 Step1 ～ Step6 得到的值进行配置，增强或减弱某方面性能负载来进行取值。在得到服务器比值后可选择比值最小的服务器作为负载最轻的服务器，并在一个循环周期中将所有的调度指向该服务器，下个循环再形成新的服务器能力比值。

（2）一种基于蚁群优化算法的调度方法。

云资源调度是在云平台中部署运用时，选择合适的物理机分配资源给对应的虚拟机。云计算作为一种分布式计算，目前使用的大都是 Google 开发的 Map/Reduce 模式，在资源调度过程中，用户通过 Web 访问云平台，选择相应的云任务，首先在后台利用工具将任务 Map/Reduce 化，云平台将原云任务分割为若干个可以独立运行的子任务，然后发起虚拟机请求信号请求分布式处理，任务调度器收到请求信号后，首先检查每个虚拟机的资源信息，然后选择合适的资源调度算法调用虚拟机资源进行任务处理，在云任务完成后，虚拟机资源信息需要及时更新，以保证后续的任务调度信息能被正确采用。由上面过程可以看出，云资源调度过程主要经过云任务提交、Map/Reduce 化、子任务提交及调度分配几个流程，其具体实现过程如图 4-3 所示。

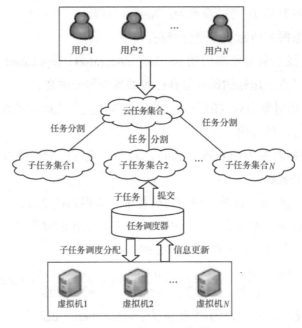

图 4-3 云资源调度流程图

蚁群算法（Ant Colony Optimization，ACO），是通过模拟蚂蚁在寻找食物过程中寻找最优路径的仿生算法。在自然界中，蚂蚁在行走过程中可以通过前面蚂蚁的分泌物快速找到两地之间最短路径，其概率与分泌物的浓度呈正比，前面的蚂蚁大多选择某一条路径时，后面的蚂蚁选择该路径的概率就更大，当生存环境发生变化时，也能迅速地判断出适合的新路径，这是由于蚂蚁在行走过程中分泌信息素形成了路径轨迹，它可以帮助蚂蚁快速找到食物及返回的路线。由此可见，蚁群算法是一种群体智能算法，蚂蚁通过这种分泌信息素寻找最短路径的机制，在很多领域都得到了一定的应用。在云计算环境下，资源调度这种非确定性问题就可以通过蚁群算法进行解决。

4.5 电信行业算力网络调度引擎应用

4.5.1 某运营商大数据多云监控平台

运营商某省公司以"互联网+"平台为依托，通过通信开放平台、业务全云化、软硬件集成能力、全网运营大数据能力，为政府提供大数据应用一站式端到端服务。为提高对平台资源整体的监控管理能力，降低公司运维人员日常维护压力，避免重复地付出开发成本，最终决定采用部署统一的多云调度监控平台，对各平台数据进行统一的汇总、分析与存储，提供统一的开发框架，减少重复性开发工作量，加快平台各领域数据对政务行业的服务利用，推动运营商大数据应用快速发展。该运营商通过前期的市场调研和自身平台情况梳理发现存在以下几类问题。

（1）目前现有各资源池平台监控分散部署，运维人员需要登录多个平台对各资源池进行日常的维护和软硬件部署，使运维管理上存在较多的重复工作量，日常账号信息及密码管理也存在严重的风险。

（2）各平台数据源处理分散，完成一次应用流程需要多次调度不同的平台接口，对代码开发、升级维护造成困难，需要重复更新代码库和接口调用，软件升级极其复杂。

（3）缺乏对应用整体的趋势监控，由于应用分别部署在多个资源池之间，一旦发生故障，无法有效快速定位故障来源，需要多个平台进行追踪，缺乏统一精确的预警、告警机制。

针对以上问题，该客户采购了某厂商提供的基于多云调度管理引擎的监控系统，通过统一适配器提取计算设备、存储设备、网络设备以及其他相关软硬件设备的日常运行数据，利用运营商大数据平台形成数据模型和运维指标。大数据多云监控平台采用模块化部署和统一化管理方式，能够快速实现平台上线，根据运营商的实际需求提供最优最简交互界面，大大减少运维支撑人员的工作压力，在各平台原有的监控能力的基础上构建基于运营商大数据平台能力的数据分析与深度学习模型，达到通过数据实现智能决策和自动调度，对监控和报警数据进行二次数据整合和分析后再呈现给最终用户。

通过引入多云监控平台，运维人员发现应用的无效报警减少 40% 以上，各平台运维成本降低 30% 以上，并且实现了将运营商数据转化成实际的应用价值，对不同平台资源实现统一监控与纳管，对各数据源进行统一采集与分析，并将分析成果整合到运营商日常业务中，为客户创造出巨大的经济和社会价值，也为该运营商大数据平台及应用自身的快速发展创造新机遇。

4.5.2 某运营商多云管理平台

在企业上云的信息化建设过程中，多云战略已经越来越常见，单一采用某家云厂商已经无法满足企业发展的业务需求，应市场实际管理的需求，中国某运营商需要部署一套统一的管理平台，接管全国范围广泛部署的公有云、行业云、边缘云以及私有云等各个架构和厂商承建的资源池，同时需要打通各资源池 PaaS 层服务和行业应用能力，共享给全国范围的企业和政府进行使用，实现跨云、跨地域、跨行业的统一多元云服务。

该运营商与某多云服务商合作，建设面向企业和政府的覆盖全面、安全可靠的多云统一服务平台，向运营商管理人员提供更加便捷的多云统一运营、统一运维的综合管理平台，该平台采用微服架构，各个功能模块以容器的方式部署运行，根据实例的工作内容可划分为控制节点、接入节点、分析节点。每组节点承担一个服务组，服务组内部实现了某个子系统的应用功能。控制节点是平台集中的管端，是平台能力层和开放层的承载底层。接入节点属于各资源池接入适配层，能够根据纳管云资源池的规模进行快速的横向扩展，分析节点负责对平台所有运营及运维数据进行集中的分析处理，并将最终分析结果进行可视化展示，多云管平台采用接入层统一的适配接入，对外屏蔽底层资源池架构差异，并通过服务注册和资源调度，实现统一的服务开放和管理各资源池资源的功能。

在运营商将多云管平台上线运行后，先后成功对接了全国 31 个省的私有云、公有云、行业云和边缘云资源池。聚合云网一体化、安全、监控、迁移、集成服务、支持体系等运营商优势，形成面向全国行业客户的一站式云服务入口，先后为全国范围众多客户提供优质的云服务，创造了巨大的经济和社会价值。

第 5 章　算力网络弹性计算

2013 年 3 月 15 日，在加利福尼亚州圣克拉拉举办的 Python 开发者会议上，dotCloud 公司的首席执行官 Solomon Hykes 用了五分钟的时间闪电般的介绍了 Docker。从此，云计算领域诞生了一项颠覆性技术——容器。

容器也是一种虚拟化技术，和虚拟机的硬件虚拟化技术不同，容器是一种操作系统虚拟化技术。每个虚拟机都有自己的操作系统，而普通容器只是共享宿主机的操作系统。正因为普通容器的内部没有操作系统，相对于虚拟机，容器轻盈了许多，容器镜像的体积更小、承载密度更高、启动速度更快、可控性更好，是理想的计算资源服务载体。

2014 年 6 月 6 日，Google 发布了一个叫 Kubernetes 的开源项目。Kubernetes 与容器珠联璧合，补足了容器集群服务和管理方面的不足。从此，容器技术迈入了大规模应用的崭新时代。

弹性计算服务有时也被称为容器云服务，是一种面向自助式服务的容器集群的能力封装，一种提供容器运行时的算力服务。弹性计算服务南向对接 IaaS 层分配的计算资源、网络资源、存储资源的适配与管理，北向为应用提供了部署编排能力和弹性可扩展的、高可靠的云化运行环境，主要包括资源适配、资源管理和应用管理模块。

- 资源适配：提供了对计算资源、网络资源和存储资源的统一适配，可对分配给容器云的 IaaS 层资源进行托管，将应用与具体的部署资源形态进行解耦。
- 资源管理：负责处理租户对相关计算、存储和网络资源的申请。根据资源需求，通过编排和调度进行对应的资源分配，同时对所有资源形成的各类集群进行统一的节点扩缩容、节点迁移、节点健康度监控等。

● 应用管理：实现容器云上多种类型应用的创建、编排、部署、弹性伸缩与滚动升级等。为应用提供完善的运行环境，并且根据预置的策略进行弹性的资源伸缩。

5.1 弹性计算平台的技术堆栈

从技术堆栈的角度分析，弹性计算服务自底向上包含了基础架构层、容器引擎层、容器编排层、集成服务层、平台服务层，如图 5-1 所示。

图 5-1 弹性计算平台的技术堆栈

5.1.1 基础架构层

基础架构层为弹性计算平台的运行提供了基础的运行环境。弹性计算服务支持运行在物理机、虚拟机、基础架构云（如 OpenStack、阿里云、华为云等）或混合云上。在操作系统层面，弹性计算服务支持多种不同的 Linux 操作系统，如 RedHat、CentOS 等。

在谈到容器时，大家经常会提及容器的一个优点，即可以保证应用的一致性。同样的容器镜像，在开发、测试和生产环境中运行的结果应该是一致的。但是容器的一致性和可移植性是有前提条件的，那就是底层操作系统的内核及相关的配置要一致。容器为应用提供了一个隔离的运行环境，这个隔离的实现依赖于底层 Linux 内核的系统调用。如果大量服务器的 Linux 内核及操作系统的配置不能保证一致，那么容器运行的最终结果的一致性也不可能有保障。

5.1.2　容器引擎层

弹性计算服务目前以 Docker 和 Containerd 作为平台容器引擎。Docker 和 Containerd 都是当前主流的容器引擎，已经在项目的环境中进行了验证。事实证明容器服务有能力为应用提供安全、稳定及高性能的运行环境。弹性计算服务运行的所有容器应用最终落到最底层实现，其实就是一个个容器实例。弹性计算实现容器服务完全基于原生的 Docker 和 Containerd，依赖 Docker 现有的庞大的镜像资源，可以无缝地接入弹性计算服务平台。

5.1.3　容器编排层

Kubernetes 是 Google 在内部多年容器使用经验基础上的一次总结。Kubernetes 设计的目的是满足在大规模集群环境下对容器的调度和部署的需求。Kubernetes 是弹性计算服务的重要组件，弹性计算服务平台上的许多对象和概念都衍生自 Kubernetes，如 Pod、Namespace、Replication Controller 等。与对 Docker 和 Containerd 的集成一样，弹性计算服务并没有尝试从代码上定制 Kubernetes，弹性计算服务对 Kubernetes 的整合是叠加式的，在弹性计算服务集群上仍然可以通过 Kubernetes 的原生命令来操作 Kubernetes 对象。

5.1.4　集成服务层

Docker 和 Kubernetes 为弹性计算服务提供了一个良好的基础，但是只有容器引擎和容器编排工具并不能提供完整的弹性计算服务。除了 Docker 和 Kubernetes，弹性计算服务还需要集成 Nginx、HAProxy、Calico、GlusterFS、Ceph、Helm 等 Kubernetes 周边的存储、网络、负载均衡服务，为应用的运行提供数据持久化、容器网络策略管理、容器集群代理服务。

此外，弹性计算平台也有可能需要为上层应用服务提供消息中间件、缓存中间件、分布式数据库、服务网格的技术组件容器化支持。使得用户可以在弹性计算服务平台上快速部署和获取一个数据库、分布式缓存或者网格服务。为此，弹性计算平台需要具备集成和扩充相关服务 Operator 的能力。

5.1.5　平台服务层

弹性计算平台是一个用户自助服务平台。平台服务层提供了弹性计算服务的界面和工具，完成弹性计算服务接入的最后一公里。平台服务层围绕弹性计算的三大服务：平台、资源和应用，为系统管理员和租户管理员提供租户管理、资源接入、资源分配、应用编排、应用运维五大服务流程。

5.2　弹性计算平台的主要功能

弹性计算平台集成了基础架构层、容器引擎层、容器编排层、集成服务层和平台服务层的服务，把容器集群和周边的技术组件集成起来，把资源适配、资源管理和应用管理等功能以自助服务的方式开放给平台运营方和平台使用方（即租户）。

5.2.1　资源适配

弹性计算平台能够为不同来源的基础资源提供适配和纳管。弹性计算平台通过向 IaaS 层申请并获得计算、存储和网络资源后，由弹性计算平台纳管这些离散资源，并负责服务器与存储和网络的集成，以及弹性计算服务所需软件的部署和维护。

1. 计算资源适配

计算资源适配是指弹性计算平台对接不同类型计算资源，并对其进行托管的能力。弹性计算平台获得初始化和分配权限的计算资源清单列表后，对该部分计算资源进行导入、查看、释放和删除等操作。能够适配的计算资源类型包括 X86 架构和 ARM 架构的虚拟机和物理机。

这些计算资源来源可以是 IaaS 云管平台，也可以是数据中心。如果来自 IaaS 云管平台，需要具备与云管平台（如阿里云、华为云、vmWare、OpenStack 等）的集成能力，支持线上动态资源申请、导入和释放。

导入资源的描述应当包括主机 IP、主机名、操作系统、内核版本号、CPU

核数、内存空间、磁盘空间、宿主机、用户名、密码、描述等信息。导入的方式包括页面表单化录入和模板上传的批量导入两种方式。

释放和删除资源是导入资源的反向操作。释放资源需要支持对容器集群中指定宿主机进行释放，但是物理机或虚拟机仍然托管在弹性计算平台上。删除资源是将物理机或虚拟机归还给 IaaS 层，不再在弹性计算平台上托管。

2. 存储资源适配

存储资源适配是指弹性计算平台对接不同类型存储资源，并形成可提供给计算资源（物理机、虚拟机、容器）挂载的后端存储服务，包括 Ceph、GlusterFS、NFS、iSCSI、本地硬盘类型存储等。弹性计算平台获得存储资源清单列表后，对该部分存储资源进行资源导入、资源查看、资源删除等。

存储资源可以由 IaaS 创建分配，也可以由弹性计算平台基于 IaaS 分配的服务器部署创建。

存储资源来源可以是 IaaS 云管平台，也可以是数据中心。如果存储资源来自 IaaS 云管平台，则应当具备与云管平台（如 vmWare 云、OpenStack 云等）集成的能力，并支持线上资源的动态申请、导入和删除操作。存储资源的导入包括页面表单化录入和模板批量上传导入两种方式。

3. 网络资源适配

网络资源适配是指弹性计算平台基于 IaaS 层网络资源进行虚拟网络构建与策略管理的能力，包括虚拟网络创建、网络策略配置、网络策略实施（开通、关闭）、网络策略调整等。包括：

- 支持基于物理机、虚拟机和容器构建统一的虚拟网络层（如 Calico 或 NSX-T），实现不同运行环境的灵活互访。
- 支持弹性计算平台不同运行环境（物理机、虚拟机、容器）之间的网络开通、关闭和访问策略配置。
- 支持弹性计算平台中，多个容器集群之间的网络开通、关闭和访问策略配置。
- 支持基于租户、安全域和个性化安全需求的网络隔离和访问授权能力。
- 支持按照地址段、端口段可视化添加网络策略，支持批量导入策略，支持模板文件导入策略。

5.2.2　资源管理

1. 资源申请

资源申请是指应用租户向弹性计算平台申请希望获取的计算、存储和网络资源的能力。资源申请的能力包括：

- 支持物理机、虚拟机和容器资源的申请。
- 支持Ceph、GlusterFS、NFS、iSCSI、本地硬盘类型资源的申请。
- 支持虚拟网络的策略配置创建和修改的申请。
- 支持动态和静态PV、PVC和StorageClass的在线创建、编辑、删除、查看的申请。
- 支持资源申请模板的上传和下载。

2. 资源分配

弹性计算平台能够自动将审批完成的资源分配给租户。租户只能在已经分配的资源范围内进行应用的部署和弹性伸缩。弹性计算平台的资源分配包括：

- 支持已被弹性计算平台托管的物理机、虚拟机、容器等计算资源的分配。
- 支持在已分配的物理机、虚拟机和容器资源中挂载待分配的存储资源。
- 支持将审批完成的网络策略更新到容器集群或者SDN等网络服务中。
- 计算资源分配时同时部署租户维度的资源隔离和访问控制策略。
- 支持按租户进行资源隔离和限制，包括计算资源、存储资源和网络资源。
- 支持资源配额的容量规划与调整。
- 支持租户资源回收。

3. 资源调度

资源调度是弹性计算平台根据应用编排信息，在应用部署时进行与之匹配的资源适配和调度的过程，包括应用编排模板解析，资源适配和资源调度。

（1）应用编排模板解析：弹性计算平台支持 Helm 应用编排模板，根据应用编排信息，识别出应用部署的资源需求，如配套计算资源（如资源形态：物理机、虚拟机、容器。资源大小：CPU 核数、内存等）、配套存储资源、配套网络资源等。

（2）资源适配：弹性计算平台根据从应用编排模板中解析的应用部署资源需求，生成对应的资源信息，形成资源列表，供资源调度使用。

（3）资源调度：资源调度是弹性计算平台把应用部署到适配的资源上的过程。资源调度支持根据资源调度策略进行资源的调度。

弹性计算平台的资源适配和调度应当包括：

- 支持对物理机、虚拟机和容器的资源适配和调度。
- 支持应用和应用之间的亲和性/反亲和性调度，即：指定哪些应用要求在同一节点部署，哪些应用要求不在同一节点部署。
- 支持应用和节点之间的亲和性/反亲和性调度，即：指定哪些应用要求部署在具有什么标签特征的节点（如特定硬件架构和配置等，特定操作系统和版本等）。
- 支持跨数据中心、跨容器集群的资源适配和调度。

4. 容器集群管理

容器集群管理是指对单个或者多个容器集群的管理能力：

（1）单集群管理：

- 支持在线增加或者删除容器集群中的节点。
- 支持容器集群节点的上、下线管理，即将某个容器节点设置为不可调度状态，并对该节点上的容器进行驱逐，待维护后重新进行上线，恢复可调度状态。

（2）多集群管理：

- 支持对多个相互独立容器集群进行统一管理，包括在线创建和删除容器集群，提供所有纳管容器集群的统一视图，支持所有容器集群详情信息的查看和修改。
- 支持展示指定容器集群的资源详情，包括应用调度、资源利用率、节点健康状况等。

5.2.3　应用管理

1. 应用编排

应用编排用于描述应用的自动化部署和自动化运维的目标和方法，应用编排定义了应用组成、部署模式、资源需求、环境依赖、配置信息、关系拓扑、扩缩容条件等，弹性计算平台根据应用编排模板进行应用的资源调度、自动化部署和自动化运维。

弹性计算平台的应用编排通常采用 Helm 作为应用编排标准，可以通过脚本直接说明编排方案，或者通过托拉拽的图形化加表单填写的方式进行定义。

弹性计算的应用编排应该能够实现：

● 支持计算、存储和网络等不同类别资源的编排；支持物理机、虚拟机、容器等不同形式资源的编排；支持对跨物理机、虚拟机、容器等不同形式资源的混合编排。

● 支持容器环境Deployment、StatefulSet、DaemonSet、CronJob等不同工作负载的应用编排。

● 支持容器镜像、资源额度（CPU、内存额度配置）、健康检查、弹性策略、存储挂载、配置文件挂载、环境变量配置、负载均衡（Ingress）、端口映射、域名解析的编排。

2. 弹性伸缩

应用实例的弹性伸缩包括手动伸缩和自动伸缩。手动伸缩是采用人工干预的手段，通过操作页面调整指定应用或服务实例的伸缩。自动伸缩则是弹性计算平台根据应用运行压力和弹性伸缩策略自动实现应用或服务的扩缩容。

应用实例的弹性伸缩应该能够实现：

● 支持CPU、内存、网络并发连接数、应用请求失败率、线程池使用率等资源指标的监控状态进行自动扩缩容，且资源状态可分为峰值、均值等时间维度。

● 支持基于时段的自动伸缩，比如，在节假日或者重大节日定制扩容策略，当条件满足时，进行自动扩缩容。

● 支持手动扩缩容。

3. 灰度发布

灰度发布提供了一种在应用升级时新老版本之间能够平滑过渡或切换的发布方式。灰度发布通过路由策略控制，实现新版本在有限范围内的试用，以把风险控制在可控范围之内。在新版本试用没有问题的情况下，再进行新老版本全面切换。

应用版本的灰度发布应该能够实现：

- 支持根据应用版本号进行服务路由策略的配置；路由策略包括但不限于客户端IP、百分比、工号、行政区域、手机号码等。
- 支持灰度版本的在线路由切换和下线。
- 支持灰度版本的创建、升级和回退操作。
- 支持灰度发布规则的创建、删除和更新。

5.3　弹性计算平台的核心技术

5.3.1　容器网络技术

容器网络是在Kubernetes集群内部，保障无论是同一节点还是不同节点上的Pod都能够接入同一个网络平面，能够相互寻址和通信的基础服务，如图 5-2 所示。

Kubernetes 之所以设置 Pod，是为了方便在多个容器之间共享网络和存储等资源。但是 Kubernetes 并未给出 Pod 网络的完整功能实现，取而代之的是一套接口标准 CNI（Container Network Interface），容器网络的服务功能依赖 CNI 插件实现。

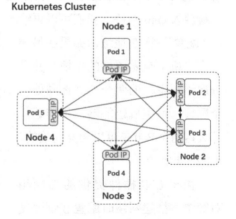

图 5-2　容器网络模型

CNI 插件被用于 Pod 的创建和删除。Kubernetes 在创建 Pod 时调用，CNI

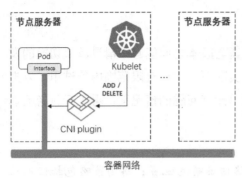

图 5-3　CNI 插件的工作原理

插件为 Pod 创建网络。在 Pod 创建完成后，就不再对 Pod 网络进行任何更改。在 Pod 删除时，CNI 插件也会删除 Pod 的网络，如图 5-3 所示。

下面介绍几个常用的 CNI 解决方案。

1. CNI 官方容器网络解决方案

CNI 最初是由 CoreOS 为 rkt 容器引擎创建的，随着 CNI 不断发展，已经成为容器网络的事实标准。

CNI 官方只提供了一组同节点的网络服务插件，包括 main、ipam 和 meta 三种类型。其中 main 类型的插件主要提供某种网络功能，例如 bridge、ipvlan、loopback、macvlan、ptp、vlan、host-device 等。ipam 类型的插件主要提供 IP 管理，例如 dhcp、host-local、static 等。meta 类型的插件通常需要调用其他插件或者配合其他插件使用，例如 flannel、Calico 等。

使用 CNI 插件可以在宿主机上创建一个叫 cni0 的网桥。然后创建两个 veth pair。把第一个 veth pair 的一端放入宿主机的网络命名空间，另一端放入 cni0 网桥。把第二个 veth pair 的一端命名为 eth0 并放入一个 Pod 的网络命名空间，另一端放入 cni0 网桥。我们可以再给 Pod 配置一个 IP 地址。如果在另一台宿主机上也做同样的事情，并且分属不同主机的两个 Pod 都同处一个网段，宿主机也能够二层连通，那么这两个 Pod 是可以相互通信的，如图 5-4 所示。

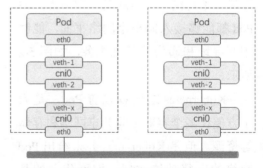

图 5-4　使用 CNI 官方插件搭建的容器网络

由于 CNI 插件提供的功能相对简单，搭建网络时配置和管理复杂，因此很少单独使用。当前比较流行的插件有 Calico、flannel。

2. flannel 网络解决方案

flannel 是 CoreOS 开源的容器网络解决方案。flannel 在部署的时候，需要配置容器网络使用的 IP 地址段。flannel 拿到这个地址段会拆分成若干子网，分配给每个节点服务器，分配的结果（subnet 和主机 IP 地址等）会保存在 etcd 里面，如图 5-5 所示。在节点服务器上创建 Pod 时，就在这个地址段中给 Pod 分配 IP 地址。

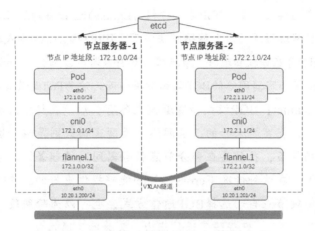

图 5-5   使用 flannel 插件搭建的容器网络

flannel 提供了多种在主机之间转发数据包的网络方案，例如 UDP、VXLAN、host-gw 等，UDP 和 VXLAN 属于 Overlay 网络；host-gw 是一种没有任何隧道协议封装、单纯基于路由进行通信的网络。由于 UDP 通信的隧道封装的效率低下，而 host-gw 的主机路由管理较为烦琐，因此基于 VXLAN 协议的隧道封装技术是大多数场景下 flannel 网络的首选。

3. Calico 网络解决方案

Calico 是 Tigera 公司开源的容器网络解决方案，由其方案构建的容器网络如图 5-6 所示。如果说 flannel 是使用最方便的容器网络解决方案，那么 Calico 则以极佳的性能和完善的功能而闻名世界。Calico 不仅为 Pod 提供跨主机的网络连接，而且还提供网络访问控制管理。在跨节点通信方面，Calico 既提供基于三层路由的 BGP 网络解决方案，也提供基于隧道协议封装的 IPIP 和 VXLAN 的网络解决方案，还提供兼顾两者优势的 cross-subnet 网络解决方案。下面解释一下这三种解决方案的特点：

- BGP模式：是一种三层路由的容器网络解决方案，通过BGP路由协议在节点服务器之间进行Pod路由数据推送，实现Kubernetes集群内部容器之间的网络访问。为了解决BGP Peer全连接导致的管理和性能问题，Calico也支持Route Reflector。

- IPIP和VXLAN模式：IPIP和VXLAN都是隧道协议。这里的VXLAN模式与flannel的VXLAN模式相同，是一种通过三层网络连接构建二层网络隧道的解决方案。IPIP是一种利用Linux的tun设备通过三层网络连接构建三层网络隧道的容器网络解决方案。IPIP和VXLAN模式在容器网络与Underlay存在分权管理时，节点服务器存在跨网段通信，Underlay网络会因为无法获知容器网络的BGP路由数据，而无法为Pod提供路由转发服务。

- cross-subnet：BGP模式和隧道模式各有长短，在转发效率上BGP的性能更好，在穿越未知的三层网络方面隧道模式则是唯一选择。但是在很多场景下，往往存在部分节点服务器同网段部署，部分服务器跨网段部署，在这种情况下cross-subnet能够提供更好的适应性，不仅可以为同网段节点自动选择BGP通信方式，也可以为跨网段节点自动选择IPIP通信方式，既保障了通信能力，又兼顾了通信效率。

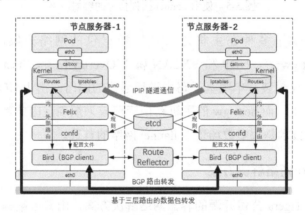

图 5-6　使用 Calico 插件搭建的容器网络

Calico 网络模型主要工作组件包括：

- Felix：Calico的核心组件，运行在每个节点服务器上，主要的功能包括veth pair、tun等设备管理、路由规则管理、ACL规则管理等。

- etcd：Calico的后端存储，用于保障网络元数据和网络状态的一致性，用于存储集群各节点的路由信息。Calico的etcd可以与Kubernetes共用。

- Bird：BGP客户端，运行在每个节点服务器上，它将Felix插入Linux内核中FIB的路由通过BGP协议分发给集群中的其他节点，也将其他节点发来的路由插入Linux内核的FIB，从而实现数据包的跨节点路由。

- confd：在原生Bird组件中，容器网段、本机IP、邻居节点IP等信息都是手工配置和维护的。但是考虑在kubernetes中增加/移除节点，手动维护这些配置的成本非常高，Calico使用confd自动维护bird的配置。confd通过监听Ectd中的信息变化，更新bird配置文件，之后通过reload操作使bird新的配置生效。

容器网络包括两个层面的内容：第一个层面实现节点内的容器网络；第二个层面是跨节点的容器网络。

节点内部的容器网络由 Pod 之间的互联网络和 Pod 内部的网络栈组成。首先，Pod 内部的网络栈由 pause 容器创建，为 Pod 内部的所有容器共享使用。节点内部的互联网络主要由 Linux 虚拟设备（例如虚拟网桥、虚拟网卡等）组成，通过这些虚拟设备连接节点内部的各个 Pod，实现同一节点内部的多个 Pod 之间的相互寻址和通信。

跨节点的容器网络用于不同节点服务器上 Pod 的连接和通信，可以采用路由方案实现，也可以采用覆盖网络方案。路由方案依赖底层网络设备，但性能开销较少，覆盖网络方案不依赖底层网络，封包解包过程会导致额外的性能损耗。

CNI 是一个 Pod 网络集成标准，简化了 Kubernetes 和不同容器网络解决方案之间的集成。常用的 CNI 容器网络解决方案有很多，例如，flannel、Calico 等。

5.3.2　资源调度技术

在 Kubernetes 里，Pod 是最小调度单位。所以 Pod 的属性中必然包含与调度和资源相关的描述，而这其中最重要的部分就是 CPU 和内存的配置。由于一个 Pod 由多个 Container 组成，所以 Pod 中对 CPU 和内存资源的限制是要配置在每个 Container 上的。这样，一个 Pod 的资源配置就是由它所包含的 Container 的资源配置的累加和。

在 Kubernetes 中 CPU 的分配单位是 CPU 的个数。例如，cpu=1 指的是，Pod 的 CPU 限额是 1 个 CPU。在 Pod 运行时，Kubernetes 会保证 Pod 能够获得 1 个 CPU 的计算能力。如果，将 CPU 的限额设置为 0.5。这样，Pod 运行时就会被分配到半个 CPU 计算能力。

在 Kubernetes 中内存的分配单位是字节（Byte），例如，memory=64M，

就是最大给这个 Pod 分配 64Mbyte 的内存空间。在实际场景中，很多应用使用到的资源大都远小于它请求使用的资源限额。为了提高内存利用率，Kubernetes 采用"requests+limits"的方法，其实用户在提交 Pod 时，可以声明一个相对较小的 requests 值供调度器使用，而 Kubernetes 真正设置给容器的限额则是相对较大的 limits 值。当 Pod 仅设置了 limits 没有设置 requests 的时候，Kubernetes 会自动为它设置与 limits 相同的 requests 值。

以上介绍了 Pod 运行对计算资源的要求，但是这些资源要求如何得到满足，需要通过 Kubernetes 的调度器来实现。下面介绍 Kubernetes 调度器的工作原理。

1.Kubernetes 的默认调度器

Kubernetes 调度器的主要职责，就是为一个新创建的 Pod 寻找一个最合适的节点（Node）。这里的"最合适"包括两层含义：

（1）从集群所有的节点中，根据调度算法挑选出所有可以运行该 Pod 的节点；

（2）从第一步的结果中，再根据调度算法挑选一个最符合条件的节点作为最终结果。

Kubernetes 默认调度器也是采用这种方法筛选"最合适"的 Node。首先，调度器会使用一个叫 Predicate 的调度算法，用来检查每个 Node。然后，再调用一个叫 Priority 的调度算法，用来给上一步得到的结果中的每个 Node 进行打分。最终选出得分最高的 Node。Kubernetes 的调度器工作原理如图 5-7 所示。

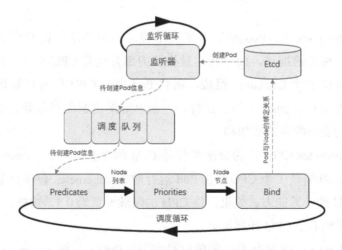

图 5-7　Kubernetes 调度器的工作原理图

由图 5-7 可以看出，Kubernetes 的调度器的核心，实际上就是两个相互独立的控制循环：监听循环和调度循环。监听循环的主要目的，是用来监听 Etcd 中 Pod、Node、Service 等与调度相关的 API 对象的变化。例如，Etcd 中创建了一个 Pod，监听器监听到之后会将这个待调度的 Pod 添加到调度队列。

调度循环会不断从调度队列里面取出待调度的 Pod，然后进行调度。在调度过程中，调度器会首先调用 Predicates 算法，根据 Pod 的调度要求对 Node 进行"过滤"，然后得到的一组符合 Pod 运行要求的 Node 列表。接下来，调度器就会再调用 Priorities 算法为上述列表里的所有 Node 打分。得分最高的 Node，就会作为这次调度的结果。Priorities 算法执行完成后，调度器会将 Pod 与调度选出的 Node 进行关联，即在 Pod 属性中的 NodeName 字段中写入 Node 的名字，并向 APIServer 发起更新 Pod 的请求，从而把调度结果写入 Etcd。这个步骤在 Kubernetes 里面被称作 Bind。Bind 操作会触发在对应 Node 上的 Kubelet 进行 Pod 创建。

根据 Gartner 对全球 CIO 的调查结果显示，人工智能已经成为组织革命的颠覆性力量。容器和 Kubernetes 能够为人工智能提供一种新的工作模式，即将 GPU 服务器放到资源池进行共享和调度，成为提高 GPU 资源利用率的重要途径。

Kubernetes 默认调度器只支持基于 CPU 和内存的计算资源调度，已经无法满足应用对算力资源的调度要求。但是，Nvidia 驱动是不开源的，只有通过逆向工程才能获得共享 GPU 所需的信息。2019 年年初，阿里巴巴在 GitHub 上面开源了 gpushare-device-plugin 解决方案（https://github.com/AliyunContainerService），显然是在这个方面做了深入的实践。

2. Kubernetes 的共享 GPU 调度扩展

现在很多基于 Kubernetes 的容器服务产品都提供了 Nvidia GPU 的资源调度能力，但是都是将整个 GPU 卡分配给一个容器。由于大部分模型开发和模型预测的场景使用时并不需要整张 GPU 卡，这种方式就会显得有些浪费。为解决此问题，阿里巴巴开源了 Kubernetes 共享 GPU 集群调度的解决方案，简称为 GPU 调度扩展方案。

GPU 调度扩展方案是通过对 GPU 资源的划分让更多的模型开发和预测服务共享同一个 GPU 卡，进而提高集群中 Nvidia GPU 的利用率。

GPU 调度扩展方案通过 Kubernetes 的扩展机制实现，包括 Extended Resource、Scheduler Extender、GPU Share Device Plugin，如图 5-8 所示。

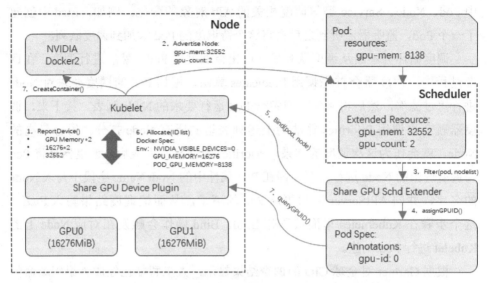

图 5-8　Kubernetes 的共享 GPU 调度扩展的资源调度流程示例

通过 Extended Resource 机制，GPU 调度扩展方案在 Kubernetes 调度指标中扩展出了一个叫 gpu-mem 的 GPU 资源调度指标。gpu-mem 代表的是 GPU 的显存大小，GPU 显存的最小调度单位为 1MiB。如果一台 Node 服务器使用的 GPU 卡为 16GiB 显存，那么这个 GPU 最多可容纳的 GPU 线程为 16384 个。弹性计算平台在获得显存使用的大小之后，会以参数的方式传递到容器内部，并从应用级别控制显存的使用量，使得多个 AI 应用 Pod 可以共享同一个 GPU。

有了 GPU 调度的度量指标，就可以通过 Scheduler Extender，对 Kubernetes 调度器进行 GPU 调度扩展。Scheduler Extender 负责将对 GPU 显存的供需判断和分配结果分别插入 Kubernetes 调度器的 Predicates 和 Bind 环节。

- 在Predicates阶段，需要判断哪个Node上的哪块GPU卡能够满足Pod的显存申请要求。Kubernetes的默认调度器只能对节点粒度的资源进行管理和调度，GPU的资源调度却要细化到GPU卡的级别，所以需要由Scheduler Extender检查单张卡上是否包含足够的可用资源。为了防止产生过多的资源碎片，对于同样满足调度要求的GPU卡，Scheduler

Extender会优先分配空闲资源满足条件但同时又是所剩资源最少的GPU卡。

- 在Bind阶段，将GPU的分配结果，包括通过调度选出的GPU卡的ID，都会通过annotation记录到Pod Spec中。

GPU Share Device Plugin 部署在 Node 上，是 Kubelet 的扩展插件，具有 GPU 资源感知和分配两方面能力。

- 在GPU资源的感知过程中，GPU Share Device Plugin能够利用Nvidia管理库NVML查询到GPU的数量和每张GPU的显存大小，并将GPU总显存作为Extended Resource上报给Kubelet，并通过Kubelet进一步上报给Kubernetes API Server供调度器使用。
- 在GPU资源的分配过程中，调度器不仅会将Pod绑定到对应的Node，还会将Pod绑定到对应的GPU上。当Pod和Node绑定的事件被Kubelet接收后，Kubelet就会在Node上创建真正的Pod实体，在这个过程中，Kubelet会调用GPU Share Device Plugin的Allocate方法，Allocate方法的参数是Pod申请的gpu-mem。而在Allocate方法中，会根据Pod Spec中绑定的信息（包括GPU ID）运行对应的Pod。

5.3.3 安全容器技术

2015 年，Intel OTC 和 HyperHQ 各自开源了自己基于虚拟化技术的容器项目。这两个容器项目在 2017 年选择合并，成为现在的 Kata Containers，简称为 Kata。Kata 就是一个精简后的轻量级虚拟机，所以它可以"像虚拟机一样安全，像容器一样敏捷"。

2018 年，Google 公司也发布了一个叫 gVisor 的项目。gVisor 项目给容器配置了一个用 Go 语言编写的、运行在用户态的虚拟"内核"。这个"内核"实际上是对 Linux 内核的封装，从而实现将容器和宿主机隔离。

Kata 和 gVisor 的区别在于：Kata 容器模拟的是一台"虚拟机"，然后在这台虚拟机里装一个裁减后的操作系统，而 gVisor 容器直接模拟的是"操作系统"，然后通过这个模拟内核来代替容器向宿主机发起有限、可控的系统调用。无论是 Kata 还是 gVisor，它们本质都是给容器分配了一个独立的操作系统，从而阻止恶意容器在共享宿主机的内核时通过逃逸获取宿主机控制权。

1. Kata 容器技术

前面说过，Kata 容器模拟的是虚拟机，因此 Kata 容器的运行需要虚拟机管理程序。Kata 默认使用的虚拟机管理系统是 Qemu，当然也可以使用 KVM 或者其他的虚拟机管理系统。

在 Kubernetes 中，Kata 容器对应的就是 Pod，Pod 里面运行的容器也对应虚拟机里面的容器。Kata 会在所有虚拟机里面创建一个 Agent 进程用来管理这些容器，为这些容器创建共享网络、共享磁盘等。同时，为了和 Kubernetes 进行对接，Kata 也会启动一系列的 shim 进程来管理这些容器的生命周期，如图 5-9 所示。

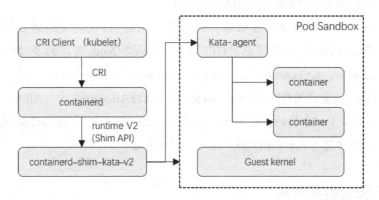

图 5-9　Kata 容器的工作原理

Kata 容器运行起来之后，虚拟机里的用户容器只能看到虚拟机里被裁减过的 Guest Kernel 和 Qemu 创建的虚拟机，从而有效地隔离和保护宿主机操作系统。

2. gVisor 容器技术

gVisor 是一种新型安全容器解决方案，其能够为容器提供安全隔离，同时性能远优于虚拟机。gVisor 能够与 Kubernetes 和 Docker 等容器引擎进行集成，能够轻松地构建起安全容器运行环境。

gVisor 通过在用户空间内拦截应用程序的系统调用并充当访客内核的方式实现应用程序和宿主机之间的安全隔离。通过这种方式，gVisor 能够在保证轻量化优势的同时，提供与虚拟机类似的隔离效果。

gVisor 的内核使用 Go 编写，拥有良好的内存管理机制与安全性，并且与需要固定资源的虚拟机不同，gVisor 能够随时适应不断变化的资源条件，这一点更像是普通 Linux 进程。支持大多数 Linux 系统调用，但是系统调用成本较高而且应用程序的兼容性略差。

gVisor 由 Runsc、Sentry 和 Gofer 三个组件构成，如图 5-10 所示。其中，Runsc 是一种 Runtime 引擎，负责容器的创建与销毁。Sentry 负责容器内程序的系统调用处理，容器发出的系统调用都先交给它处理。Gofer 负责文件系统的操作代理，I/O 请求都会由它转接到 Host 上。

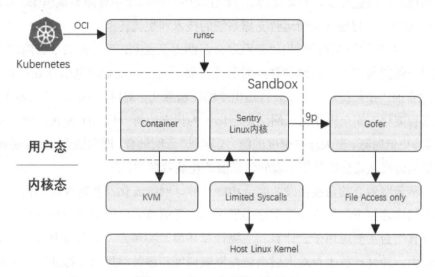

图 5-10　gVisor 容器的工作原理

在这种实现里，Sentry 需要扮演 Guest Kernel 的角色，负责执行用户程序发起的系统调用。而这些系统调用被 KVM 拦截下来，然后交给 Sentry 进行处理。只不过在这时候，Sentry 就切换成了一个普通的宿主机进程的角色，向宿主机发起它所需要的系统调用。

因此，在这种实现里，Sentry 并不会真的像虚拟机那样去虚拟出硬件设备、安装 Guest 操作系统。它只是借助 KVM 进行系统调用的拦截，以及处理地址空间切换等细节。

在性能上，Kata 和 gVisor 基本相当，在启动速度和占用资源上，基于用户态的 gVisor 略胜一筹。但是，对于系统调用密集的应用，gVisor 会因为需要频繁拦截系统调用而出现性能急剧下降。另外，gVisor 需要使用 Sentry 进行 Linux 内核模拟，在能够支持的系统调用上还是有限的，只是 Linux 系统调用的一个子集。

5.4　弹性计算平台在电信行业中的应用

随着移动通信网络的发展，逐步形成了 2/3/4/5G 多代并生，业务支撑、运营支撑、管理信息多域并存的局面，基础设施管理的复杂度倍增，对运维人员的技能要求越来越高，运维成本也在日益增长。同时，大数据、云计算的技术日臻成熟，敏捷开发、智能运维在 IT 行业中应用的作用逐渐显现出来。CT 与 IT 的融合正在促使运营商运营支撑系统的技术和架构转型。

2018 年，中国移动提出"云网融合，助力企业上云"，开启了云网融合、算网一体的新征程。云网和算网的融合发展，迎合了现阶段电信行业对 CT 与 IT 融合的"换挡提速"要求，打造出"性能极致化、算网一体化、平台原生化、网络智能化、安全内生化、网络定制化"为代表的新一代 CIT 系统，通过更大带宽、更低时延、更大连接密度的能力，实现"云网融合、网智融合、行业融通"，支撑运营商从通信服务提供者向信息服务使能者转型。

从云网融合的角度出发，结合边缘计算、网络云化及智能控制的优势，在算力网络连接下，弹性计算平台实现更加广泛的算力资源纳管和动态调度。弹性计算平台主要应用于云计算和边缘计算环境，实现云、边资源调度和服务编排能力。弹性计算平台对上层系统在资源调度和服务编排上支撑的技术架构如图 5-11 所示。

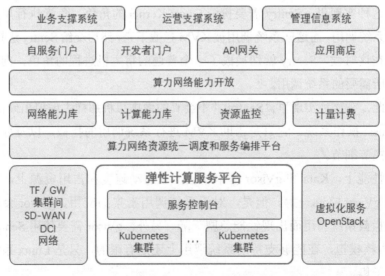

图 5-11　弹性计算平台对上层系统支撑的计算架构

在云网或算网系统中，弹性计算服务通过对底层不同 IaaS 资源的适配，以按需分配的方式向上提供具备资源隔离能力的运行环境，并提供 PaaS 服务组件和 SaaS 应用的自动化部署、弹性伸缩、服务和应用的编排等。归纳起来就是资源适配、应用编排、应用运维，这三个方面的能力。

5.4.1　资源适配

弹性计算平台的主要职责是纳管物理机、虚拟机，并将这些计算设备抽象为 CPU 和内存级别或粒度的计算资源提供给租户和应用使用。由于电信运营商的资源规模比较大，在资源的组织和分配的管理上也是比较复杂的。一种好的资源组织和管理模型，往往可以提高管理效率。

1. 资源分组管理

由于电信运营商的资源规模非常大，把所有服务器放在一个数据中心，不仅机房空间不够，电力供应也会成为问题。因此，电信运营商大多把服务器分散在不同的数据中心。一个数据中心，可以有多个资源分组，这个资源分组称为资源池。资源池是一个逻辑概念，是组成 Kubernetes 集群和运行在 Kubernetes 集群之上的各种物理和逻辑资源的总和，包括主机、组件、应用和容器。为了管理方便，资源池需要通过分组的方式进行组织，例如某一个枢纽有两个资源池，一个是核心域资源池，另一个是 DMZ 资源池，那么这两个资源池可以放到一个资源池分组里面去，称为一枢纽资源池组。通过这种方式，运维人员可以通过组织结构或者地域划分等方式很快找到这些资源。

2. 多级租户管理

租户资源配额管理往往要和组织的管理结构相适应。在大型企业级弹性计算平台中，大多采用多级租户的租户管理架构，即弹性计算平台上的租户有多个层级，系统管理员管理一级租户，一级租户下面可以有子租户，子租户下面可以有子子租户……除了一级租户由系统管理员创建，其余各级租户均由父租户管理，包括创建、删除，以及配额和权限的管理。

这样，租户的资源配额有两种获得方式：第一种是自己申请，经过审批后获得；第二种是由系统管理员或上级租户管理员给下级租户分配资源。

系统管理员或上级租户管理员给下级租户分配的内容是租户拥有的 CPU、内存和存储的资源配额。租户的应用运行和数据存储只能在资源配额范围内使用。

5.4.2 应用编排

应用的生命周期包括应用运行的事前、事中和事后三个方面。其中，事前的工作有应用编排，例如，运行所需的环境配置服务、保障应用顺利启停及稳定运行的控制规则配置服务等。事中的工作有运行控制和故障诊断，例如，应用在线升级和发布、应用和负载均衡的在线配置、在线系统故障定位和排查、应用扩缩容等。事后的工作有对故障、操作和运行状态的事后分析。

应用编排所要做的是定义应用的部署架构、运行环境要求和运行过程中可能出现的各种问题的处置预案。电信运营商是极端看重业务系统可用性的，应用编排时也会重点考虑系统的高可用和弹性伸缩能力的设计。

1. 应用的高可用架构设计

随着电信运营商 IT 支撑系统的集中度越来越高，为了降低关键基础设施故障或者自然灾害导致的大范围业务服务不可用带来的不利影响，很多 IT 系统都已经通过传统应急、容灾技术建成了省级乃至全国级的双中心或多中心。这些业务系统在技术演进过程中，需要从传统架构向弹性计算架构迁移，对弹性计算平台在高可用架构的应用编排和运行支撑方面提出了很高的要求。

弹性计算平台对多中心应用的模板配置包括两个层面的内容：一个层面是服务依赖关系编排，用于定义部署在单一数据中心内部的服务和资源、服务和服务之间的依赖关系；另一个层面是高可用策略配置，用于数据中心之间的网络流量分配策略配置、数据库数据同步策略配置、健康检查策略配置和灾备切换策略配置。

电信运营商对安全的要求是比较高的，即使是单一数据中心内部的应用编排也比较复杂。因为一个应用如果是面向互联网的，它内部的 Web 服务或接口服务是需要放在 DMZ 区的，数据库服务是需要放在核心区的，DMZ 区和核心区分属于两个 Kubernetes 集群，中间还有防火墙隔离。因此，应用的编排需要在 DMZ 和核心两个集群上分别进行，分别说明两部分容器运行的资源、服务依赖和环境要求，并能够配置 DMZ 和核心域之间防火墙的 ACL 策略。

在配置完数据中心内部的服务之后，还需要配置该模板到各个数据中心之间的映射关系，各个数据中心上服务的 DNS 解析策略、健康检查策略和数据同步策略，以及健康检查失败时的 DNS 解析策略和数据库访问策略的切换关系。

2. 应用的弹性伸缩策略设计

弹性伸缩有很多实现方式，例如，基于计算资源利用率的扩缩容、基于时间的扩缩容、自定义指标扩缩容，不同的方式有不同的适用场景。除了 Kubernetes 官方提供的基于 CPU、内存利用率阈值的扩缩容以外，电信运营商行业使用较多的是基于时间的扩缩容和自定义指标扩缩容。

（1）基于时间的扩缩容。

基于时间的扩缩容多用于可预知的流量爆发性增长的场景，例如秒杀、抢购等业务促销。由于业务促销的时间是确定的，需要的资源也可以根据往期数据进行推测，只需要在促销前将所需资源一次性扩容部署到位，就可以扛住促销时突然涌入的业务洪流。

基于时间的扩缩容不仅可以用于一次性业务场景，也可以用于周期性业务场景。例如，某营业系统无人使用时，平台会把应用缩容到最小。但是，每天早上 9 点钟上班，系统负荷会突然爆炸性增长。然而，阈值感知扩容的操作方式是：每次触发阈值上限，扩容几个 Pod，等稳定一段时间，再感知触发阈值上限，再扩容几个 Pod。阈值感知扩容的操作方式是无法承担业务负荷爆炸性增长场景下应用扩容服务的。

弹性计算平台需要为应对业务负荷爆炸性增长，提供定时扩缩容和周期性扩缩容两种工具。一旦预知业务高峰即将到来，可以一次性地将系统扩容到指定规模，扛住业务洪峰。对于 9 点上班，这种潮汐性的业务负荷，一般使用周期性扩缩容；对于秒杀场景的业务负荷，一般使用定时扩缩容。

另外，由于存在租户配额限制，应用不可能无休止地进行扩容操作。如果达到扩容条件，但是因为配额上限约束，无法进行扩容操作时，需要触发告警通知。

（2）自定义指标扩缩容。

自定义指标的扩缩容也是一种阈值感知型扩缩容方案。基于计算资源的弹性扩缩容是通过 Kubernetes 提供的 HPA（Horizontal Pod Autoscaler）机制实现。

这种机制默认只支持基于 CPU 和内存两种指标的自动扩缩容。

但是，在很多故障场景中，大多不是因为 CPU 或内存不足导致的，有些是因为长连接太多，网络连接数的配置不足导致；有些是因为业务负荷大，线程数配置不足导致；还有些是因为 I/O 负荷过高导致，如果出现这些问题，我们实际看到的 CPU 和内存利用率可能并不高，但是不进行扩容，这些性能瓶颈就无法得到缓解。因此，我们必须能够在默认 HPA 机制之外，增加基于网络连接数、服务线程数、I/O 利用率等可自定义的技术指标进行自动扩缩容策略定义。

自定义指标扩缩容的实现方法很多，其中最常用的是基于 Prometheus 的实现。

Prometheus 是一款基于时序数据库的开源监控告警系统，非常适合 Kubernetes 集群的监控。Prometheus 通过 HTTP 协议周期性抓取被监控组件的状态。通过 exporter 输出被监控组件的信息。目前，大部分的常用组件（例如 Linux、Kubernetes、MySQL、Nginx、Haproxy、Varnish 等）exporter 都可以直接使用，可以获得丰富的监控指标，补充 Metrics Server 监控指标的不足。Prometheus 获得的指标可以通过 API Server 暴露，让 HPA 资源对象直接使用，使得弹性计算平台可以使用这些指标生成自定义扩缩容策略。

5.4.3　应用运维

在运维实践中，电信营运商最关心的还是服务的连续性和可用性。如果关键系统停机一个小时，哪怕是在凌晨业务闲时，也可能意味着数百万元的经济损失。因此，如何缩短停机时间是业务和运营支撑系统建设最为关心的事情。

业务和运营支撑系统规模庞大，内部子系统众多。因为业务发展的需要，几乎隔三差五就会有系统升级任务，而且每次割接都意味着彻夜无眠。为了减少业务系统的割接，实现不间断业务运行的滚动升级和灰度发布技术就成为了电信运营商建设弹性计算平台的不二选择。

1. 滚动升级

滚动升级用于多实例服务的在线应用版本升级。滚动升级不是在同一时刻对所有服务实例进行一次性的全部更新，而是将全部服务实例分成若干批次，每次只更新一个批次，一个批次更新完成后再顺序替换下一个批次，直到所有批次都完成更新。

滚动升级时，由于每个批次、每个实例的下线，均采用优雅停机技术，所以整个更新过程不会造成任何业务中断，不影响业务连续性，滚动升级过程对应用的使用者无感。

2. 灰度发布

灰度，就是存在于黑与白之间的一个平滑过渡的区域。对于应用发布来说，如果把未上线称为黑，上线称为白，那么实现应用从未上线渐进式平稳过渡到上线的过程就叫作灰度发布。很多企业在应用上线过程中，都会使用灰度发布技术，新版本发布初期通过切入稍许流量验证应用投放效果，如果能够达到预期效果，就扩大流量规模直到全量发布。灰度发布的整个过程，循序渐进，进退可控，能够规避应用发布风险，保障应用发布质量。

灰度发布需要同时提供新、老两个版本的业务服务，通过对路由策略的控制，实现新、老两个版本之间的业务流量的切分。业务流量可以按照流量百分比切分、按 HTTP 报文的头部字段切分（例如，"手机号段 =139"，或者"性别 = 男"，再或者"年龄 =50 岁"）、按 Cookie 切分等方式。

应用灰度发布支持新应用的镜像版本设定；支持新、老应用版本之间的流量切分规则设定；支持灰度流量验证完成后的新版本一键式全量发布；支持灰度流量验证失败后的一键式回滚操作。

第6章 算力网络微服务

6.1 算力网络微服务体系介绍

算力网络微服务的诞生并非偶然，它是软件发展到现阶段的必然产物。随着互联网的高速发展，敏捷、精益、持续交付方法论渐渐深入人心，容器技术和 DevOps 的成熟应用，传统单体架构无法适应快速业务变化，这些因素都促成了微服务的诞生。算力网络微服务将引领软件架构朝着高扩展性、高可用性和弹性计算方向发展。

6.1.1 发展历史

1. 单机小型机时期

计算机诞生之初只有单一的功能，就像汽车、电视一样。但是计算机又有一个特别之处就是人们能为其编写程序，从而得到自己想要的结果。这就使得计算机不仅可以为少数人服务，还可以普惠大众。但是没有网络的计算机使用起来没有我们预想的那样方便，而且受益者远远达不到普惠的程度。好在，后来诞生了影响 21 世纪的互联网。

1969 年诞生了全世界第一个计算机网络"阿帕网"（ARPA），其最初是用于军事领域。后来由于科研研究人员的加入，慢慢发展成了今天的"因特网"（Internet）。2000 年左右，互联网在中国才开始盛行起来，但是那个时候网民数较小，因此大多数服务业务单一且简单，采用单机模型再配置一个数据库就可以承载大多数场景了，所有功能都可以放在一个应用里集中部署，如图 6-1 所示。

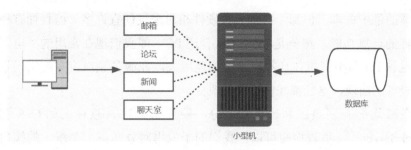

图 6-1　单机小型机架构

系统开发者们都在同一个应用里添加新功能，如果需要发布的时候就集中打包，如果遇到问题就全部回滚，好在那个时候各部分功能还比较简单，系统内部修复一下问题重新发布就可以了。不过到了 2018 年，中国网民的数量惊人地上涨了近 100 倍，达到了 7.72 亿。伴随而来的是应用的复杂性和多样性。开发者们对系统的可用性有了更高的要求。单体架构在可用性、快速响应上不再满足业务系统的要求，因为单体架构在服务的稳定性和功能上存在很大问题，一旦小型机或数据库出现问题，会导致整个系统发生故障，而且若某个模块的功能添加或者更新，那么整个系统就需要重新打包发布。为了解决这一问题，研发者们想到了这样一种方法，他们将上面的这种"大应用"拆分为多个子应用，如邮箱、论坛、新闻、聊天室等，每个子应用再使用单独的数据库分开部署。于是就有了如图 6-2 所示的垂直拆分部署方式：

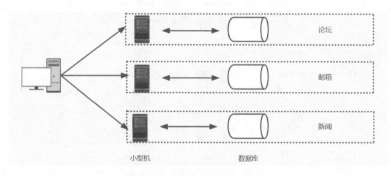

图 6-2　单机小型机多实例部署

2. 集群化负载均衡时期

随着用户量的增大，业务需求也日益增长。系统所使用的小型机的数量也越来越多，同时也带来了高昂的使用成本，不仅是小型机价格高，更多的是这些机器的维护成本。但那个时代有种硬件相对来说便宜许多，而且拥有和小型机一样的计算功能。那就是 Intel X86 普通 PC，即我们现在常用的"电脑"，虽然这种 PC 和小型机在计算能力上相差巨大，在服务领域没有使用场景。但随着设备的出现，这些都在慢慢发生改变。

负载均衡有硬负载和软负载之分，硬件比如 F5，软件比如 LVS（Linux Virtual Server）。负载均衡可以把我们的子应用对外暴露一个统一的接口，然后根据用户的请求按照我们配置的规则进行转发。同时负载均衡还可以做到健康检查、限流、会话保持等功能。工程师们也得以借助这种设备把微小的计算能力汇集到一体。

工程师们把负载均衡设备作为用户流量的入口网关，通过网关把流量反向代理转发给下游的由多个功能一体的 X86 服务器，这样便组成了一个下游集群。这样集群化部署的好处是可以方便地进行水平扩展，因为每台服务器的功能是无差别的。负载均衡设备的健康检查功能可以做到把流量分发到新加入的服务器上，同时当有服务器出现故障时，可以将其从下流流量分发列表中剔除，避免了转发到故障服务器上导致请求不能正确处理。利用这个网关能力，还可以对流量进行清洗和预处理。这种集群化部署使用方式第一次引入了水平扩展的概念，可以动态扩缩容，比之前的单机部署方式可以说有了一个质的突破。集群化的部署架构如图 6-3 所示。

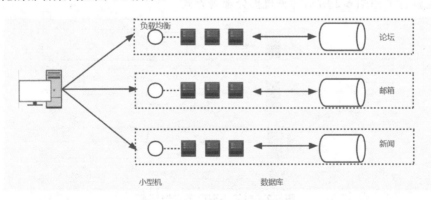

图 6-3　集群化负载均衡部署

3. 服务化时期

随着应用越来越多，我们发现，应用之间存在很多类似的功能，比如登录、注册、邮件等。重复建设在软件工程思想中向来是不可取的，工程师们设法将共同的功能抽象出来，形成独立的"应用"。不过这些"应用"没有直观上的入口，和传统的应用思想不太一致，所以工程师们想出了"服务"这个词来描述这种抽象出来的功能性组件，它们为所有子应用提供功能性的支撑。其实对于"服务"现在已经比较广泛了，比如"基础设施即服务 IaaS""平台即服务 Paas""软件即服务 SaaS"等。在"服务"的概念下，软件不再是整体打包一次性卖给消费者，而是消费者在使用时按需获取、按时计费。而且服务还会定期升级，对消费者也无感知。服务抽象出来之后，功能的开发也即是服务的开发。

　　服务拆分之后，各个服务就像天上的繁星散落到各个机器上，不再像之前那样，直接调用本地方法在本地获取服务结果。那本地的子应用如何访问抽象出来的公共服务呢，而且服务与应用不同，没有可视化的页面可以访问。工程师们迫切需要一种程序间的相互调用协议，"远程过程调用（Remote Procedure Call，RPC）"协议应运而生，其作用可以让服务之间的程序调用变得像在本地调用一样简单，这种技术完全屏蔽了各种网络拓扑的复杂性，只要知道对方的服务名就可以发起调用。

　　在 Java 生态中，也有对应的 RPC 即 RMI（Romote Method Invocation）。调用地址是由"类目服务器"来注册管理的。下面一段代码是 RMI 远程调用示例：

```
public class HelloClient{
public static void main(String[]args){
try{
/*
返回指定名字的远程对象的一个引用
*/
IHello hello=(IHello)Naming.lookup("rmi://127.0.0.1:8888/hello");
System.out.println("调用远程对象："+hello.sayHello("hello world"));
}catch(Exception e){
System.out.println("调用远程对象失败，原因是："+e.getMessage());
}
}
}
```

　　在发起 RPC 调用之前，需要先维护服务的调用关系，比如调用的服务在哪里，所以需要服务的提供者把提供的算力应用注册上去。不仅需要解决服务调用的问题，还需要解决服务治理的问题，比如当一个相同功能的服务有多个提供者，该如何调用的问题；比如像 Dubbo 默认采用 Zookeeper 作为注册中心，Spring Cloud 使用 Eureka 作为注册中心。在增加了 RPC 功能后，研发者们可以将公共的服务单独独立部署，整个的架构如图 6-4 所示。

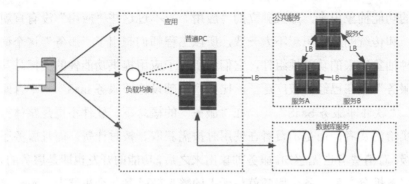

图 6-4　服务化时期部署

4. 微服务时期

"微服务"的整个概念是由 Martin Fowler 提出的，并没有严格的定义。从本质上来说，经过一轮服务化后，应用本身之前臃肿复杂的问题已经得到了很好的解决。不过微服务则希望将其更进一阶，这里的重点就是一个"微"，即一个服务只负载一个独立的功能，传统的"用户中心"服务，根据业务可能需要再次拆分。至于到底拆分到多细，需要使任何一个需求不会因发布或者维护而影响到不相关的服务。一切可以做到独立部署运维，甚至拆分到一个独立的不和其他功能相关的功能。这样肯定就不会相互影响，这也是 Serverless 思想所提倡的。

微服务不仅指服务划分上的微，同时也要求架构上的轻量级，它不提倡使用像 Dubbo 这样的强语义协议，因为每种语言都需要一个针对性的客户端，而且客户端还比较复杂。

像 Spring Cloud 框架是广为大众所接受的微服务框架，它只需要通过几个简单的注解即可完成对服务调用的声明，对业务系统代码的侵入性较小，因为是基于 HTTP 协议的，即使是不同语言，也可以很好地支持。"微服务"所强调的轻也就是反映研发者们普遍不希望分布式相关架构逻辑侵入业务系统的事实。

5. 服务网格新时期

微服务时代流行的 Spring Cloud 以及 Spring Cloud Alibaba，都会对我们的业务代码有或多或少的侵入。比如最初是为了业务写代码，如登录功能、支付功能，到后面会发现要解决网络通信的问题，虽然 Spring Cloud 里面的组件会帮我们解决，但是我们细想一下它是怎么解决的，是我们通过引入 dependency，加注解，加配置，最后将这些非业务功能的代码打包在一起部署，是侵入到业务代码之中的。

分布式日益复杂不仅体现在调用关系上，随着多语言前后端分离思想的发展，在架构中也呈现语言多元化的趋势，例如 Python、Golang、NodeJS 等。所以微服务中的服务如果需要支持不同语言的开发服务时，还需要维护不同语言和非业务代码的成本。业务代码开发者应该把更多的精力投入到业务熟悉度上，而不应该是非业务上。微服务框架虽然能解决微服务领域的很多问题，但是学习成本比较大，而且互联网公司产品的版本升级是非常频繁的，研究者们还需要维护各个版本的兼容性，这时候业务版本的升级和非业务代码是一起的，如果我们需要升级微服务框架的版本，需要所有涉及的微服务都重新打包、部署，可能还会涉及代码的适配改动。随着大量的服务被拆分部署，感觉每个服务都很轻量，没有再耦合在一起，但是维护成本却越来越高了。那么怎么办呢？网络上的问题还应该交给网络本身来解决，这些存在的问题也推动着微服务朝着服务网格新时期发展。

如果要解决以上问题，本质上是解决服务之间通信的问题，不应将非业务的代码融合到业务代码中。也就是说从客户端发出的请求，要能够到达对应的服务，这中间的网络通信过程要和业务代码尽量无关。通信过程中的一些问题，如服务注册与发现、负载均衡、版本的控制、蓝绿部署等也不需要业务代码考虑。在很早之前的单体架构中，通信问题也是需要写在业务代码中，那时候就是通过把网络通信、流量转发等问题放到了计算机网络模型中的 TCP/UDP 层来解决，也就是非业务功能代码下沉。我们开发微服务应用，为什么一定要这么关心服务通信层呢？我们是否可以参考 TCP 的出现？我们基于 TCP 开发应用时不需要关心链路层，同样我们基于 HTTP 开发应用时也不需要关心 TCP 层。我们在开发微服务应用时最理想的做法是将通信层加入网络协议栈，但是这个实现起来不现实。这种非业务功能代码下沉的思想，先驱者曾使用代理达到这样的效果。使用 nginx、haproxy、apache 等反向代理，避免服务间产生直接连接。所有流量都经由代理，由代理实现需要的特性，如负载均衡。但是这样的方式功能过于简陋。

后续出现了 sidecar 代理方式。如 2013 年，Airbnb 开发了 Synapse 和

Nerve，这两个产品需要的服务一定是要注册到 Zookeeper 上。2014 年，Netflix 发布了 Prana，使用 Netflix 自己的 Eureka，目的是让非 JVM 应用接入 Netflix OSS。SoundCloud 也开发了一些 sidecar，是让遗留的 Ruby 应用可以使用 JVM 的基础设施。2015 年，唯品会的 OSP 服务化框架，加入名为 local proxy 的 sidecar，是绑定 OSP 框架和其他内部基础设施，接入非 Java 语言，解决业务部门不愿意升级的问题。这些 sidecar 的出现或多或少都有特定的需求和背景，没有达到通用的效果。再后来就演化出了像 Linkerd、Envoy、nginmesh 这种通用型的服务网格。

6.1.2　整体架构

从功能上讲，算网微服务除了具备基本的通信功能外，还必须具备服务的注册与发现、服务路由、服务监控和服务治理等能力。配置、注册中心是服务框架的分布式协调器，是保证算网微服务健康运行的基础，也是实现服务注册与发现的前提。服务路由主要利用服务调用过程的切面根据路由策略对服务调用进行控制，同时也是在线服务治理控制的切面。服务监控是服务治理的重要依据，也是实现系统顽健性的重要保障。

服务治理实现了对服务调用过程的安全管控，是保障系统运行的稳定性、安全性、可靠性的重要手段。

由于算网微服务是基于 RPC 的，所以采用的是客户端／服务器模型，如图 5-6 列出了客户端与服务端的逻辑关系。图 6-5 所示的客户端与服务端有三处对接，上层通过注册中心实现了服务端的服务注册和客户端的服务发现，是服务调用的前提；中间是日志监控，可用于调用审计、调用链眼踪分析、服务运行数据分析等，作为运行期间服务治理的依据。

客户端是由服务提供者提供给服务调用者，封装了服务统一调用的接口方法往往以 JAR 包的形式提供给服务消费者应用集成。客户端通过服务发现和动态代理实现服务的寻址和调用，通过服务治理保障服务的调用安全。客户端包含的技术主要有服务发现、动态代理、服务治理、序列化、通信协议和底层通信。

服务端用于服务提供者的服务接入和能力输出。服务端在应用启动时自动向注册中心注册服务，注册中心通过分布式数据协调服务动态跟踪服务端的服务变化，以保证注册中心服务的可用性。服务端通信模块不仅要与客户端进行服务对接，还要与服务提供者进行能力对接，服务端服务治理用于保障服务的调用安全。服务端包含的技术主要有服务注册、服务调用、动态代理、服务治理、反序列化、通信协议和底层通信。

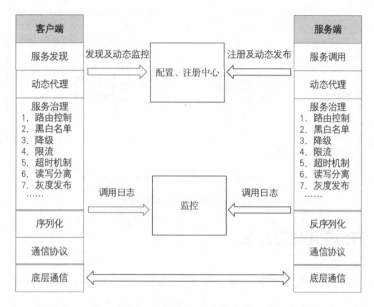

图 6-5　服务治理总体架构

6.2　算力网络微服务整体说明

6.2.1　算力应用开发

算力应用开发流程如图 6-6 所示，主要分为以下几步：

（1）业务服务开发：新建开发一个微服务工程，配置 ZK、租户、微服务编码等相关信息，根据微服务接入规范，开发相应服务，通过注册工具生成服务的 XML 文件，启动分布式服务调用服务端。

（2）业务服务注册：在平台上创建微服务，导入服务 XML 文件完成服务的注册；通过分布式服务调用服务端启动，进行服务实例（IP+ 端口）注册。

（3）业务服务上线：对服务进行上线操作。

（4）业务服务调用：编写调用代码，启动分布式服务调用客户端发起调用。

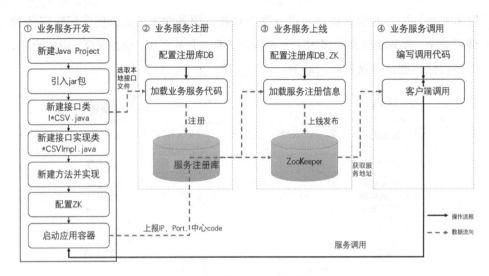

图 6-6 算力业务开发流程

6.2.2 算力应用注册发现

算力应用注册是指服务提供者把要向外提供的算力应用注册到注册中心。算力应用注册的目的有两个：一是供消费者订阅服务地址信息进行服务路由；二是基于注册中心的统一服务治理。

服务端会通过配置中心获取注册中心地址，服务启动后，启动进程会把服务的地址和端口自动注册到注册中心，这就是所谓的自注册模式，即 Self-Registration 模式。

还有一种注册模式称为 Third-Party Registration，即第三方注册，采用协同进程的方式，监听服务进程的变化，将服务信息写入注册中心。

算力应用注册的结构可根据服务框架的要求来实现，如按照主机地址、服务名或者 URL，目录结构根据产品实际需要自定义实现算力应用注册信息结构如图 6-7 所示。

服务发布是指把服务提供者提供的服务封装成不同的协议标准，供不同的客户调用。

服务发布的方式如下：

● XML方式，如Dubbo的实现。优点是对业务代码无侵入，方便扩展，修改，不需要新编译代码；缺点是服务化程度要求较高。

- 注解方式，如Spring Cloud的实现。优点是业务代码侵入小，扩展和修改方便，缺点是配置需要重新编译代码。
- API调用通常是闭源框架实现的方式。优点是服务化程度要求不高，服务框架本身已实现服务的发布设计；缺点是对业务有较强的侵入性，容易与框架绑定。

算网微服务支持将服务发布成多种协议，同一个服务支持多种协议的发布。常用的协

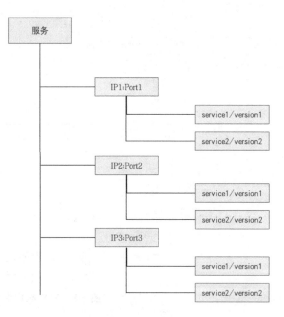

图 6-7　服务注册结构

议有 Remote RESTful Socket。在进行协议扩展时，需要提供新协议的监听器，并在协议适配层进行配置。

6.2.3　算力应用调用

算力应用调用指服务框架向服务提供者发起算力应用调用请求。算力应用调用一般分为两种模式：One Way 模式和请求与应答模式。One Way 模式只有请求，没有应答，业务不阻塞；请求与应答模式有一个请求，一个应答。

One Way 模式不需要应答，因此常被设计与消息队列共同使用，用于异步场景。电信业务多为长流程业务，一笔业务办理需要经过很多个算力应用调用，为了缩短响应时间，可以对调用链路中的 One Way 设用模式的服务进行异步化设计，以节省整个业务流程的响应时间。

请求与应答模式从字面上理解是一个同步流程，消费者必须等待应答者的响应。但实际上，我们可以利用如 Java Future-Listener 机制来实现服务的异步调用，它可以保证业务线程在不阻塞的情况下实现同步等待的效果，执行效率更高。实现原理如图 6-8 所示。

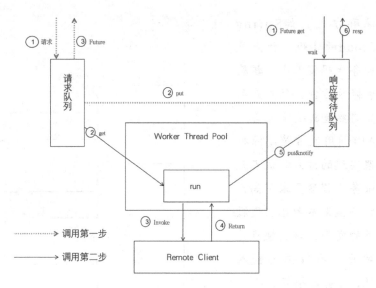

图 6-8 算力应用调用逻辑

（1）将请求放入请求队列，并返回 Future 对象。

（2）调用 Future get 方法，获取调用结果。如果此时调用完成，直接得到结果。

（3）如果调用未完成，将阻塞。

（4）工作线程会依次处理请求，并将结果通知响应队列。

（5）主线程调用 Future get 方法，获取调用结果并返回给调用方。

6.2.4 算力应用治理

算力应用治理是一个治理体系，包括很多内容，是微服务架构的重要组成部分，算网微服务不仅是服务调度路由框架，也是算力应用治理框架。这里的算力应用治理主要讲的是基于服务框架的运行期算力应用治理。

运行期算力应用治理可以做很多事情，主要根据业务的需要，常用的算力应用治理如下。

（1）路由控制：指在运行期，运维人员既可以根据业务需要手动修改引流，又可以根据已配置的策略自动引流。

（2）服务限流：当在资源紧张的情况下，可以通过限制算力应用调用流降低系统压力。

（3）服务降级：当服务出现故障或业务高峰期服务性能下降，可通过服务降级来保障系统平稳运行。服务降级可分为熔断降级、容错降级、屏蔽降级等。

（4）服务超时控制：当算力应用调用超时时，动态调整超时时间或进行超时中断或超时重发等操作。

（5）黑白名单校验：通过设置黑白名单限制算力应用调用，主要用于比较敏感的关键服务，是一种保障算力应用调用安全的保护措施。

（6）灰度发布：通过配置服务路由策略实现服务引流的一种手段，本质上与其他服务路由控制没有区别。

（7）读写分离：是一种通过配置服务路由策略实现服务引流的手段，本质上与灰度发布和其他路由控制没有区别。

接下来详细介绍一下服务超时控制和服务升降级的具体实现。

1．超时控制

当服务端无法在指定时间内返回应答给客户端，就会发生超时，主要原因有：

● 服务端线程阻塞或执行逻辑周期较长。

● 服务端业务处理缓慢，长时间被阻塞。

● 服务端发生Full GC，导致服务线程暂停运行。

超时控制，试图通过设置一个请求的最大时间，来降低消费者、生产者线程阻塞的程度，其原理如图6-9所示。

超时控制分为两个层面：消费者超时控制和提供者超时控制。消费者超时控制避免由于服务提供者响应慢造成的消费者进程阻塞，尽量对超时的请求提前终止；提供者超时控制在真正的服务执行一侧，避免对服务端资源过度消耗，尽量提前终止异常的服务。

超时控制有两个级别，优先级依次递增。

（1）全局配置，即所有服务的超时时间相同。

（2）服务级配置，即可根据服务单独设置超时时间。

API 指定超时时间。对于服务超时的控制，返回结果与处理结果需要保障一致。简单来说，

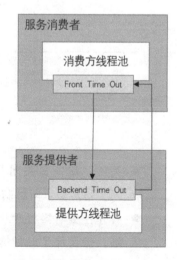

图 6-9　超时控制逻辑

如果服务端超时，返回给客户端超时异常响应，那么服务端也要同步终止。这种控制不适用于以下场景：对于服务端执行完成并提交，在返回给客户端结果的过程中，客户端超时的情况。其他场景要保障服务端返回超时响应给调用者，保证该服务事务不会提交。

如果服务端服务已经超时，则在获取依赖的服务以及获取数据库连接时，直接中断执行，阻止该服务继续执行造成与返回结果不一致。

2. 服务升降级

服务升降级就是算力应用调用限制和解除服务限制的过程。服务降级分为熔断降级、容错降级和屏蔽降级。

在股票市场，"熔断"这个词大家并不陌生，是指当股指波幅达到某个点后，交易所为控制风险采取的暂停交易措施。相应地，服务熔断一般是指在软件系统中，由于某些原因使得服务出现了过载现象，为防止造成整个系统故障，从而采取的一种保护措施，所以很多地方把熔断称为过载保护。

熔断有 3 种状态，其原理如图 6-10 所示。

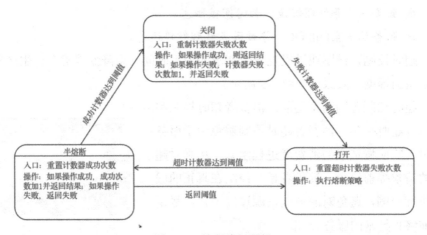

图 6-10　熔断降级逻辑

- 关闭：熔断器关闭状态，调用失败次数积累，到了阈值（或一定比例）则启动熔断机制。

- 打开：熔断器打开状态，此时对下游的调用都直接返回错误，不走网络，但设计了时钟选项，默认的时钟达到了一定时间（这个时间一般设置成平均故障处理时间，也就是 MTTR），到了这个时间，进入半熔断状态。

● **半熔断**：半熔断状态，允许定量的服务请求，如果调用都成功（或一定比例）则认为系统恢复了，关闭熔断器；否则认为还没好，又回到熔断器打开状态。

熔断功能的实现采用的是开源的 Sentinel 组件，它是阿里巴巴的一个开源项目，主要作用是通过控制那些访问远程系统、服务和第三方库的节点，从而对延迟和故障提供更强大的容错能力。

容错降级是指某些关键服务（优先级高）因为某种原因不可用，但又要保障用户的正常使用，此时，需要做流程放通，如图 6-11 所示。

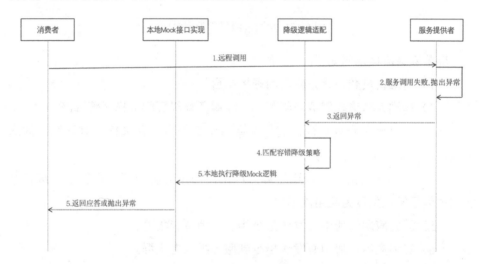

图 6-11　熔断降级时序

容错场景主要包括以下两类。

● **RPC异常**：通常指超时异常、消息解码异常、流控异常、系统拥塞保护异常等。

● **服务异常**：如登录服务失败异常、鉴权失败等。

屏蔽降级是在业务高峰期存在核心服务与非核心服务的资源竞争，核心服务的运行质量下降，影响系统的稳定运行和客户体验时，为了保证核心服务的正常稳定运行，对非核心服务做强制降级处理。屏蔽降级的流程是不发起远程算力应用调用，直接返回空、异常，或者执行特定本地逻辑，以减少非核心服务对公共资源的浪费，把资源释放出来供核心服务使用。具体如图 6-12 所示。

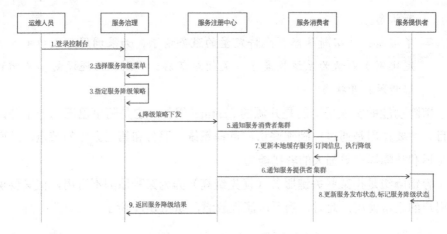

图 6-12 熔断降级异常处理时序

屏蔽降级流程说明如下：

（1）运维人员登录算力应用治理控制台。

（2）运维人员选择服务降级菜单，在服务降级页面选择屏蔽降级。

（3）通过服务查询页面，选择需要降级的服务，并选择针对该服务的降级策略，如返回空、异常等。

（4）算力应用治理平台通过算力应用注册中心客户端，将屏蔽降级指令和相关信息发送到算力应用注册中心。

（5）算力应用注册中心发送指令到服务消费者集群。

（6）算力应用注册中心发送指令到服务提供者集群。

（7）服务消费者接到服务屏蔽降级通知后，更新本地缓存的服务订阅信息；在发起远程算力应用调用时，执行屏蔽降级逻辑，不发起远程算力应用调用。

（8）服务提供者接到服务屏蔽降级通知后，获取信息并更新本地服务发布缓存信息，将对应的服务降级属性修改为屏蔽降级。

6.2.5 算力网关

客户端模式的缺点是对算力应用调用者有侵入性。同时，对于分布式的部署架构，分散的调用缺少统一的服务入口，难以实现服务统一控制的能力。对于调用者而言，无须关心服务提供者的全部地址，客户端模式却缓存了订阅服务的全部列表，安全控制暴露给了算力应用调用者，服务访问安全存在风险。算力网关恰好可以解决以上问题。如图 6-13 所示，客户端模式的调用者都有自己的客户端（类似于独立算力网关），算力网关模式则在系统部署架构上独立于算力应用调用者，减少了对调用者的侵入，同时可以更方便地实现统一控制等功能。

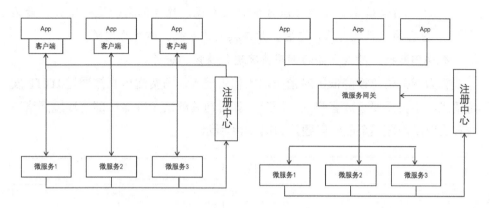

图 6-13　算力网关架构

算力网关主要起到隔离外部访问与内部系统的作用，并为企业内部所有的微服务提供统一的访问入口。它屏蔽了系统内部各个微服务的细节，可以在网关实现统一的有限校验，使得校验与业务逻辑解耦，还可以在入口执行监控以及流量控制等功能。

一般来说，算力网关需要具备以下功能。

● 统一接入：算力网关为内部微服务集群提供统一的接入服务，有效隔离内部系统与外部访问，可以在算力网关实现微服务实例的负载均衡以及容灾切换。

● 协议适配：每个微服务可以使用自己内部的通信协议，由网关提供统一的HTTP或者REST API。

● 安全防护：每个服务都需要实现权限校验以及安全上的管控，但如果在每个服务上都实现校验以及安全防护措施，那代码就会冗余，服务就会变得复杂，且如果需要修改，则需要在每个微服务上进行修改。通过使用统一的算力网关，可以在网关上做统一的校验以及安全防护，可以通过统一的IP黑名单、URL黑名单，以及防恶意攻击措施，为网关隔离下的微服务提供防护服务。

● 流量管控：在网关实现服务的升降级，服务熔断。

● 智能路由：系统实现微服务化，有可能导致服务量的激增。在微服务之前，通过运维人员手工配置维护系统实例的地址，以及路由分发策略可能还较为简单，但在微服务情况下，数以千计的微服务无法依靠人工配置服务实例地址，因此，需要一个模块来为客户端发起的请求实现自动路由，以及微服务的自动发现、故障隔离。这一服务，最为恰当的位置就是系统与客户端连接的边界处，即算力网关。

● API监控：对微服务的调用情况进行监控、统计。

算力网关的建设降低了对消费端的代码侵入，消费端可直接通过 HTTP 发起请求，不再需要集成客户端。同时，算力网关解决了容器化部署环境网络造成算力应用治理不全面的问题，如图 6-14 所示。

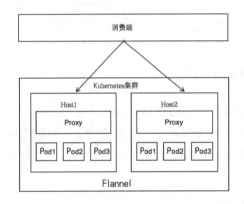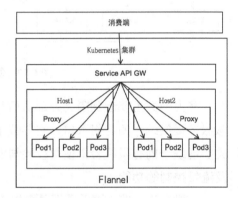

图 6-14　算力网关容器部署架构

在有算力网关的情况下，所有 Pod 通过 Flannel 网络，可直接访问到每个实例。在没有算力网关的情况下，不在 Flanne 网络内的消费者只能访问宿主机地址，路由 Kubernetes 代理控制，无法实现算网微服务的路由策略。

算力网关的具体实现与客户端类似，只是在原来一些分布式客户端无法实现全量统计，通过算力网关则可以实现全量统计和控制，此处不过多描述。

6.3　算力网络微服务组件

要使用算力网络微服务架构，需要依赖以下微服务组件的辅助，来解决微服务架构过程中的数据高并发、分布式事务，以及服务链路追踪、异步调度等应用场景。

6.3.1　分布式缓存平台

缓存是分布式系统中的重要组件，主要解决高并发、大数据场景下热点数据访问的性能问题，提高快速访问的能力。目前，市场上缓存中间件种类繁多，行业内部的缓存应用也五花八门，这些都给开发、运维带来了很大的麻烦。

分布式缓存平台试图打造一个缓存中间件的集成平台，用于屏蔽不同缓存中间件的差异，对外提供统一的缓存编程接口（API）；对内提供统一的管理化开发，降低运维成本，同时满足微服务系统缓存要求。

缓存平台提供了对缓存中间件产品和缓存数据的统一管理。缓存平台采用 C/S 工作模式，客户端屏蔽了不同缓存中间件之间的差异，通过客户端应用程序可以方便地实现对各种缓存的操作。

缓存平台主要包含缓存管理控制平台 Web、缓存管理平台 App 和缓存客户端 SDK 部分功能，其中管理控制平台是整个缓存平台的管理控制中心，通过可视化的管理页面完成所有的管理控制功能。

缓存管理控制平台 Web 集成了用户的操作界面，同时负责平台的基础信息管理，提供了操作员权限管理和各种配置管理，如缓存中间件的接入配置、业务系统缓存块配置以及缓存块与数据库表关系管理等。

缓存管理平台 App 负责缓存数据的刷新和更新管控，当数据变更时，可通过自动刷新和手动刷新策略实现缓存数据的更新。同时，它还能将数据的变更推送给应用，使应用及时从缓存中间件中下载新的缓存数据，保证了数据的一致性缓存端 SDK 为业务系统提供统一接入缓存平台，并适配各类缓存中间件的读写接口。通过读取业务系统的配置文件，将业务系统的数据请求路由至指定的缓存中间件服务器中。

6.3.2　消息平台

每种消息中间件都有各自的特性和优势，在实际的应用中需要按需选择不同的消息中间件。在一个项目或系统中可能会根据需求引入多个消息中间件，如服务间的异步通信可能会选用性能更好的 ActiveMQ；日志输出可能会选择吞吐率更高的 Kafka。而不同的中间件产品的接入方式和编程模式都不同，这无疑会给开发人员增加难度，这时消息平台就派上了用场。

消息平台采用的是 CIS 架构模型，分别为客户端和服务端。客户端是消息平台向外提供编程接口，供应用程序集成调用，用于应用的消息生产和消费。服务端提供不同消息中间件的集成和集群管理，用于连接消息的生产端和消费端，保证消息的可靠传输。

从功能模块上划分，消息平台的核心功能共分为控制台（配置管理、监控管理、运维管理、系统管理）、客户端、消息注册中心和 Broker 集群（消息中间件集群，这部分使用开源提供的服务端能力），消息平台架构如图 6-15 所示。

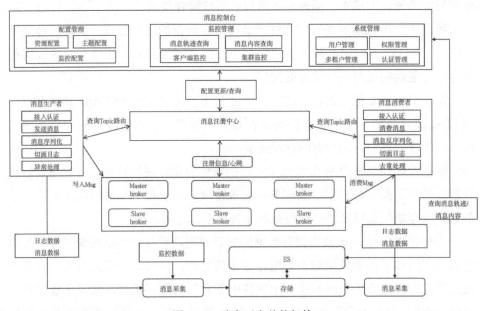

图 6-15　消息平台总体架构

控制台是消息平台面向使用者提供的门户界面，为平台提供了可视化的操作管理能力，包括配置管理、监控管理、运维管理和系统管理。配置管理提供对消息中间件资源的接入配置、消息主题配置以及监控阈值配置；监控管理提供对消息中间件集群（Broker 集群）和客户端的应用监控，包括集群资源的使用、集群的处理性能、客户端接入、客户端处理性能、消息的流经轨迹和消息内容等；运维管理提供对消息使用方的消息稽核、消息死信队列等运维操作的管理功能；系统管理负责消息平台用户、权限、租户和认证理。

客户端是提供给业务使用的入口，采用单独的 SDK 包提供给应用集成使用。客户端包括两类，一类是消息生产者客户端；另一类是消息消费者客户端；共享数据序列化／反序列化、日志切面消息持久化、消息负载均衡化等公共组件能力。

注册中心是连接客户端和消息 Broker 集群服务的分布式协调者。注册中心支持实时接收消息 Broker 集群中新增或者减少服务的节点信息，通过分布式协调服务能力，及时地协调通知到客户端应用。这为消息服务的客户端提供了实时发现 Broker 的能力，也为客户端使用消息服务提供路由刷新信息。

Broker 是消息存储和供生产者、消费者应用的核心服务。Broker 集群主流的方式为主—从结构，在原生各个开源的消息中间件基础上，消息平台提供了统一的集群管理。

如图 6-15 所示，整个消息中间件平台包括如下部分。

（1）消息控制台。

消息中间件配置管理：可视化方式支持不同的开源消息中间件 Broker 资源、主题和相应监控配置管理。

消息中间件监控管理：可视化方式支持对底层消息中间件监控，其中包括集群资源、集群的处理性能、客户端接入量、客户端处理性能、消息的流经轨迹和消息内容的监控和查询。

系统管理：支持消息中间件平台用户、权限、租户和认证管理。

（2）消息客户端。

消息生产者：封装统一的消息生产者框架，支持对消息中间件接入的认证、发送消息、消息统一序列化、切面日志、异常处理的能力。

消息消费者：封装统一的消息消费者框架，支持对消息中间件接入的认证、消费消息、消息统一反序列化、切面日志、异常处理和去重处理的能力。

（3）消息注册中心。

注册中心主要实现消息中间件的核心路由、集中管控的能力，不同的消息中间件注册中心实现机制不同，Msgframe 主要基于不同的中间件适配访问注册中心的服务，统一屏蔽底层中间件差异性，为上层控制台提供统一的配置管理和客户端访问能力。

（4）消息 Broker 集群，消息中间件的核心主要实现 Broker 集群能力，这部分不同的消息中间件有不同的实现集群方式，如 ActiveMq、Kafka、RocketMQ 等。

（5）消息持久化和搜索，支持消息从消息中间件的生产、消费、Broker

三个关键点采集消息内容数据，通过消息采集模块统一同步至指定存储，基于存储之上提供消息内容 ES 搜索能力，支持消息轨迹、消息内容、消息监控的分析查询。

6.3.3 分布式数据访问代理

基于对电信业务的深度经营和技术规范的要求，我们推出了分布式应用数据总线的解决方案。它旨在通过一个数据中间件平台，去屏蔽应用对数据的依赖，将应用与数据存储分离，同时可以整合不同的数据库产品，提供相应的路由、分库、异构数据库适配、监控、隔离、数据安全等功能。对于应用系统，不用关心数据存储在哪里，对底层数据库迁移、扩容、缩容无感知，数据库的存储策略完全由应用访问规则决定。

如图 6-16 所示为分布式应用数据总线的逻辑架构，包含三个部分，加上一个管理控平台，整个架构平台共由四部分组成：客户端（Client）、控制器（Controller）、数据操作平台（Serve）、管理控制平台（Console）。

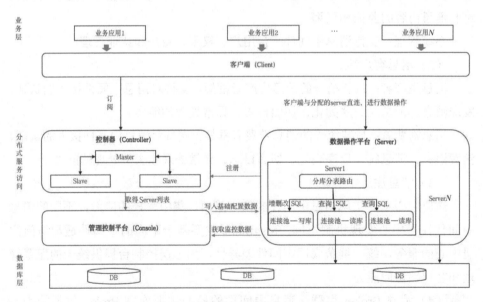

图 6-16 分布式应用数据总线的逻辑架构

● 客户端（Client）：用于应用接入访问，代理服务端。

● 控制器（Controller）：负责数据操作平台（Server）的管理，用于节点服务的注册和发现，负责事务的统一开启和提交等。

- 数据操作平台（Server）：是核心数据库的操作模块，负责实现数据访问，由节点服务发起对数据库的连接，实现数据的读写。
- 管理控制平台（Console）：实现访问代理的运维监控和配置管理。

平台启动后，数据操作平台（Server）会自动注册到控制器，客户端通过驱动连接到控制器，可以获取可用节点服务列表。

下面以数据查询请求为例，介绍数据库平台的处理流程。

（1）客户端通过驱动接口从控制器获取一个可用节点服务。

（2）查询请求通过 Socket 发送给节点服务。

（3）节点服务执行 SQL 解析，获得执行节点（物理数据库）。

（4）节点服务发送 SQL 到执行节点，执行完成返回执行结果。

（5）节点服务获得所有执行节点的执行结果，进行结果集合并、排序等操作。

（6）最后节点服务把结果返回给应用。

平台除了提供分布式数据库访问和路由外，还提供与分布式管理相关的功能，包括分库分表、读写分离、结果集合并、分布式事务等。

6.3.4 分布式任务调度

运营商的业务支撑体系中存在大规模的后台作业类任务，随着整体支撑技术向云计算、容器化转变，再加上后台处理类需求与日俱增，不同类型的作业计算模型互相割裂，各自独立部署运行的模式已经不能适应应用场景需求。在此背景下，如何合理地利用资源，各种类型任务如何统一协调稳定运行，成为任务类计算面临的核心挑战。后台作业类任务共分为以下三类。

- 时间特征的任务：如定时类任务，任务执行具备指定时间点执行、指定时间间隔频次执行、指定周期执行等时间特征。这类任务多为本地单节点并发执行的任务调度能力大多通过将数据按照一定的规则进行分片，然后将分片任务调度到不同的计算资源节点上并发执行。
- 状态事件驱动的任务：如外部操作（导入数据等）触发批量任务，任务执行支持多步骤关联。这类任务需要支持依赖关系编排的能力，任务驱动通过任务运行的状态调度需要支持编排的各个任务可以在不同的计算资源节点并发运行。

- 异步实时处理任务：如数据同步、实时营销事件、异步消息处理类任务。这类任务同样需要支持任务编排能力，数据实时在任务之间流动计算。调度需要支持任务在不同节点并发运行，同时支持动态扩缩容能力。数据集根据任务处理又可分为有边界数据集处理和无边界数据集处理。

  - 有边界数据集处理：数据处理存在时间上的静态边界，例如运营商月末的出账计算任务、各类定时执行的任务，或者外部导入批量数据执行任务场景。这些场景中任务处理数据是有边界的集合，因此在计算模型上适合数据分片的本地批量处理模型。

  - 无边界数据集处理：处理的是无固定时间边界的数据集，例如运营商各类异步和同步数据、异步业服务数据场景。这些场景中任务处理数据是无边界的集合，因此在计算模型上适合流式的计算模型。

综合考虑上述存在的任务计算的需求，弹性任务调度平台重点在以下两个方面构建核心能力。

- 统一调度能力。在分布式云化的架构要求下，统一的调度能力包含两个重要核心。一个是通过任务调度支持时间、状态事件驱动、异步实时计算等不同类型任务的统一调度；另一个是通过与资源调度能力结合实现任务在分布式计算资源节点上的并发调度能力。

- 统一计算模型。统一计算模型对外提供一套具备丰富计算模型的执行器编程API。这套API支持本地并发计算模型、支持MapReduce分而治之的并发模型、支持Stream流计算模型来统一整合众多应用计算形态，实现分布式计算能力。

6.3.5　调用链日志追踪

什么是算力应用调用链？算力应用调用链是指完成一个业务过程，从前端到后端把所有参与执行的服务根据先后顺序连接起来形成一个树状结构的链。

如图 6-17 根据一个分布式算力应用调用场景来详细介绍算力应用调用链的形成过程。

　　图 6-17 中假设一个开户服务（S2），从页面开始发起调用，途中调用 Web 层、接口层、服务编排层、业务中心层的不同服务，最后完成业务办理。而把这个过程所有参与业务办理的服务连接起来就形成了一个算力应用调用关系链，如图 6-18 所示算力应用调用链不仅包含服务间的调用关系信息，还包含所经过的环节，服务的执行时长、执行状态、过程参数等信息，只有这样才能发挥算力应用调用链在系统运维过程中的作用。

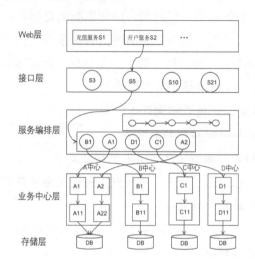

图 6-17　算力应用业务调用过程

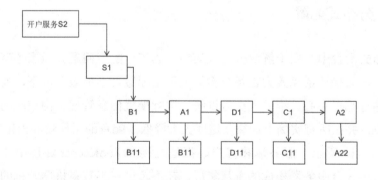

图 6-18　应用调用链示意图

　　算力应用调用链跟踪是分布式系统的必备能力，大型互联网公司都有自己的分布式算力应用调用链跟踪系统，如 Google 的 Dapper、Twitter 的 Zipkin、淘宝的鹰眼、新浪的 Watchman、京东的 Hydra 等。但业内最早，影响最大的当属 Google 的 Dapper。

算力应用调用链跟踪的初衷就是为了方便分布式系统的故障定位和问题分析。通过调用链跟踪，可以把一次业务操作完整的算力应用调用轨迹以调用链、图形化的形式展现出来。

由于调用链还携带服务执行状态、服务执行时长、调用过程中的上下文信息，因此，调用链可以很直接地发现故障点以及故障原因。

链路分析是指可以根据算力应用调用的链路信息开发出更多的应用，如故障传导分析（某个服务如果出现问题，可能影响的范围），这根据算力应用调用链信息是很容易实现的，只需以该服务为查询条件，搜索出所有调用过该服务的调用链（TraceID），然后再关联上业务信息，就可以确认该服务影响的业务范围，这对服务上线运维是非常有帮助的。

通过调用链分析，还可以实现以下应用：

- 查询应用直接和间接依赖的服务。
- 绘制完整的服务地图（包括所有调用分支）。
- SQL统计，采集访问SQL、统计SQL的使用率及耗时情况，通过分析及时发现SQL的复杂度问题。
- 服务资源预估，分析服务的同比、环比流量信息，为服务的预扩容、缩容提供数据依据。

6.3.6　分布式配置

分布式配置中心用于解决分布式架构下的统一配置问题。微服务架构下的应用配置，如果还依靠人力在每个实例上手工配置，不但效率低下，而且极易出错。通过配置中心，维护人员可以统一进行配置信息管理，由相应的应用来订阅拉取，并在所有实例上加载，这就大大降低了配置的工作量和出错率。

如图 6-19 所示，服务端和客户端都是直接和 ZooKeeper 注册中心交互。注册中心由 3 台服务器构成的主从集群，在不超过一半数量机器宕机的情况下可以保证稳定运行。

服务端宕机不会影响系统，客户端和注册中心的交互不需要通过服务端，客户端还是能正常连接注册中心获取配置信息。

每个客户端是相对独立的，单个客户端宕机不影响服务端和注册中心间，以及其他客户端和注册中心间的交互。

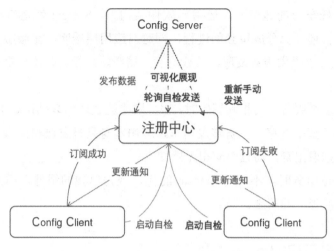

图 6-19　分布式配置中心逻辑架构

6.4　高性能服务网格

6.4.1　什么是Service Mesh

　　"Service Mesh"这个词最早是由开发 Linkerd 的 Buoyant 公司提出，并在公司内部使用，直到 2016 年 9 月 29 日，在 SF Microservices，"Service Mesh"这个词汇才第一次在公开场合使用。2017 年年初，随着 Linkerd 的传入，Service Mesh 才得以进入国内技术社区的视野。这个词最早是被翻译为"服务啮合层"，但由于这样的翻译比较拗口，后来慢慢改成了"服务网格"。

　　说到 Service Mesh，我们不得不提 Buoyant 公司的 CEO William Morgan，从 William Morgan 对服务网格的定义中，我们可以了解到，服务网格是处理服务到服务通信的基础设施层。它负责通过复杂的服务拓扑结构可靠地传递请求，这些服务构成了一个现代的云本地应用程序。在实践中，服务网格通常被实现为一系列轻量级网络代理，它们与应用程序代码一起部署，而对应用程序透明。

　　在单个服务的调用中，服务网格的功能表现为 Sidecar。应用服务将请求发送给本地的 Service Mesh 实例，然后由本地 Service Mesh 实例进行服务发现，将请求转发给目标服务。Sidecar 这个词并不是什么新名词，原意是摩托车的挎斗（附于摩托车旁的边车），运用到软件架构中，Sidecar 就是将应用的基础服务抽象、解耦、拆分成单独的进程，同时对应用层透明。在微服务体系内，Sidecar 进程可以提供服务发现、负载均衡、熔断、降级、限流、重试、分布式追踪等功能。

当存在多个服务之间相互调用时，服务网格就表现为基础设施中的通信层。服务网格接管整个网络，负责转发请求，应用本身只管发送和接收处理请求，中间环节被抽取出来，而且对应用无感知。

当有大量服务时，不再将 Sidecar 的代理视为单独的组件，而是强调由这些代理连接而形成的网络。

6.4.2 服务网格Istio

Istio 是一个开源的服务网格，可以为分布式应用服务提供所需的基础能力和管理要素，降低了管理微服务部署的复杂性。通过 Istio 可以很方便地创建微服务网格，少量的配置修改就可以实现微服务的负载均衡、认证以及监控功能。Istio 对应用程序是透明的，应用程序可以完全不用关心自己是网格中的一部分，当应用程序和外部交互时，则由 Istio 来处理网络流量。

使用 Istio 来做微服务开发可以带来很多好处。首先就是流量管理，使用 Istio 可以使服务之间的调用更为可靠、健壮，方便查看服务之间的依赖以及服务调用链路。其次就是访问策略和安全，使用 Istio 可以使服务的访问策略和服务本身解耦，同时还能提供服务间的认证，保护服务流量。Istio 还是独立于平台的，应用服务可以运行在各种环境中，可以在 K8S 上部署，也可以在 Nomad 上部署。我们还可以自定义和扩展实施组件，和系统现有的监控、日志、ACL 集成。

随着服务的规模越来越大、服务的复杂性也在增长，大量的服务调用难以管理，也伴随着各种需求故障恢复、指标采集和一些复杂的运维场景，比如灰度发布、A/B 测试，让开发和运维人员面临很多挑战。Istio 提供了完整的解决方案，通过提供检测和操作控制来满足服务的多样化需求，解决以上这些问题。

6.5　算力网络新技术引入

6.5.1　Serverless技术

Serverless 是这两年 IT 行业的热门词汇，不同于其他技术，Serverless 是一个不太让人可以直观理解的技术架构。Serverless 字面意思是指无服务器，但它并不是指没有服务器，而是开发者不用过多关注服务器。服务器的维护工作都是由平台提供。Serverless 也不是具体的类库、工具，而是一种系统架构方法和思想。

（1）什么是 Serverless？

在传统的场景中，当一个应用开发完成之后，应用可能会被部署到物理机上或者虚拟机上。需要给应用申请或者分配相应的 CPU、内存资源以保证应用的正常运行。当应用的用户数升高到一定水平或降低到一定水平，我们需要对应地调节占用的资源，来避免长时间的资源浪费以及应用崩溃情况的发生。这就需要相应的人员去关心服务器的资源使用状况，花时间、精力在服务器管理和维护上。

当应用部署到 Serverless 云计算平台时，情况则截然不同。应用正常运行所需要的资源则是由 Serverless 云计算平台提供。当应用访问量升高时，由平台来动态增加应用的实例。当应用的访问量降下来时，平台自动将应用从主机中卸载。在 Serverless 架构中，并不是不存在服务器，而是用户无须关注需要多少服务器资源，服务器资源对用户而言是透明的。

（2）Serverless 技术的实现。

Serverless 是一种软件的架构理念，而不是一个简单的工具或框架。其核心目的是让服务器资源不再成为使用者关注的对象，是为了提高应用的交付效率，降低应用的运营、运维成本。但是，要实现这种理念的落地，还是需要工具和框架的支撑。随着 Serverless 理念的流行，业界也出现了多种架构和平台。例如 AWS Lambda、Kubeless、OpenWhisk、OpenFaaS。

每种架构的实现都有各自的特点，按功能而言，都是为应用服务提供函数即服务（Function as a Service，FaaS）以及后台即服务（Backend as a Service，BaaS）。Serverless 构成如图 6-20 所示。

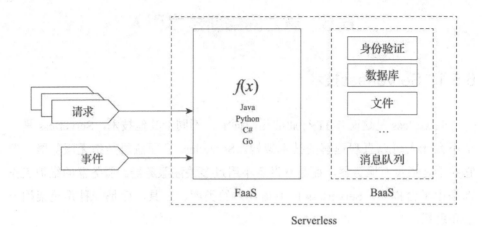

图 6-20 Serverless 构成

FaaS 是一个提供函数运行环境的平台，支持众多流行的语言，如 Java、Python、Go 等。

在 FaaS 平台，一个应用通常是由一个或者多个函数组成。平台可以根据应用实际的访问量进行动态加载和资源分配。AWS Lambda 平台是业界 FaaS 平台成功的代表，可以帮助用户快速构建函数应用。

FaaS 平台的特点在很大程度上影响了 Serverless 的实现和架构，因此，有很多人会认为 FaaS 就是 Serverless。随着技术的发展，人们对 Serverless 的研究更加深入，目前主流的观点认为 FaaS 和 Serverless 不是等同的关系，而是包含和被包含的关系，FaaS 平台是 Serverless 实现的组成部分。通过 FaaS 平台可以不用关心应用所需的底层服务器资源，但是应用往往都不是独立存在的，一个完整的应用通常会包含其他第三方服务或组件。这种情况下只是应用程序实现了 Serverless 化，应用所依赖的组件并没有 Serverless 化。

一个完整的 Serverless 实现也应该包括应用所依赖服务的 Serverless 化，即 BaaS（后台即服务），用户向 BaaS 平台申请应用所需的服务，比如缓存服务、数据库服务以及中间件等服务。

（3）Knative。

Knative 是谷歌发起的基于 Kubernetes 平台的 Serverless 开源项目，致力将 Serverless 标准化。

我们知道，每当出现一种被广泛认可的技术标准，就意味着相应技术生态开始形成。就像 CRI、CNI 和 CSI 对于 kubernetes 生态的形成起到了至关重要的作用。Google 发起的 Knative 项目正是致力于 Serverless 的标准化，将 Serveless 的服务管理、事件驱动、构建部署进行了标准化。它不仅可以托管服务形式运行在公有云中，也可以部署在企业内部的数据中心，很好地解决了多云部署以及供应商锁定问题。

K8s 不够吗？为什么需要 Knative？K8s 对业务开发者来说过多暴露了平台的细节，技术门槛比较高，大部分情况下，开发者并不希望关心容器编排的细节，只想关心应用本身的业务逻辑，服务规模的扩展交给平台来完成。K8s更适合 Devops 用来构建 PaaS 平台。

Knative 将 K8s 和 Istio 的复杂度进行抽象和隔离，解决了烦琐的构建、部署、服务治理步骤，并且基于开放标准使得服务变得可移植。

6.5.2　Apache Pulsar

Apache Pulsar 是 Apache 软件基金会顶级项目，是下一代云原生分布式消息流平台，集消息、存储、轻量化函数式计算于一体，采用计算与存储分离架构设计，支持多租户、持久化存储、多机房跨区域数据复制，具有强一致性、高吞吐、低时延及高可扩展性等流数据存储特性，被看作是云原生时代实时消息流传输、存储和计算最佳解决方案，截至 2021 年 3 月全球贡献者超过 380 位。

- 支持多租户：租户和命名空间（Namespace）是Pulsar支持多租户的两个核心概念。在租户级别，Pulsar为特定的租户预留合适的存储空间、应用授权与认证机制。在命名空间级别，Pulsar有一系列的配置策略（Policy），包括存储配额、流控、消息过期策略和命名空间之间的隔离策略。

- 灵活的消息系统：Pulsar做了队列模型和流模型的统一，在Topic级别只需保存一份数据，同一份数据可多次消费。以流式、队列等方式计算不同的订阅模型大大提升了灵活度。

- 云原生架构：Pulsar使用计算与存储分离的云原生架构，数据从Broker搬离，存在共享存储内部。上层是无状态Broker，复制消息分发和服务；下层是持久化的存储层Bookie集群。Pulsar存储是分片的，这种构架可以避免扩容时受限制，实现数据的独立扩展和快速恢复。

- 跨地域复制：Pulsar原生支持跨地域复制，因此Pulsar可以跨不同地理位置的数据中心复制数据。当数据中心中断或网络分区时，在多个数据中心存储消息副本尤为重要，以提高可用性。

● Pulsar Functions：Pulsar Functions是基于Pulsar的轻量级流处理方式。Pulsar Functions直接部署在Broker节点上（或作为Kubernetes集群中的容器）。通过Pulsar Functions，Pulsar可以直接解决许多流处理任务，简化操作。

6.6　电信行业算力网络微服务应用

6.6.1　电信企业级微服务架构综述

算力网络微服务架构在电信行业中的具体使用，包含全套的软件制作流程、资源管理机制和风险管理体系。将全部编程资源服务化，转为可编程接口，为应用的开发与运维提供快捷、稳定、通用的基础支撑能力。它将所有的技术组件整合，使各组件协同工作；通过协同开发和运维，自动化交付软件；支持应用的容器化封装及服务编排，实现弹性伸缩与资源共享；提供问题快速定位能力，通过系统监控与告警，实现故障自测与自我修复；通过数据分析，帮助系统持续改进。

实施微服务化就是为了提高系统的运营能力，即系统的可扩展与弹性伸缩能力，表现为系统的反应能力和面对新需求与业务变更的反应速度。在当前快速迭代的信息时代，高效的软件交付能力也是微服务架构的必备能力之一。目前要想设计企业级微服务架构，需必备自动化软件交付能力、智能化系统运维能力、系统化业务运营能力。

（1）自动化软件交付：即开发运维一体化，自动化协同是核心。通过自动化技术，打通从开发提交到上线部署的各个环节，纵向打通工具链，完成一键部署，实现自动化。设置流程，将开发、运行、交付等人员串联接，横向打通部门墙，实现协同。

（2）智能化系统运维：微服务架构设计就是将一个完整的系统拆解成一个个微服务，并将其集群化部署，使业务间解耦，但是也增加了系统的复杂性。对于庞大的系统资源，我们需要一些比如代码库、配信息、容器等资源管理能力和有效的服务治理能力，预警告警等智能化运维能力。

（3）系统化业务运营：微服务架构将系统拆解成一个个微服务，每个微服务团队要负责自己的业务迭代与运营管理，从而将团队的业绩与微服务的服务质量与服务能力强绑定，可以通过设置微服务的质量考核目标，提升微服务价值，促进整体系统的优化。

6.6.2　微服务应用托管

实现应用的弹性伸缩与资源的弹性计算，可以通过 Kubernetes 资源池、Docker 实现微服务容器化的应用托管，也是微服务架构平台的重要部分。

应用托管平台主要包含控制台、应用管理、资源管理和系统管理。运维人员操作控制台来进行应用部署与监控和对整个平台的管理。应用管理基于 Docker 对应用的生命周期进行管理。基于 Kubernetes，资源管理实现对计算资源的虚拟化管理，通过资源调度实现了弹性计算能力与租户资源的配额管理。通过系统管理，对平台本身进行基本的用户管理、角色管理、菜单管理和权限管理等平台控制能力。

（1）应用资源管理：应用托管平台提供了对应用的资源调度能力，使平台应用具备弹性计算能力。资源调度主要是基于 Kubernetes 的 Schedule 组件调度器来完成的，在部署或者增加应用副本时，Schedule 调度器根据应用的 Request 资源值和 Kubernetes 集群本身的一些环境条件，为应用找到合适的调度节点；在服务下线或者减少副本时，Kubernetes 集群回收应用的资源，为下次应用的部署与扩容分配资源，实现对现有资源的高效利用。

（2）应用实例管理：对于微服务架构系统，应用管理系统需要面对众多的存在调度关系的微服务和技术中间件，这些微服务和技术组件都是通过容器化部署，这就涉及对容器的生命周期管理。应用托管平台为了对应用容器化部署施行管理，提供了组件管理功能，在应用托管平台中，微服务与中间件都被视为组件。在部署应用时，编排组件及组件间的配置依赖关系和启动顺序，实现对整个应用的编排部署。

（3）平台监控：托管平台部署了监控组件，并配置平台监控页面。通过平台监控，用户根据自身角色，发现集群及主机、应用服务的 CPU、内存、网络、磁盘等资源使用信息。

6.6.3　微服务任务应用调度

在现有的电信支撑体系中，有大量的大规模后台作业类任务，随着目前业务系统支撑转向云计算和容器化，后台处理类需求日益增多，不同类型的作业模型持续割裂，当前后台作业类任务的独立部署模式已经不再能满足应用场景需求。如何高效合理地利用资源、统一稳定运行各种类型任务已经成为任务类计算业务要面临的核心挑战。

（1）运营商任务现状。

目前电信运行的后台作业任务主要分为时效类任务、状态驱动类任务、实时处理任务；当前运营商提供两种资源环境，一种是虚拟化的资源管理，通过 OpenStack、Kubernetes 等开源框架平台实现，另一种直接提供 x86 服务器。任务调度平台适配运营商的不同任务类型和不同的资源类型，提供统一的调度能力和资源的弹性计算能力。

任务调度平台设计了统一的任务模型，来适配在不同类型计算资源中的任务调度方式，采用基础任务信息和任务扩展信息，在任务扩展信息上定义任务调度能力，实现任务调度方式和可扩展性。

（2）任务调度管理。

任务调度平台核心是任务编排调度和任务状态数据管理，任务编排调度的核心功能指的是根据时间、状态、流程来对任务的编排与调度，在任务状态数据管理中，通过缓存来封装任务队列，实现任务调度器和执行器之间的交换。

6.6.4　服务治理

基于对电信行业系统多年的深耕建设与运维经验，再结合电信行业的业务特点，作者提出了"管、诊、治"的服务治理理念。这套服务体系由多个能力中心和微服务架构的应用系统构成，除了平台管理，还包含整个应用系统的构建运维；不仅支持对服务的静态管理，还包含服务间的动态调用；同时支持对服务的线上诊治和线下的服务治理。

（1）服务管理。服务管理主体功能包含服务资产管理、服务关系管理、服务运行监控和服务生命周期管理。服务资产管理将系统资源透明化，对开发和运维人员来说，可见的服务资产清单让他们可以安心构建服务链路和进行服务管理。服务关系管理功能通过服务地图，给工作人员展示服务之间的关系。服务运行监控本质上是一种对在线服务的诊断手段，监控服务的运行状态，及时发现服务问题。服务生命周期管理是对服务不同阶段的管理，在需求设计、服务开发、服务运维的不同阶段，都包含各自的管理目标，在需求设计阶段解决服务来源问题，在服务开发阶段解决服务的质量问题，服务运维管理在于对服务运行态的控制。

（2）分布式服务调用框架。在服务治理中，使用分布式调用框架来提供基础保障能力，负责落实服务治理决策，保证服务治理策略和服务执行的一致性。服务调用框架采用了服务注册和服务发现机制，通过服务路由来实现服务调用过程中的解离，大幅度提升运维人员对系统运行态的管理控制能力。

（3）辅助工具。在目前的服务治理体系中，还提供了辅助工具，用于知识传导、提高效率、降低成本。服务治理平台的辅助工具主要包括流程编排工具、服务注册工具、服务关系采集和发现工具等，这些辅助工具极大地提高了服务治理平台的运营能力。

第7章 算力网络能力开放

互联网的发展，让世界连接得更加紧密。连接是互联网的核心能力，通过连接形成生态圈，通过连接打通产业链。2015年国家提出的"互联网+"也是利用互联网的连接能力，打通上下游，提升生产协作效率。连接一切，一切互联已是大势所趋。运营商作为社会的一个信息节点，是开放还是封闭无须争辩。算力网络开放就是电信运营商打造的与外界连接的桥梁。

本章将讲述算力网络开放平台功能设计及在电信行业算网能力开放应用场景。

7.1　算力网络能力开放体系介绍

算力网络能力开放体系是业务支撑的重要组成部分，需要实现下列业务支撑目标：

（1）针对内外部渠道，实现业务支撑系统能力的开放。

通过业务支撑系统能力的逐步有序开放，实现内部业务能力对内、外部渠道的共享，使得各业务模块开发变得更为容易和高效，促进移动互联网业务的发展和繁荣，支持业务能力持续创新。

（2）通过算力网络能力管控功能，实现内部系统能力接口的统一管理。

通过算力网络能力开放模块对系统接口的集成和监控管理，实现对所开放业务能力的统一管控，包括能力目录管理、安全管理、策略管理、应用管理、能力管理、服务管理、权限管理、流量配额管理，以及能力使用情况的统计分析等。

（3）通过能力开放和流量经营，实现合作伙伴和运营者的利益双赢。

算力网络能力开放平台对所有调用能力开放平台的开发者采取合理的能力调用计价策略，从而帮助开发者和运营者建立更为合理的运营机制，最终实现双方利益的最大化，让整个算力网络能力开放平台的生态体系更加健康有序地发展。

7.2　算力网络能力开放整体说明

算力网络能力开放平台的建设试图打造一个一站式对外能力开放的服务平台。算力网络能力开放平台由能力开放门户和能力集成管控两部分组成，如图 7-1 所示。能力开放门户包括合作伙伴视图和运营者视图；能力集成管控包括应用管控、能力管控、服务管控、安全控制、策略控制、数据采集、异常监控等功能。系统支持集群部署，并可水平扩展。

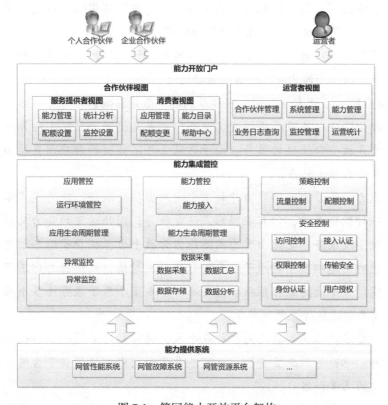

图 7-1　算网能力开放平台架构

- **合作伙伴视图**：能力开放平台为个人和企业合作伙伴提供的统一服务门户，面向服务提供者和能力消费者两种类型的消费者。为服务提供者提供能力管控、配额管控、监控设置、统计分析功能，为能力消费者提供包括用户管理、应用管理、能力目录、配额变更、帮助中心等功能。

- **运营者视图**：能力开放平台为运营者提供运营管理门户，包括合作伙伴管理、应用管理、能力管理、日志管理、监控管理、运营统计、系统管理、安全策略配置等功能。

- **环境管控**：能力开放平台对能力消费者提供两套环境，包括沙箱环境和正式环境，支持环境路由切换功能。

- **能力管控**：能力集成管控核心功能，包括能力接入和生命周期管理功能。

- **安全控制**：外部应用访问能力开放平台的安全控制机制，包括应用访问的认证、授权、鉴权、数据传输安全和访问隐私数据用户授权等。

- **策略控制**：为保证能力开放平台的可靠性、可用性、稳定性而采取的服务管控措施，包括流量控制和配额控制。

- **异常监控**：基于数据采集和日常监控，记录详细的异常代码、异常信息，以保障能力开放平台的健壮运行。

下面介绍一下能力开放平台中涉及的几个重要的概念：

- **原子服务**：指服务提供者（业务中心或其他服务系统）向算力网络能力开放平台提供的服务。由于该服务并不能被外部应用直接调用，因此称为原子服务。

- **能力**：是算力网络能力开放平台向外提供的服务。能力更多体现的是一种综合素质，但其表现形式还是服务，因此这里的能力又称为能力服务或服务。它是由算力网络能力开放平台根据原子服务创建而成。能力创建相当于对原子服务进行了二次封装，以适应外部不同应用环境。一个能力服务往往会封装有一个或多个原子服务（多个原子服务需要经过服务流程编排）。

- **开发者**：指应用能力的机构或个人，通常指运营商的合作伙伴、互联网、电商等第三方平台，也可能是运营商内部使用该平台进行应用开发的渠道和部门。

- **应用**：是开发者的应用集成平台，是开发者和算网能力开放平台间的

　　纽带。开发者通过应用完成对能力的集成和调用。如手机App、电商平
　　台等。

　　算力网络能力开放平台的整个能力开放过程包括三个步骤：能力准备、能
力接入、能力使用，如图 7-2 所示。

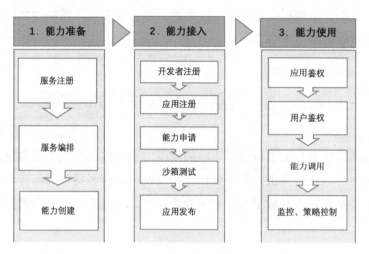

图 7-2　算力网络能力开放过程

　　能力准备是能力生成的过程，包含服务注册、服务编排和能力创建三个步
骤。服务注册是向能力开放平台注册服务提供者提供的服务接口信息；服务编
排是通过流程编排工具把几个服务连接起来，聚合成一个服务执行流程；能力
创建是对原子服务或服务流程进行二次封装（重命名、参数映射等），形成新
的服务（又称能力），目的是适应外部不同的应用环境。

　　能力接入是能力申请使用的过程，包含开发者注册、应用注册、能力申请、
沙箱测试和应用发布。开发者注册是对第三方使用能力者进行用户信息登记，
经运营者审批通过后才能成为有效用户；应用注册是开发者注册的自己应用平
台信息；能力申请是开发者向运营者提交使用的能力，审批通过后才可以连接
生产环境；沙箱测试是平台提供给开发者的一种测试环境，开发者在进行应用
集成开发时，只能通过沙箱来进行功能验证。沙箱测试不保证数据的有效性，
但可以确保所调用服务的可用性（如网络连通性、协议转换、参数转换等）；
沙箱测试完成后，开发者就可以进行正式的应用发布，应用发布成功，能力开
放平台将放通申请访问生产环境的能力。

　　能力使用是对接入进来的应用和能力进行安全管控，包含应用鉴权、用户

鉴权、能力调用、监控、策略控制等。应用鉴权是对接入的应用进行权限验证，以防止非法应用接入；用户鉴权是对访问用户进行身份验证，以防止非法用户接入；能力调用是一个任务转换的过程，能力调用会根据能力的类型把任务转接给所封装原子服务或服务流程，最终到达各个业务中心或业务系统来实现业务办理；监控、策略控制是对调用过程的一种管理手段，策略控制可以是安全策略，也可以是路由策略。

7.3　算力网络能力开放功能实现

算力网络能力开放平台通过不同的视图向不同的用户提供可视化的业务操作，包含向合作伙伴提供的合作伙伴视图以及向运营者提供的运营者视图。能力集成管控是指能力开放平台集成的沙箱环境、策略控制、安全管控、监控告警等功能。

7.3.1　合作伙伴视图

合作伙伴视图是能力开放平台提供给合作伙伴的操作控制台，是统一的服务入口，为服务提供者和能力消费者提供能力管控、用户管理、能力管理、应用管理、能力目录、能力申请、统计分析等功能。通过一站式流程化的方式完成自助应用的接入。

- 用户管理是指合作伙伴在能力开放平台中的用户信息管理功能，包括用户注册、合作关系申请、用户信息变更、密码修改重置、申请历史等功能。
- 能力管理是服务提供者提供对能力相关资料的维护和生命周期管理的功能，包括能力注册、能力编排、能力变更、能力暂停、能力上线、能力下线、能力注销、能力目录管理和能力发布，服务提供者对能力的上述操作需要运营者进行审批后才能生效。能力状态包括创建、发布、暂停和下线。
- 应用管理是开发者向能力开放平台登记的应用平台信息，包括应用平台名称、应用分类、应用简介等应用基本信息，以及加密类型、加密算法、调用返回URL、授权回调地址、签名算法、绑定域名、应用IP等安全管控信息。应用平台是开发者开发的业务系统,是能力调用的入口,开发者只有注册了应用才可以申请能力。

- 能力目录是能力开放平台向外提供的能力展示形式。平台通过能力目录向外展示平台提供的所有能力,开发者可以通过目录去查看平台的能力列表,也可以通过查询条件去检索。
- 能力申请是一个能力授权过程,与应用管理绑定在一起,这是因为没有脱离应用的能力使用。开发者如果要在应用中引入某些能力,需要进行能力申请,审批通过才可以使用,否则只能做一些沙箱测试。
- 统计分析主要提供一些应用的能力使用情况,如流量信息、异常信息等。

下面介绍第三方应用接入能力的过程。

从应用创建流程中,应用要接入能力开放平台中的能力需要五个步骤:第一步要先注册应用信息;第二步选择该应用要用到的能力;第三步对选择的能力进行沙箱测试以保证服务的可用性;第四步测试通过后提交申请;第五步等待运营者的审核结果。审核通过,意味对该开发者注册的应用申请的能力授权成功。但是到了这一步,应用还不能真正调用能力服务,还需要进行应用发布,应用发布完成后平台才会放通应用对生产环境的访问。

服务提供者通过能力开放平台向外提供能力,需要在能力开放平台上进行服务注册,对于能力开放平台,注册的服务称为原子服务。原子服务经过能力开放平台的封装,发布成不同的协议供外部应用调用。这里的服务管控指的是原子服务管控,能力开放平台提供了对原子服务生命周期管理。

7.3.2　运营者视图

运营者视图是提供给能力开放平台运营者的统一入口,为其提供合作伙伴管理、应用管理、能力管理及审批、安全策略配置、业务日志查询、监控管理、运营统计和系统管理等相关运营管理功能。

- 合作伙伴管理的主要内容包括合约管理、签约关系管理、发票管理、套餐管理等。通过合作伙伴管理,运营人员明确了与合作伙伴责权关系,还可以为合作伙伴定制套餐优惠政策。

- 应用管理主要是对合作伙伴注册的应用及其申请的能力进行管理，包括应用查询、应用暂停、应用恢复、应用下线、应用流量配额分配、应用与能力间绑定关系管理等功能。

- 能力管理提供了对能力的生命周期管理，包括能力查询、能力创建、能力上线、能力暂停/恢复、能力变更、能力下线、能力版本管理等功能。

- 待办审核管理用于运营者受理开发者提交的各种申请审批，如开发者应用申请、能力申请、流量配额申请等。

- 运营统计分析提供对能力开放平台相关运营指标的数据分析。运营统计分析从能力、应用、开发者三个维度和不同的时间段提供对能力的调用次数、调用成功率的数据分析，如能力调用量统计分析、应用的流量分析、开发者的流量分析、能力的流量分布、能力调用异常统计等。

- 系统管理提供能力开放平台的权限管理、角色管理、操作日志管理和公告管理等功能。

能力创建的前提是要准备好原子服务或服务流程，否则需要先注册原子服务或者编排服务流程。一个完整的能力准备过程包括注册服务、服务编排（有必要的话）、能力创建三个过程。

7.3.3　能力集成管控

系统集成管控包含沙箱环境、策略控制、安全管控、监控告警。

1. 沙箱环境

沙箱环境是能力开放平台为开发者提供测试环境，它与生产环境完全隔离，通过不同域名进行区分，具有与生产环境几乎完全相同的功能。沙箱环境没有数据库，它通过配置虚拟数据模板产生模拟数据返回。

能力开放平台在沙箱环境中建立服务与应答返回码的对应关系，并配置与应答返回码相对应的应答消息模板。开发者在沙箱环境测试时需在应用调用请求中标注需沙箱环境返回的应答返回码信息，沙箱环境根据应用调用请求中的应答返回码信息返回与该应答返回码相对应的应答消息内容。如果应用调用请求中未标注需返回的应答返回码，沙箱环境默认以应答返回码为成功的应答消息内容返回。

针对应用服务调用请求，能力开放平台按照应用状态，自动将请求路由到不同的运行环境。如果应用状态是测试状态，则通过该应用发起的服务调用路由至沙箱环境；如果应用是上线状态，则按照协议类型，路由至指定的生产环境地址，发起能力调用，如图 7-3 所示。

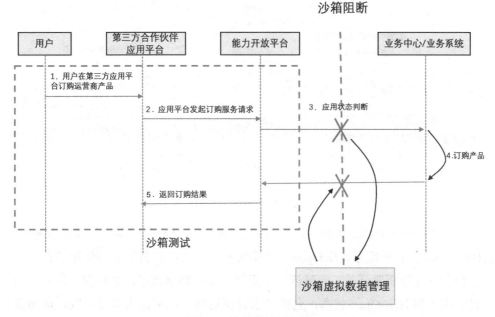

图 7-3 沙箱环境原理图

沙箱环境是能力开放平台提供给开发者开发与调试的线上运行测试环境，它与正式环境互相隔离，但具有与正式环境几乎完全相同的功能。沙箱与正式环境所使用的域名不同。开发者在沙箱环境进行充分的测试后，可正式进行应用发布，应用发布后自动转接到生产环境。

2. 策略控制

策略控制是指为保证能力开放平台的可靠性、可用性、稳定性而采取的服务管理措施，包括熔断控制、流量控制、配额控制。

（1）熔断控制。

熔断控制是服务升降级的一种实现方式，是对系统进行过载保护的一种措施。当在一定时间段内某些服务的调用失败次数达到设置的阈值，就可以对该类服务进行熔断降级处理，以防止系统产生雪崩效应。

关于熔断处理业界有一个成熟自动化切换模型，如图 7-4 所示。

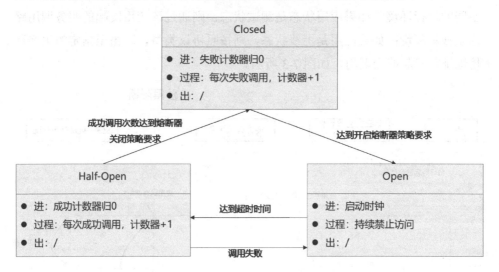

图 7-4　熔断器原理图

图 7-4 是一个熔断器的原理图，共有三种状态，分别是 Closed（关闭状态）、Half-Open（半开状态）和 Open（打开状态）。当服务调用达到熔断条件时，平台会打开熔断器开关，此时请求被拒绝。等熔断器过了保护时间，这时熔断器会进入到 Half-Open 状态，允许请求尝试访问，如果请求继续失败，熔断器则重新进入 Open 状态，需要等待下一个超时周期才能进入 Half-Open 状态。若尝试请求受理成功，熔断器置于 Closed 状态，一切恢复正常。

（2）流量控制。

流量控制是指为保证服务的稳定性，对单位时间内访问服务的数量加以控制，防止短时间内服务被大量调用所导致的资源耗尽，造成服务停用或者宕机，这是对系统过载保护的一种措施。

提供控制单位时间内访问次数的功能，监控单位时间内的访问服务的最大次数，当超过最大次数时，采取相应的应对策略措施。

- 提供控制并发数峰值的功能，监控服务调用并发数的最大值，当并发数超过最大值时，采取相应的应对策略措施。
- 实施流量控制需要针对不同的应用或服务设置流控阈值和流控策略。

流量控制有两种限流方式，用于不同的场景，一种是漏桶算法限流，另一种是令牌桶算法限流。漏桶算法强制性限制单位时间内流量，不允许突发；令牌桶允许突发流量，取决于桶内令牌是否耗尽，桶越大，允许突发程度越高。

● 漏桶算法限流（固定阈值，不允许突发流量）：入桶时各请求之间间隔时间不一致，执行漏桶算法后，请求依次按照固定的频率出桶，直至所有请求出桶，当请求流量突然激增，漏桶迅速被填满时，后续请求会溢出桶外，则该条请求被拒绝接入。其原理如图7-5所示。

图 7-5　漏桶算法限流原理图

● 令牌桶算法限流（平均阈值，允许低流量后的突发流量）：请求从令牌桶中成功获取令牌后即可接入，当令牌桶中存在多个令牌时，允许低于令牌桶内令牌数量的突发请求数量接入，当桶内令牌耗尽，不允许请求接入。其原理如图7-6所示。

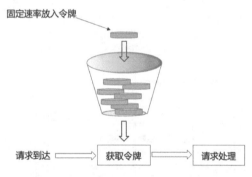

图 7-6　令牌桶算法限流原理图

（3）配额控制。

配额控制是指对能力调用请求次数的管控，按业务需求分为总请求次数控制和成功请求次数控制。

● 提供能力调用请求次数管控的功能，支持合作伙伴对能力请求次数维度控制。

● 提供根据总请求次数进行控制的功能，监控周期内的全部请求次数超过最大值时，采取相应的措施。

● 提供根据成功请求次数进行控制的功能，监控周期内成功返回的请求次数超过最大值时，采取相应的措施。

3. 安全控制

安全控制是外部应用访问能力开放平台的安全控制机制的汇总，包括访问控制、接入认证、权限控制、传输安全、身份认证和用户授权。

1）访问控制

访问控制是指对应用访问能力开放平台的安全控制。提供白名单的访问控制能力，拒绝黑名单内 IP 访问能力开放平台；支持对合法访问服务器 IP 地址进行白名单绑定的功能，允许白名单内 IP 访问能力开放平台，可根据安全策略设置关闭相关安全管控策略。

黑白名单控制是能力开放平台对接入应用的一种安全管控手段。如可通过黑白名单校验自动过滤存在恶意攻击入侵记录的非法服务器 IP 地址、应用和用户的接入请求，还可以对 VIP 用户接入请求实施优先放通等。

IP 黑白名单校验的操作流程如图 7-7 所示。

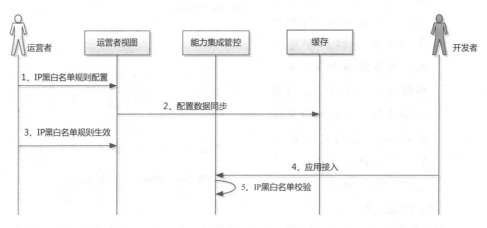

图 7-7　IP 黑白名单校验

IP 黑白名单校验操作流程如下：

（1）运营人员通过运营者视图配置应用的 IP 黑白名单，配置完成时点击"生效"将信息同步到缓存中。

（2）当应用请求接入能力开放平台时，能力开放平台根据应用的黑白名单校验请求 IP 是否被允许，以决定是放通请求还是驳回请求。

平台使用"应用 ID+ 接入 IP"多维度进行黑白名单匹配校验。校验规则如下：

- 如果应用为黑名单应用，且请求的接入IP在该应用黑名单IP范围内，能力开放平台拒绝该访问请求。
- 如果应用为黑名单应用，但请求的接入IP不在该应用的黑名单IP范围内，能力开放平台允许接入，记录能力调用请求。
- 如果应用为白名单应用，但请求的接入IP不在该应用白名单IP范围内，能力开放平台拒绝继续该访问。
- 如果应用为白名单应用，且请求接入的服务器IP在该应用白名单IP范围内，能力开放平台允许接入，记录白名单的能力调用请求记录。

2）接入控制

接入控制是指能力开放平台对应用的身份认证操作。用户在完成签约后，创建应用，平台会生成对应的应用 ID 和应用接入令牌，并分发给合作伙伴。应用 ID 是能力开发平台中对应用的唯一标识，应用接入令牌代表应用的可信身份，平台通过应用 ID 和应用接入令牌来鉴别和认证应用的身份。提供应用身份认证功能，支持基于应用 ID、应用接入令牌、应用状态的应用身份认证；支持根据用户状态进行接入认证的功能，只有经过认证的用户的应用才能够进行接入认证；支持基于动态鉴权码的接入认证，第三方应用首先获得具有一定生命周期的动态鉴权码并使用此鉴权码发起能力调用。

3）权限控制

权限控制是指应用访问能力开放平台时对应用的鉴权处理。提供对应用可访问的能力进行绑定维护管理；支持在应用版本变化或应用调用能力发生变化时，重新进行鉴权处理；支持在应用访问能力开放平台时，进行实时鉴权处理。

用户登录第三方应用平台办理电信业务时，第三方应用发起调用能力开放平台的能力申请。涉及访问用户隐私数据资源时，为确保数据安全，需要对用户进行身份认证，确保用户隐私信息的安全。

（1）风险等级身份认证。

能力开放平台对原子服务进行了风险等级管理，风险等级从 R0 ～ R3 风险逐步提高。不同的风险等级对应着不同的身份认证方式，如 R0 级无须认证；R1 级采用服务密码认证；R2 级采用短信认证；R3 级采用"服务密码 + 短信"双重认证。用户通过第三方应用平台发起的能力服务调用中包含多个原子服务时，每个原子都需要身份认证。认证流程如图 7-8 所示。

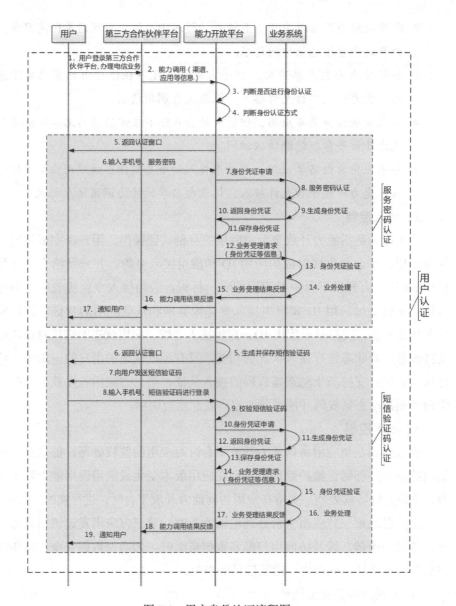

图7-8 用户身份认证流程图

● 客户登录第三方应用平台办理电信业务。

● 第三方应用平台向能力开放平台发起能力调用申请，请求业务处理。

● 能力开放平台收到第三方应用的能力调用请求后，判断能力关联的服务需要进行身份凭证认证。如果不需要进行身份验证，则请求业务系统处理。

- 如果需要进行身份认证，能力开放平台根据能力关联的所有中心服务对应的风险等级，确认需要认证的方式是短信验证码、服务密码或是两者皆要认证。
- 能力开放平台返回给第三方应用，提示需要进行身份认证。第三方应用调用能力开放平台提供的认证URL，返回认证窗口给用户（多种认证方式取并集）。

服务密码认证方式，客户输入手机号和服务密码并提交校验，能力开放平台调用业务系统接口，将用户验证信息发送到业务系统，请求业务系统进行身份凭证申请。业务系统服务密码校验通过后，生成身份凭证并返回给能力开放平台。

短信验证码认证方式，用户在认证窗口单击获取验证码时，业务系统下发短信验证码到用户手机上，同时能力开放平台调用业务系统短信接口获取短信验证码信息。用户输入手机号和短信验证码进行验证时，能力开放平台将用户短信验证码与缓存中的进行匹配，匹配成功后向业务系统发起身份凭证申请，业务系统生成身份凭证并返回给能力开放平台。

- 能力开放平台接收并保存身份凭证，并将身份凭证加入到能力调用请求URL中，请求业务系统处理。
- 业务系统校验身份凭证通过后进行业务处理，并返回处理结果给能力开放平台。
- 能力开放平台接收处理结果，并返回给第三方平台。

（2）OAuth 认证授权。

OAuth 2.0 是国际通用的标准认证协议，主要用于用户身份验证以及获取用户授权。用户通过第三方应用向能力开放平台发起能力调用请求时，能力开放平台为第三方应用提供授权凭证接口和令牌接口，允许用户决定是否授权第三方应用访问他们存储在能力开放平台的服务提供者上的信息。

能力开放平台支持 3 种授权方式：Client Credentials（CC）、Authorization Code（AC）、Implicit Grant（IG）。其中，AC 模式主要用于 Web 应用场景；IG 模式用于手机客户端应用场景；CC 通常用于访问 Web 和客户端应用中的公共资源场景。

AC 模式下，需要使用授权凭证接口和令牌接口。IG 模式需要使用授权凭证接口，而 CC 模式不需要用户授权，仅需要使用访问令牌接口。

对于 CC 模式和 AC 模式，能力开放平台提供令牌刷新功能。应用是否可以刷新令牌，在应用审批时由运营者决定。如果应用不能使用刷新令牌接口刷新令牌，则应用在令牌失效后只能重新获取令牌。

● AC模式令牌。

Web 应用中的授权流程为 OAuth 2.0 协议中的标准 Authorization Code 授权模式（AC 模式），用户登录第三方应用进行业务办理时，应用通过调用开放平台授权接口，返回授权页面引导用户完成用户授权，在获得用户授权的前提下，能力开放平台确认授权模式并发送授权码给第三方应用，应用的服务器端得到开放平台授权码（Authorization Code，AC），再凭借所获的 AC 授权码，调用能力开放平台访问令牌接口，获取到最终的访问令牌。AC 模式令牌获取流程如图 7-9 所示。

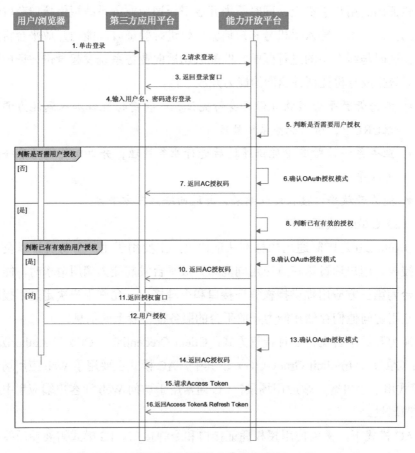

图 7-9　AC 模式令牌获取流程

● IG模式令牌。

在不具有服务器端场合（如手机 / 桌面客户端程序）下，能力开放平台授权流程为 OAuth 2.0 协议中的标准 Implicit Grant 授权模式（简称 IG 模式），由于不具备服务端支持，平台提供默认授权页面，因此在用户通过用户账号的登录认证，并且获得了用户显式授权的前提下，应用可通过调用开放平台访问令牌接口，一步获得最终的访问令牌。IG 模式令牌获取流程如图 7-10 所示。

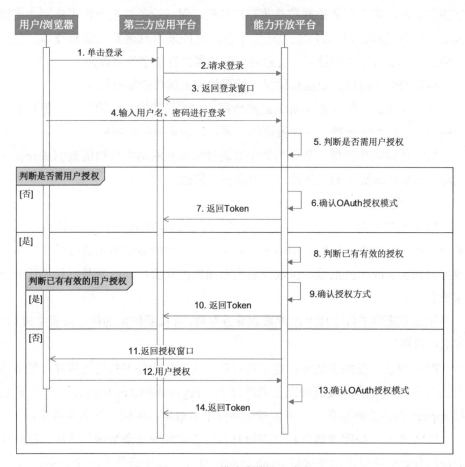

图 7-10 IG 模式令牌获取流程

● CC模式令牌。

如果应用调用能力访问一些无须用户授权的公共资源，如产品目录、营销活动等，可以使用 CC（Client Credentials）模式获取 UIAT（User Independent Access Token），并使用 UIAT 令牌访问公共资源。

通过调用能力开放平台访问令牌接口，即可获取 UIAT 令牌。在访问令牌的有效期内，应用可使用此 UIAT 访问令牌作为能力调用的系统参数 AccessToken，调用能力，访问公共资源。如 UIAT 令牌失效，可使用访问令牌凭证接口重新获取令牌。

4）传输安全

传输安全是指对第三方应用和能力开放平台之间的数据进行加密传输和数字签名处理，防止业务数据被篡改和抗抵赖，保证业务数据操作可追溯。支持成熟 HTTPS 协议安全访问能力开放平台；支持采用成熟数据加密技术，包括对称加密和非对称加密技术；支持对业务数据进行数字签名操作。

传输安全管控包括数据传输机密性保护和数据传输完整性保护。

数据传输机密性保护是对关键的数据（如支付数据、订购数据、用户名和密码等）进行加密处理，保证数据的机密性，防止数据被窃取。

数据传输完整性保护是采用数字签名技术，对网络中传输的数据进行安全处理，保证传输数据的完整性，防止数据被篡改。

（1）数字签名。

数字签名是对第三方平台和能力开放平台之间的数据传输进行数字签名处理。能力开放平台收到调用请求后对第三方平台的数字签名进行验证，防止业务数据被篡改和抗抵赖，保证业务数据操作的真实性，对交易过程进行安全保护。

第三方应用平台生成系统参数和业务参数，并按照约定的接口规范生成"待签名字符串"。

RSA 算法：按照参数名称首字母对系统参数和业务参数进行排序，然后将参数名称与对应的参数值按照该顺序排列（key1value1,key2value2, ...），最后将 appkey 的参数值加在上一步生成的字符串的首尾，生成待签名字符串。

SHA 算法：按照参数名称首字母对系统参数和业务参数进行排序，然后将对应的参数值按照该顺序排列（value1,value2, ...），生成待签名字符串。

常用的两种数字签名算法包括：RSA 和 SHA。

● RSA签名算法。

第三方应用平台使用 MD5 算法加密待签名字符串，再用 RSA 算法的公钥加密 MD5 串生成数字签名。RSA 签名算法流程如图 7-11 所示。

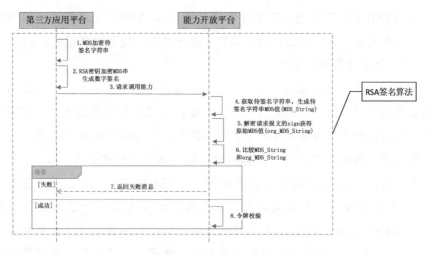

图 7-11　RSA 签名算法

　　能力开放平台使用解密后的第三方应用请求数据中的系统参数和业务参数，按照约定的接口规范生成待签名字符串，并将待签名字符串使用 MD5 加密方式进行加密，得到 MD5 加密字符串。然后将第三方应用请求中的系统参数 sign（数字签名）使用私钥（RSA_PRIVATE）解密。对 sign 参数解密后的字符串与 MD5 加密字符串，进行数字签名的验证。

　　● SHA 签名算法。

　　第三方应用平台使用 SHA 签名算法加密待签名字符串。SHA 签名算法流程如图 7-12 所示。

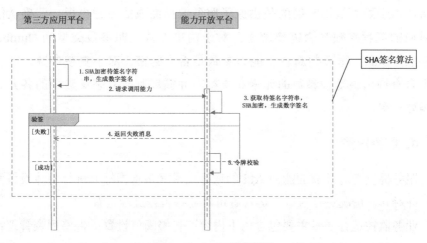

图 7-12　SHA 签名算法

能力开放平台直接对待签名字符串使用 SHA 加密算法进行加密得到数字签名，并与系统参数中 sign（数字签名）进行对比，验证数字签名。

（2）请求业务参数加解密。

为了保证报文在传输过程中的机密性，能力开放平台要求应用在调用能力时对业务参数进行加密，能力开放平台对响应结果进行加密后返回。应用按照实际需求选择对业务参数整体加密、对指定的业务参数加密或不加密。

常用的加密算法有 AES（对称加密）和 RSA（非对称加密）。

● AES 加密方式采用相同的密钥进行加密和解密，AES 密钥可通过能力开放平台自动生成或开发者注册应用时自定义两种方式获取。采用 AES 算法加密的应用在调用能力时，使用 AES 密钥对业务参数进行加密，能力开放平台收到请求报文后，使用相同的密钥和解密算法进行解密。

● RSA 非对称加密方式提供一对公私钥对进行加解密。若开发者自定义公钥，则开发者通过工具自行生成公私钥对，并将公钥上传到能力开放平台；若开发者不自定义公钥，则能力开放平台自动生成公私钥对。采用 RSA 算法加密的应用在调用能力时，若开发者使用应用公钥对业务参数进行加密，能力开放平台使用应用私钥对收到的报文进行解密；若使用应用私钥对业务参数进行加密，能力开放平台使用应用公钥对收到的报文进行解密。

能力开放平台获取到第三方应用发起的请求，对报文中的业务参数进行解密，由于能力最终映射的是由原子服务编排而成的流程模板，即确认能力所对应的流程参数是否需要解密。对于简单参数，即参数类型为 Number、String 或 Date，循环判断各个能力参数是否需解密。对于复杂参数，能力开放平台查询出该复杂参数的元素和层级，并循环判断复杂参数中的各元素是否需要解密。

4. 监控告警

服务提供者对开放的能力 API 的运行质量（多项指标）进行整体设置和管控，并对异常情况进行告警，运营者可对业务告警进行查看。

业务监控运行质量主要包含以下内容：告警阈值设置；告警列表管理；告警对象设置。业务告警根据告警等级可分为一般告警和严重告警（在告警策略设置中进行设置）。

告警阈值设置包含以下内容：告警名称、通知对象、通知方式以及调用时延阈值、网络失败阈值、业务失败阈值、调用频率阈值的阈值配置信息，各指标说明如下：

- 调用次数：指采样周期内的调用总次数。
- 调用延时：指采样周期内的总调用延时/总调用次数，调用延时指从平台接收到调用请求，至收到底层服务返回请求时间的差值。
- 网络失败：配额控制超过阈值，远程调用失败状态及404。
- 业务失败：包含IP白名单认证失败、AccessToken认证失败、应用未发布、无调用生产环境权限、应用已发布、无调用沙箱环境权限、能力未签约、能力处于暂停状态、应用不存在或已注销、合作伙伴无调用能力权限、合作伙伴不存在或已注销、流控控制超过阈值、应用未申请当前能力的生产环境访问权限、只能访问沙箱环境、系统错误、Http Method错误。

7.4　算力网络能力开放核心技术

下面从北向能力接口——契约式 API、算网资源开放、算网组件服务开放、算力与 IT 组件生命周期管理、算力及 IT 服务注册、算力及 IT 服务调用六个方面介绍算网能力开放平台核心技术。

7.4.1　北向能力接口——契约式API

契约式设计原则（Design by Contract，DbC），也叫契约编程，是一种软件设计方法。其原理是：在软件设计时应该为软件组件定义一种精确和可验证的接口规范，这种规范要包括使用的预置条件、后置条件和不变条件，用来扩展普通抽象数据类型的定义。比如，在 Web 请求中，预置条件主要用于处理输入的参数校验；不变条件主要指一个请求中的共享数据状态；后置条件则是对返回的响应数据的检查与确认。图 7-13 是对预置条件和后置条件的处理示意图，因为此处没有共享数据，所以没有不变条件。

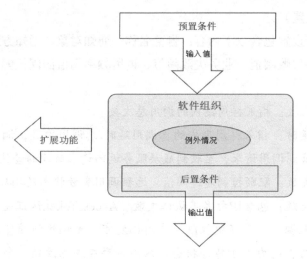

图 7-13　契约设计示意图

契约式设计原则的核心思想是对软件系统中元素之间的相互合作以及"责任"与"义务"的比喻，这种比喻是从商业活动中"客户"与"供应商"达成"契约"而得来。理解三者之间的关系非常重要，因为这是合理利用契约原则进行 API 设计的基础。

API 的设计实现依然需要回答三个关键问题：

● API期望的是什么？

● API要保证的是什么？

● API要保持不变的是什么？

能否设计好一个 API，其实只需要回答好上面这三个问题就行了，而这三个问题本质上就是契约原则的一种最佳实践。

首先，API 必须要保证输入是接收者期望的输入条件。这里的重点就在于"期望"两个字，换句话说，就是：使用者使用 API 的前提条件是什么？只有满足了这个前提条件，API 才能提供正常的功能。比如，API 需要 A、B、C 三个参数，那么使用者就需要提前准备好这三个参数。好的 API 接口都会提前告知使用者它需要什么、不需要什么，当条件不满足时，它会拒绝；当条件满足时，才会开始处理。

其次，API 必须保证输出结果的正确性。API 在处理过程中可能会遇见各种异常或错误的情况，这时 API 就不应该把错误或异常抛给其他系统去处理，而是在内部就做好异常处理，并最终输出正确结果给使用者。

最后，API 必须保持处理过程中的一致性。比如，同一个 API 被部署在 10 个服务器上，那么只要外部输入了正确条件，每一个 API 内部的处理过程就应该是相同的、不变的，也就是说，当修改源代码后，应该同时部署这 10 个服务，才能让 API 整体的服务看起来是一个整体。不变条件通常有会话信息、共享的上下文数据状态等。所谓不变，可以理解为多个相同的副本对同一个代码含义的统一解释。

算力网络能力开放北向能力接口遵循契约式 API 设计，第三方应用在发起能力调用时须按照开放平台对外提供的北向接口 API 提供相应的入参，发起调用，否则不能成功调用相应的 API。

算力网络能力开放平台契约式 API 调用入参参考表 7-1。

表 7-1　契约式 API 调用入参参考表

属性名称	属性描述
应用编码	开放平台分配给应用的唯一标识，创建应用时获得
能力编码	能力 API 接口编号
能力版本	能力 API 接口版本
令牌 Token	平台令牌 accessToken
时间戳	时间戳（YYYYMMDDHHMMSS）
流水号	32 位，请求报文流水号（UUID 去掉其中的四个减号）
数字签名串	数字签名，对于使用 HTTP 协议的需要使用数字签名（两级对接除外）
环境标识	沙箱与正式环境切换标识（0：沙箱环境　1：正式环境）
合作伙伴账号	合作伙伴账号

三方应用在算力网络能力开放平台上注册应用，在订阅 API 能力后，根据算力网络能力开放提供的北向接口地址以及表 7-1 中的调用入参中的应用编码，能力编码以及能力版本三个参数确定唯一的能力发起调用。

算力网络能力开放平台上注册的能力属性也是标准化符合契约式 API 原则的。能力属性如表 7-2 所示。

表 7-2　能力属性表

展示元素	元素描述
能力编码	算力网络能力的字符串编码
能力名称	算力网络能力中文名称
功能说明	算力网络能力的详细功能和业务流程说明

续表

展示元素	元素描述
能力版本	算力网络能力的版本号
调用地址	调用地址
请求方式	服务支持的请求方式：GET、POST
详细入参	输入参数的详细信息，包括参数名称、类型、是否必填、描述等
入参示例	输入参数的示例
详细出参	输出参数的详细信息，包括参数名称、类型、是否必填、描述等
出参示例	输出参数的示例
接口协议	HTTP、HTTPS
是否需要授权	是、否

算力网络能力开放平台与第三方平台采用 REST 连接方式。协议标准化要求包括接口协议标准化和报文格式标准化。接口协议支持标准化 SOAP（Simple Object Access Protocol，简单对象访问协议）和 REST（Representational State Transfer，资源表现层状态转移）。报文格式标准化指 API 接口支持 XML 和 JSON 两种报文格式。

使用契约原则来指导 API 的编程和设计有以下三个价值：

- 提前告知API有哪些约束会在编码过程中节省很多不必要的沟通成本。比如，你的API决定使用RESTful风格，那么当对方在使用你的API时，就会知道返回的数据格式需要采用JSON。

- 契约会强迫你去思考API是否满足更好的独立性。API更多时候是提供给不同类型客户端去使用的，而客户端是不需要关注你的API的内部实现，所以好的API一定是具备更好的独立性才能对外提供服务。如果API不使用标准的协议和消息格式，那么就意味着客户端在使用时需要适配你的API，这样就会造成系统和API之间的强耦合。

- 契约式设计会提醒你应该保证API的高可用性。契约就像是一种承诺，当你在提供API时，不仅要保证输入满足要求，还要保证经过处理后返回结果的正确性。同时，服务还应该是稳定可靠的，而不能因为网络故障、流量过大等就无法使用服务。

7.4.2 算力资源开放

2021 年 5 月，国家发展改革委、中央网信办、工业和信息化部、国家能源局联合印发《全国一体化大数据中心协同创新体系算力枢纽实施方案》，明确提出布局全国算力网络国家枢纽节点，启动实施"东数西算"工程，构建国家算力网络体系。2021 年 7 月，工业和信息化部印发《新型数据中心发展三年行动计划（2021—2023 年）》，明确用 3 年时间，基本形成布局合理、技术先进、绿色低碳、算力规模与数字经济增长相适应的新型数据中心发展格局。

"东数西算"工程正式全面启动，首次将算力资源提升到与水、电、燃气等相同的基础资源的高度，统筹布局建设全国一体化算力网络国家枢纽节点，助力我国全面推进算力基础设施化。构建数据中心、云计算、大数据一体化的新型算力网络体系，让西部的算力资源更好地支撑东部数据的运算，赋能数字化发展。

鉴于算力网络是融合计算、存储、传送资源的智能化新型网络，其中，云原生技术成为实现业务逻辑和底层资源完全解耦的关键。我们通过打造容器编排调度能力，并结合 OpenStack 的底层基础设施的资源调度管理能力，将数据中心内部不同架构的超算资源、云资源、存储资源、网络资源进行统一有效的管理，形成算力核心池。同时，依托算网能力开放平台打造直接面向用户的算力服务，形成全国一体化的算力调度交易平台。

随着 AI、5G 的兴起，各种智能业务应运而生，并呈现多样化趋势。不同的业务运行所需算力需求的类型和量级也不尽相同，如非实时、非移动的 AI 训练类业务，这类业务训练数据量庞大，神经网络算法层数复杂，若想快速达到训练效果，需要计算能力和存储能力都极高的运行平台或设备。对于实时类的推理业务，一般要求网络具有低时延，对计算能力的需求则可降低几个量级。将业务运行所需的算力按照一定标准划分为多个等级，可以为算力消费者提供不同等级算力业务套餐，也可作为对算力资源的选型依据。

由于智能应用对算力的诉求主要是浮点计算能力，因此业务所需浮点计算能力的大小可作为算力分级的依据。针对目前应用的算力需求，可将算力划分为 4 个等级，如表 7-3 所示。

表 7-3　算力分类等级

算力分类等级	算力水平	典型推理场景
超大型算力	>IPFLOPS，P 级算力	渲染农场、超算类应用；部分大型模型训练如 VGGNet 模型训练
大型算力	10TFLOPS-IPFLOPS	多数模型训练，如卷积神经网络（CNN），递归神经网络（RNN）

续表

算力分类等级	算力水平	典型推理场景
中型算力	500GFLOPS-I0TELOPS	推理类应用，如安防、目标检测
小型算力	<500 GFLOPS	小型计算应用场景，单条语音语义
注 :1GFLOPS-10FLOPS, 1 TFLOPS=10FLOPS PFLOPS=10FLOPS		

从现有业务来看，超算类应用、大型渲染类业务对算力的需求是最高的，可达到 P 级算力需求，这类需求被定位为超大型算力；大型算力主要是 AI 训练类应用，根据算法的不同及训练数据的类型和大小，这类应用所需的算力从下级到 P 级不等；中型算力则主要针对类似 AI 推理类业务，这类业务大多部署在终端边缘，对算力的需求稍弱；小于 500 GFLOPS 的算力需求被定义为小型算力。

算力网络能力开放平台算力资源由计算、存储、网络联合提供服务。

业务运行需要平台或设备的算力需求保障，同时不同类型的业务还需要诸如存储能力、网络能力等个性化能力。

- 存储能力：在算力网络中，存储在数据处理过程中起着至关重要的作用。随着对数据处理需求的日益增长，数据存储的重要性也显著提升。内存与显存的数量可以作为关键指标用来衡量计算存储的能力，通常以吉比特为单位。存储能力在很大程度上影响计算机的处理速率。

- 网络能力：在保障业务服务质量（QoS）方面，网络能力是一个非常重要的指标（尤其是针对一些实时性业务）。这就要求灵活调度部署网络以满足业务对时延和抖动的需求。对于人工智能应用来说，模型的推理时延也是衡量算力的关键指标。推理时延越低，用户的体验越好，而较高的时延可能会导致某些实时应用无法达到要求。

- 编解码能力：编解码是指信息从一种形式变换为另一种形式的过程。这里的变换既包括将信号或数据流进行编码（通常为了传输、存储或加密）提取得到一个编码流的操作，也包括为了观察或处理从这个编码流中恢复适合观察或操作的形式。编解码器经常用在视频会议和流媒体等涉及图形图像处理的应用中。

- 编解码能力需要相应的硬件配置编解码的引擎。一般的编解码能力附着在计算芯片上，如英伟达GPU芯片带有编解码引擎（编码引擎为

NVENC，解码引擎为NVDEC）。

- 每秒传输帧数（FPS）：FPS用于渲染场景，指画面每秒传输的帧数，即动画或视频的画面数。每秒能够处理的帧数越多，画面就越流畅。在分辨率不变的情况下，GPU的处理能力越高，FPS就越高。
- 吞吐量：在深度学习模型的训练过程中，一个关键指标就是模型每秒能输入和输出的数据量。在广大AI应用中，图像和视频业务占据了很高的比例，因此在衡量吞吐量的时候，可以使用images/s来衡量模型的处理速度。设备或平台运行业务的服务能力涉及前面所述的算力、网络和存储，以及其他如FPS、吞吐量等。这些能力共同保障用户的业务体验。

算力资源管理对各种算力资源按类型、规模进行划分管理，以算力服务为核心，通过算力网络能力开放平台对智算中心计算、存储、网络等能力的统一调度和对外服务，把算力资源像水和电一样提供给千行百业，助力行业智慧应用高效开发，加速行业和产业创新。

7.4.3　算力网络组件服务开放

算力网络组件服务开放包含业务服务开放和技术服务开放。业务服务开放指业务系统沉淀下来的有复用价值的 API 能力通过算力网络能力开放平台对第三方应用开放。技术服务开放指通用技术能力如 AI 能力、大数据能力包装注册到算力网络能力开放平台，第三方业务应用通过算力网络能力开放平台订阅AI 以及大数据能力的快速构建具备 AI 能力和大数据能力的应用，支持业务快速创新。

1. 业务服务

算力网络能力开放平台为业务服务提供服务协议适配和开放管控能力，可以实现跨环境、跨协议的服务互通，主要针对应用系统能力对外开放和服务互相访问的场景，提供统一的安全授权、流量限制等管理和控制。

企业组织需要以 API 的方式把自己的核心业务资产贯通整理并开放给合作伙伴，或者由第三方的应用整合，以便发掘业务模式、提高服务水平、拓展合作空间。算力网络能力开放平台帮助企业在自己的多个系统之间，或者与合作伙伴以及第三方的系统之间实现跨系统、跨协议的服务能力互通。各个系统以发布、订阅服务 API 的形式相互开放，并对服务 API 进行统一管理，围绕 API 互动，实现企业内部各部门之间，以及企业与合作伙伴或者第三方开发者之间业务能力的融合、重塑和创新。

与常见的 API 网关不同，算力网络能力开放平台具有协议适配能力，支持常用协议服务的接入和开放，支持多种服务注册发现机制，微服务以及遗留系统的服务可以直接在开放平台上开放成 API，开放平台还支持跨环境联动，允许像访问本地服务一样访问其他环境的服务。

算力网络能力开放平台主要通过 IT 系统不断收敛、业务不断滋养、沉淀跨域能力方式逐步构建，实现敏捷高效、共享复用、数据注智。面向场景化的业务场景和 IT 能力资产管理，对企业能力资产进行沉淀，为前台应用开发提供标准实现模板和快速扩展的能力，实现前台对已有业务场景、系统服务的复用。在电信运营商行业业务服务开放主要有以下三个方面价值：

（1）业务场景管理：提供业务场景的统一管理，包括业务场景的需求定义、流程配置、流程与业务能力的映射。

（2）跨中台业务编排：提供跨中台的业务编排能力，通过业务场景拉通业务中台、数据中台、AI 中台和技术中台的能力。

（3）前台应用开发支撑：基于算网能力开放平台沉淀的业务场景资产，为前台应用快速构建提供支撑，促进前台应用优先复用现有的业务场景和 IT 能力的复用。

2. 技术服务

1）AI 服务

人工智能是科技部、国务院等政府机关所强调的重要国家发展战略与新型基础建设。随着数据的不断积累、技术的逐渐成熟与底层算力的持续提升，人工智能正在进入应用落地阶段。但企业组建人工智能团队独立开发人工智能的成本高、难度大、效率低且开发周期长，这些制约了中国企业大规模应用人工智能。因此，算力网络 AI 组件服务能力开放应运而生，其不仅降低了企业 AI 赋能的成本，同时提升了效率，使 AI 能力得到快速部署且在不同行业中实现大规模应用。

算力网络 AI 组件服务能力开放集成了 AI 算法、算力与开发工具，通过接口调用的形式使企业、个人或开发者可高效使用算力网络能力开放平台中的 AI

能力实现 AI 产品开发或 AI 赋能，如图 7-14 所示。以算力网络能力开放平台语音识别 API 为例，个人可通过调用平台中的语音识别 API 能力完成录音到文本的转换，开发者或企业可通过 API 接口完成某 App 语音输入功能的开发。

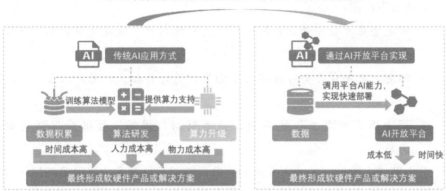

图 7-14　AI 开放平台

算力网络 AI 服务能力可开放三个层次能力，分别是应用层、技术层与开发层。三层分别为用户提供底层算力与开发工具、基础算法与功能、垂直领域 AI 解决方案。

- 应用层：开放能力面向垂直领域配套多样化的解决方案，如园区无人驾驶系统、智能客服等。
- 技术层：开放人工智能基础算法或框架，如语音识别、人脸识别、机器学习等。
- 开发层：开放机器学习、深度学习、训练模型等开发架构，同时提供开发所需的算力支持。

三层之间相辅相成，应用端数据积累帮助训练底层算力工具升级，导致算法得到优化，从而反哺应用端，构建底层技术到应用的生态闭环。

算力网络 AI 服务开放为帮助企业或开发者快速实现产业赋能或产品开发，已将 AI 功能或工具进行产品化改造，使企业或开发者能快速调用，可调用的能力包括语音技术（智能语音助手、语音唤醒等）、视频技术（短视频审核、动态人脸识别等）与图像技术（车牌识别、图片搜索等）等。

2）大数据服务

随着计算机和信息技术的迅猛发展和普及应用，行业应用产生的数据呈爆炸性增长。动辄达数百"TB"甚至数十至数百"PB"规模的行业/企业大数据已远远超出了现有传统的计算技术和信息系统的处理能力。经过多年的建设，运营商、政府、金融等行业大数据平台已经初具规模，并已形成一系列的大数据基础能力，但如何开放这些能力，逐步建设和完善企业自身的能力开放体系，需要解决如下问题：

- 解决企业大数据资源如何得到最大程度利用，提升使用效率，发挥数据价值。
- 解决大数据在安全可控前提下向用户进行开放，让用户以自助方式进行创新。
- 解决用户开发工作效率低、技术创新门槛高、数据应用创新难的问题。

算力网络大数据服务能力开放为企业内部以及外部客户提供灵活的、定制的开放性服务，包括提供丰富的工具集套件能力，专业的服务支撑能力，建立基于大数据能力开放体系的生产、消费、创新的多方参与"生态圈"，满足未来数据运营的需求。

算力网络大数据服务能力开放的能力包含数据采集、清洗和加工工作、数据处理几个方面，其中比较核心的数据处理包括传统的 Oracle 批量处理、"Flume+Kafka"数据流处理、Hive/Spark/Mr 的海量离线处理、"Hbase+Redis"混搭的海量查询架构，最后通过 SMP（对称多处理结构）架构数据库进行跨域数据整合并对外提供查询、报表和相关的数据服务。

算力网络大数据能力开放分为能力交付层、能力整合层和基础资源层，其中能力整合层是大数据能力开放最重要的一层，核心能力都处于该层，主要完成动态资源调度、数据计算及存储、数据能力展示、数据获取、工具组件和容器环境部署等。

能力交付层实现案例包含了能力中心、工作台、能力集成、租户管理和系统管理 5 个模块。通过能力中心，租户可以查询平台提供的全部工具组件的种类、版本、容量、技术支持等信息，并根据需要申请使用；通过工作台，租户可以查看到已申请的各类资源历史和当前的使用情况，数据加工作业的运行情况，各类业务和数据工单的流转状态，并综合平台整体资源监控指标和租户资源监控指标，形成租户性能和服务等级协议（Service Level Agreement，SLA）评估报告，为租户资源扩容、缩容申请提供数据依据；能力集成模块实现了数据中心所有应用程序编程接口（Application Programming Interface，API）集中注册、发布、订阅、发现、安全管理控制与运行质量分析的管理；租户管理模型实现租户的注册、入驻、退租、资源扩容和缩容、计费等功能；系统管理模块实现了对租户各类角色的功能权限和数据权限管理、应用日志和系统日志的管理。

基础资源层涵盖了 x86 机群、集中存储、小机、网络等设备。其中，x86 机群设备分为两类：一类存储服务器主要位于机房大数据区，主要用于组建 Hadoop 环境或者其他计算框架；另一类位于核心区，主要以虚拟机为主，用于满足部署集群接口机和各类应用环境的需要。集中存储设备和小机主要用于搭建 Oracle 12c，Oracle 12c 数据库引入了多租户环境（Multitenant Environment），允许一个数据库容器（Container Database，CDB）承载多个可插拔数据库（Pluggable Database，PDB）。这种场景满足了算网大数据能力开放中多租户对于关系型数据库的需求。

算网大数据服务能力开放实现企业"资源、数据、服务、工具、开发"五个基础能力开放，为数据生态圈构建"注入智慧"，驱动数据应用创新，充分释放企业数据价值：

- 汇聚能力，共享开放：通过能力接入标准化，聚合并共享企业各种能力，避免重复开发，节约开发成本。
- 能力显性化，敏捷运营：通过Open API，快速构建应用，加速业务创新。
- 提供一站式开发工具：为企业提供一站式数据"采集、计算、开发、智能调度、监控、服务封装、数据可视化"能力，降低开发门槛、提升开发效率。

7.4.4　算力与IT组件生命周期管理

算力与 IT 组件生命周期管理支持能力 API 上线、能力 API 暂停 / 恢复、能力 API 变更、能力 API 下线、能力 API 版本管理等功能。

（1）能力 API 上线。

新注册的能力进行上线操作，上线操作进入运营者审核。运营人员查看能力的详细信息，执行审核通过或者不通过操作。审核通过后，能力状态变为上线；审核不通过，能力状态为审核不通过。支持对审核不通过状态的能力进行编辑，编辑完成后，能力状态为待审核，进入能力变更审核。审核通过后，能力状态变为上线；审核不通过，能力状态变为审核不通过。

（2）能力 API 暂停。

能力 API 暂停是指提供给运营人员暂停上线状态的能力的功能，包括填写变更信息（填写变更时间和变更原因）、发布公告（包括公告标题、失效时间、备注、公告内容），最后确认变更提交，等待审批。审批通过后，在到达变更时间之前，不可以进行任何操作；到达变更时间后，能力状态为暂停。能力恢复支持对暂停状态的能力进行恢复，能力恢复的过程包括填写变更信息（填写变更时间和变更原因）、发布公告（包括公告标题、失效时间、备注、公告内容），最后确认变更并提交，等待审批。审批通过后，在到达变更时间之前，不可以进行任何操作；到达变更时间后，能力状态为上线。

（3）能力 API 变更。

能力 API 变更是指对能力基本信息进行调整的过程。支持能力基本信息的修改，包括能力名称、能力描述、能力输入参数、能力输出参数、能力分类等。提交能力 API 编辑申请后，等待审批确认，能力状态为待审核。审批通过后，能力状态为上线；审批不通过，则能力状态为审核不通过。

（4）能力 API 下线。

能力 API 下线是指提供给运营人员对上线、暂停状态的能力进行下线的权利，包括填写变更信息（填写变更时间和变更原因）、发布公告（包括公告标题、失效时间、备注、公告内容），最后确认变更并提交，等待审批，审批通过后，能力状态为下线；审批不通过，能力状态为审核不通过。也支持从监控平台获取能力 API 调用记录，那些不再被订阅或者已经没有调用量的能力 API，也可以做能力 API 线上治理，对能力 API 进行下线操作。

（5）能力 API 版本管理。

能力 API 版本管理指能力提供者提供的能力 API 版本控制，如果后端能力提供者提供的能力是向后兼容的，那么客户端不需要修改，能力提供者直接修改后端能力即可。随着时间的推移，需要对现有方法进行不向后兼容的更改。由于不破坏客户的客户端代码很重要，因此决定维护两个能力 API 版本。当新的版本上线后，可以给订阅老版本 API 的客户发通知，提醒有了新的版本 API，建议切换到新版本 API，并给出新版本 API 下线时间，在此时间之前用户可以继续使用老版本 API。

7.4.5 算力及IT服务注册

算力及 IT 服务能力提供者通过算网能力开放平台进行服务注册，运营者审核后发布能力到能力市场供能力消费者订阅消费。能力注册发布流程如图 7-15 所示。

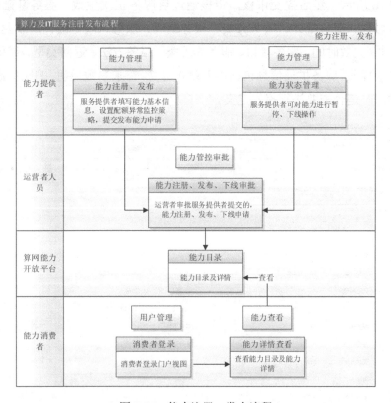

图 7-15 能力注册、发布流程

能力创建流程：

（1）服务提供者登录合作伙伴视图。

（2）服务提供者进行能力创建，设置配额及异常监控信息，并提交能力发布或变更申请至运营者。

（3）运营者审批服务提供者提交的能力创建或变更申请。

（4）能力消费者登录合作伙伴视图，单击能力目录可查看能力详情。

算网 IT 服务注册过程包含 IT 服务注册、IT 服务编排与封装、IT 服务参数映射三个过程。

1. IT 服务注册

能力开放平台提供两种服务注册方式：批量导入和单个服务注册。批量导入是通过模板导入，需要服务提供者按模板要求填写服务信息，然后一次性导入。单个服务注册，需要运营人员通过页面依次输入服务基本信息和扩展信息，如图 7-16 所示，然后提交审核，审核通过后服务正式生效。服务基础信息包括服务名称、服务描述、服务分类、服务编码、服务风险等级、所属业务中心编码、生 / 失效时间、服务接口、服务实现类、服务方法、返回类型、调用地址、服务参数导入。服务扩展信息包括接入模式定义、请求参数说明、响应参数说明、服务调用时是否需要进行授权定义。

图 7-16　服务注册页面

2. IT 服务编排与封装

在能力开放平台中，原子服务并不能直接被外部应用调用，需要经过能力开放平台的编排和封装，生成新的能力服务才能被外部调用。服务编排是通过流程编排工具，把几个原子服务连接起来，用于完成一个更加聚合的业务功能。如开户业务，当操作员在开户页面填写完用户开户信息后，单击"开户"按键后，后台可能会涉及用户信息创建、号码资源预占、产品规则校验、送开通、送计费等一系列操作，这时就可以通过服务编排把这些原子服务组合起来，形成一个调用链，专门用于开户提交操作。

流程编排工具对服务进行编排后生成的是一个包括服务调用规则的 XML 文件，并不是被外部应用调用，它需要和原子服务一样进行二次封装后才能形成真正能够被外部应用调用的能力，称为流程服务。能力开放平台对原子服务和流程进行二次封装有三个好处：一是对外屏蔽了服务提供者的具体的实现细节；二是通过二次封装能够更好地适应外部复杂的应用环境；三是为能力的扩展提供了编排切面。如图 7-17 所示是一个服务编排页面。

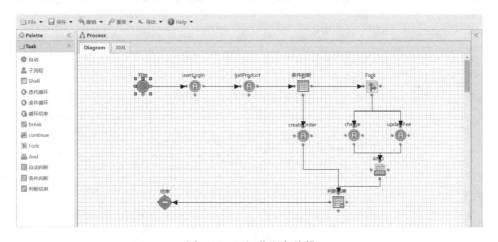

图 7-17　可视化服务编排

流程编排完成后，需要进行服务封装才能够被外部应用调用。流程封装前需要先创建一个能力接口，定义其出入参数。流程编排完成以后设置与能力接口的映射关系，首先是接口映射，其次是参数映射。接口映射是在服务流程的开始节点上进行设置，如图 7-18 所示。

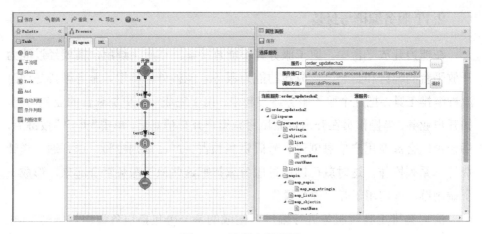

图 7-18　流程参数配置

接口映射设置完成后，需要定义流程中各节点服务之间的出入参数映射关系。包括流程入参与第一个服务节点入参的映射关系、最后一个服务节点出参与流程出参的映射关系。如图 7-19 所示是第一个服务节点需要从服务流程外部获取参数，需要第一个服务节点的入参与流程开始节点的入参(即流程入参)做映射。

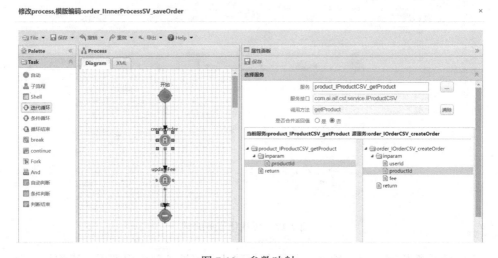

图 7-19　参数映射

3. IT 服务参数映射

第三方应用发起服务调用请求经过能力管控、安全管控等一系列校验处理后，开始服务调用。服务调用前要进行参数匹配，即把能力服务的入参转换为原子服务的入参。对于服务流程，由于中间涉及多个服务，服务之间可能存在依赖关系，如前一个服务的出参有可能是下一个服务的入参。对于服务流程在执行过程中参数匹配能力开放平台通过维护一个服务执行上下文实现了参数匹配。现以服务流程为例介绍其适配过程。

假设一个服务流程由 a、b、c 三个原子服务编排而成，每个服务都会有自己的出参、入参。适配的过程就是从服务流程上下文中给入参赋值并将出参的结果写入到上下文中。流程执行到不同服务时，上下文的数据也会有相应的变化。从最初服务的开始执行的时候，上下文中只有系统级的参数和入参（服务调用时传入的参数），到执行完一个服务后上下文就会增加这个服务的出参，执行上下文参数是一个不断增大的过程，如图 7-20 所示。

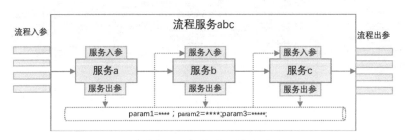

图 7-20　服务编排适配

参数适配过程为：

（1）能力开放平台收到第三方应用的能力调用请求，启动流程引擎。

（2）流程引擎根据预置的流程入参与流程内部原子服务的入参的映射关系，将流程参数的入参映射成为流程中第一个原子服务节点的入参。

（3）流程引擎根据服务编排时定义的流程内部原子服务之间的参数映射关系，按照流程内部原子服务调用顺序，从第一个节点服务开始，依次进行参数映射和服务路由调用。

（4）流程执行完成后，流程引擎根据预置的流程出参与服务参数的映射关系，将此服务调用的出参映射为流程的出参。

7.4.6　算力及IT服务调用

能力消费者对已订阅的 IT 服务能力发起调用，经过访问控制、策略控制后路由到能力提供者提供的具体能力，并发起调用，调用过程记录下来供统计分析。能力调用管控流程如图 7-21 所示。

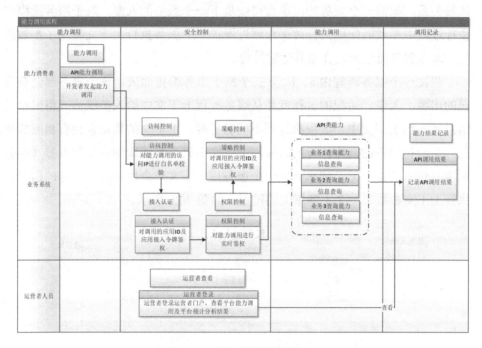

图 7-21　能力调用管控流程

流程说明如下：

（1）能力消费者发起 API 能力调用。

（2）能力集成管控进行安全管控：完成白名单的控制。

（3）能力集成管控进行能力管控：获取能力 ID 和 AppID，基于能力调用关系完成能力访问的权限控制。

（4）能力集成管控进行应用管控：基于应用状态完成能力访问的路由控制。

（5）能力集成管控进行策略管控：完成流量控制、配额控制。

（6）能力集成管控调用服务：根据服务的注册地址和能力参数，调用能力提供系统的能力接口。

（7）能力提供系统返回服务接口调用结果给能力集成管控。

（8）能力集成管控返回能力调用结果给能力调用系统和合作伙伴。

（9）能力集成管控生成能力调用记录，入库保存。

服务调用路由确定服务执行具体在哪个节点上进行，由于能力开放平台的服务来自业务中心，而每个业务中心都是集群部署，所以服务路由首先要确定哪个业务中心，然后再确定哪台主机。

首先需要根据以下两个关联关系确定可接收本次服务调用的业务中心（通过能力开放平台对外提供该服务的业务中心）的节点地址。

- 第三方应用发送能力调用请求时，按照分域访问规则策略将请求发送到指定的能力分发域中。
- 根据能力分发层域（集群）节点定义中能力分发域与服务节点的关系，确认该域名的能力分发域发起的服务调用请求可路由的服务节点。
- 根据服务路由规则，获取该服务入参中包含的路由关键字和路由路径信息，根据匹配到的服务路由规则配置信息确定可用的服务提供方节点信息。
- 确认可接收本地服务调用请求的服务提供方的节点信息后，根据路由策略（rolling-轮询/random-随机）确定服务调用的目标节点，并按照目标节点的协议和地址，将请求发送到目的系统中，进行服务调用。

7.5　算力网络能力开放新技术引入

区块链作为核心技术自主创新的重要突破口，加强对区块链数据共享模式的研究，探索其发展规律，"区块链＋算网能力开放"的探索模式正是在此背景下发轫，利用算网能力开放平台把区块链技术开放给第三方应用，助力第三方快速构建基于区块链技术的业务应用。下面将从区块链技术特性、区块链技术应用场景和区块链能力开放三个方面介绍区块链技术在算网能力开放平台中的应用。

7.5.1　区块链技术特性

区块链技术主要包含：去中心化、不可篡改性、可追溯性、自治性四个特性，根据集中特性开发相关通用业务能力，通过算力网络开放平台开放出去，降低业务应用使用区块链技术的学习成本，快速进行场景式业务开发。

（1）去中心化：瞄准真实数据需求、多元主体协同互信。

"去中心化"的特征技术连接 P2P（点对点传输技术），区块链上所有节点共同参与、共同维护、共同治理，管理权限不集中于单一主体，任意节点的权利和义务平衡对等，且数据的添加、节点的扩充也必须获取链上所有参与节点的共识，这意味着上链节点储存着相同的、全部的数据信息，享有相同的数据存储、读取、查询和验证权限，如政府间数据传输过程无须第三方的介入，并最大化减少数据收集、整理、传递的技术型风险和管理型失误，各层级数据治理主体实现交互与联通，"信息孤岛""数据烟囱"局面会被根本性改善。具体表现在：第一，政府数据开放共享平台可基于去中心化思路进行分布式布局，集中部署的服务器、存储设备可分散至各服务节点上，有效规避中心节点瘫痪导致的系统崩溃、其他节点无法正常运作的风险，在统一基础服务供给的前提下设置数据合约完成数据交互共享，无须重新开发、定义数据接口，能够有效提高数据存储和容灾能力；第二，借助点对点传输表达公众真实数据需求并同步至整个区块链网络，通过数据的深度挖掘、分类分级整理，甄别出有效性高、利用率大的数据；第三，实现治理结构由"一对多"到"多对多"的升级、治理主体由一元统管到多元治理的迭代，逐步强调治理主体的有限理性扩充。一旦区块链技术应用铺开，加入节点数量越多，信息数据库容量越大，系统内部的扩展性能也就越强，数据利用方的公众、企业也会被拉入共享开放圈，庞大数据库中的数字资产被盘活，积极促成非涉密型数据的大范围开放流通，进而实现数据系统的有效扩容、数字要素的大力盘活、治理韧性的持续增强。

（2）不可篡改性：核验数据管理权责、提高数据运行安全性。

"不可篡改性"的特征连接加密算法，包括哈希算法、非对称加密算法、数字签名技术，通过各区块间首尾相连下公钥与私钥的双重加密、解密操作，使数据验证、传递过程透明严谨，基于哈希值和数字签名等加密技术让跑在链上的所有数据不被篡改和泄露，"除非能够同时控制整个系统中 51% 的节点，否则单个节点对数据库的修改是无效的，也无法影响其他节点上的数据内容"，又因这一篡改行为需要付出巨大成本投入而难以实现，且加入节点越多，内容安全系数越高。具体表现为：第一，加密算法下可对私密信息、高危数据、敏感数据进行脱敏存储，安全性能大大提升；第二，政府部门数据共享时数据管理合约输出的数据资源权属部门的哈希地址信息，将有效保护数据所有方，厘清部门的数据所有权与数据使用权，解决因操作失误、数据泄露产生的权属纠纷；第三，通过数字签名技术对部门间数据共享操作签名和验证的两个互补性流程，可确保经数据管理权责核验后的数据完整性。

（3）可追溯性：追溯数据精准到位、提供监管新思路。

"可追溯性"特征连接时间戳技术，基于哈希算法运行使上链数据被压缩、加密，区块间通过哈希值连环扣式地挂联，设定后一个区块具有前一个区块的哈希值，并随机纳入时间戳，不断重复，依此相连，最后形成一个完整的链条，实现唯一标识某一刻时间的数据信息在时序区块中的流转全程可追溯。简而言之，上链的可开放政府数据的区块头会被标有时间，随时标记各层级政府主体参与数据归集的生成时间和连接顺序，数据的采集、归类、传递、利用等每一环节均被记录在链，任何被写入、传播、核实或删除的数据都会在区块链中留下痕迹与时间戳，此外，加盖时间戳的数据信息是无法篡改的，实现政府数据流转的全程可溯，方便实时查询与追溯数据开放责任方，传统数据共享中出了事故责任推诿与开放懈怠性等问题可迎刃而解，这促使数据监管的责任认定边界清晰，变事后监管为实时监管，从源头打破数据监管的形式主义。

（4）自治性：统一技术标准、管控数据流转生命周期。

智能合约机制是区块链的高度自治性和可编程性功能的最典型例证，通过嵌入预先设定规则与协议条款的代码，实现技术程序自动化执行，政务数据开放格式混乱、读取权限不一、质量标准参差不齐等问题可以通过先行设定智能合约协议机制予以解决。数据采集前期，各部门在明确各自负责的数据性质及管理权责后，依据事先拟定的数据资源标准，以电子化形式编程，进行机器语言处理，展开政府数据资源目录各项代码编制工作，并依据核心数据字段对元数据进行清洗、筛选，明确各部门与数据访问及调用权限、数据资源目录间的关联，形成自动化执行代码，确保政务数据更新的持续性，以上过程均基于指定、统一的代码的智能合约设定。数据统计应用时，以代码和电子签名对照数据的类型、标准、范围、数量展开双重核对、验证，规避"各自为政"下数据统计标准和方法不一的冲突，推动数据趋向高效率、优质量开放共享；数据归集梳理后，针对不合格履约部门予以警告记录，方便问责溯源、查找政府数据开放效率低下、质量不过关的权属政府部门，且智能合约作为定期更新和增加补丁的计算机标准，可以根据不同的政府机构调整情况和数据采集能力调整合约内容，逐步形成一个能够发挥实际效用并适合应用现状的数据库和管理系统，进而有效实施数据的共享共用及智能化、自动化的数据处理自治机制，最终实现数据流转的全生命周期管控。

7.5.2 区块链技术应用场景

隐私计算作为区块链技术场景实例，是结合区块链技术的数据安全计算服务，实现数据的生产、存储、计算、应用的全流程安全可审计，保证多方协同中"数据可用不可见"和"过程可信可追溯"，帮助客户打破数据孤岛，充分发挥数据价值。

隐私计算提供以下服务：

- 可信计算：基于可信软硬件及区块链技术，保证在企业数据绝对安全和保护隐私的前提下完成多方数据协同计算。
- 安全多方计算：在无可信第三方情况下，通过多方共同参与，安全地完成某种协同计算。解决企业数据协同计算过程中的数据安全和隐私保护问题。
- 联合计算：集成区块链分布式、数据加密计算等技术，无须硬件支持，数据存储、计算均在本地环境执行，部署方式灵活。

隐私计算应用场景如下：

- 联合征信：金融机构对客户进行信贷风险分析时需要结合该客户在其他金融机构的数据，在合作过程中，数据各方担心业务数据遭到流失泄露造成不利影响。基于区块链隐私计算，在保护数据隐私及数据不泄露的前提下实现多个企业间的联合计算，协助征信库构建更加准确的用户或企业的画像。
- 政府数据开放：政府数据开放共享时，政府和企业担心自身数据泄露造成社会影响和商业损失。通过多方安全计算、联合计算等方式，数据使用方发起数据请求获取加密数据，使得政务数据不出本地完成计算、模型训练，并将计算全流程上链，实现数据和模型在计算过程中不被窃取、安全可信。

● 联合营销：传统联合营销模式中，媒体平台对广告主进行营销投放时需将双方数据集中到安全实验室中进行标签融合、模型训练，但面临数据丢失及篡改等风险。基于隐私计算，可满足在广告主数据不出库的前提下，得到营销投放模型，提升企业间营销数据协作并提高广告投放精准度。

● 医疗科研：在医疗机构中，病例数据作为最需要保护隐私的数据对医疗科研与病情推断具有重要价值。然而医疗数据更多地只在医疗机构内部流转和共享，不同医疗机构间的信息不畅通。采用多方安全计算的方式，可以实现数据不出库的前提下完成多方医疗数据联合计算，最终得到病例数据的统计结果。

● 高校科研：高校的许多研究课题会脱离企业、机构的真实数据实验环境，基于区块链隐私计算技术，在保障企业及机构数据不出域的前提下，既能让高校科研使用真实数据进行课题研究，又可以保护业务数据隐私安全。

7.5.3　区块链能力开放

算力网络能力开放平台把区块链平台提供的隐私计算能力注册并对外开放，满足第三方业务系统对区块链隐私计算能力的需要，以下以隐私计算平台对外提供的主要能力为例：

● 创建区块链账号能力。

● 设置区块链账号安全码能力。

● 下载账户私钥信息能力。

● 执行密钥托管能力。

● 专有化部署信息登记能力。

● 数据集管理能力（上传CSV文件），数据集名称、数据集ID，版本、数据集哈希、归属、创建时间、数据集ID、数据块ID、数据块大小、校验。

● 算法管理能力：算法名称、镜像ID、算法版本、算法介绍等信息，输入格式、输出格式。

● 任务管理能力：填写完整的任务创建字段，单击"创建"，通过格式校验后系统即可自动创建任务（任务名称、可信协作网络、任务执行节点、数据集诉求、算法模板、任务描述）。

- 任务执行、开始执行计算结果查看能力。
- 下载任务结果能力。

7.6　电信行业算力网络能力开放应用

电信行业能力计费场景是指电信业务沉淀下来的有复用价值的 API 能力注册到算力网络能力开放平台，算力网络能力开放平台对合作伙伴订阅调用这些 API 的过程进行费用的计算和扣取，实现业务能力变现。

7.6.1　技术定位

通过能力计费实现算力网络能力 API 的调用和算力网络能力开放平台服务质量的价值变现，提供算力网络能力开放平台的运营能力，体现能力开放的价值。算力网络能力开放平台与能力计费的关系如图 7-22 所示。

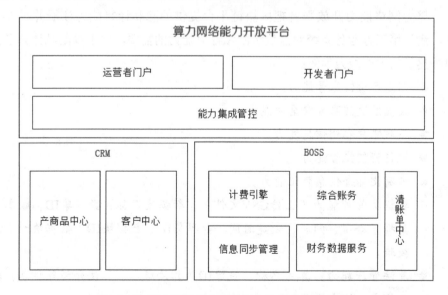

图 7-22　算力网络能力开放平台与能力计费定位

（1）算力网络能力开放平台。

开发者门户：分为企业开发者与个人开发者，实现开发者注册、能力产品订购以及能力消费的入口。

运营者门户：为运营者提供能力产品信息配置与管理的入口。

能力集成管控：实现开发者管理、能力产品管理及开发者能力消费过程中的用户鉴权、配额控制、服务调用及能力话单的输出。

（2）CRM。

产商品中心：对同步至 CRM 的能力产品信息进行管理与维护，包括产品定义、产品能力关系、能力基本信息以及计费规则配置。

客户中心：实现开发者资料信息的绑定以及订购关系的管理。

（3）BOSS。

计费引擎：按照能力产品的计费规则对能力产品进行批价处理。

财务数据服务：实现根据批价信息对账务进行扣费处理，实现账务变更。

综合账务：提供账户余额信控与配额信控。

信息同步管理：包括开发者资料与订购关系同步信息的管理。

清账单中心：实现保存计费的清单和账单数据，供用户查询。

（4）平台之间的关系。

与 CRM 的关系：能力开放平台同步能力产品信息与开发者资料信息，由 CRM 完成对开发者信息的绑定以及能力产品信息的维护。

与 BOSS 的关系：能力开放平台输出能力的计费话单，由 BOSS 完成计费及扣费。

CRM 与 BOSS 的关系：CRM 同步开发者与能力产品数据至 BOSS，根据能力消费结果对客户中心进行实时信控。

7.6.2　订购计费流程

电信行业算力网络能力开放能力订购计费流程参考如图 7-23 所示。

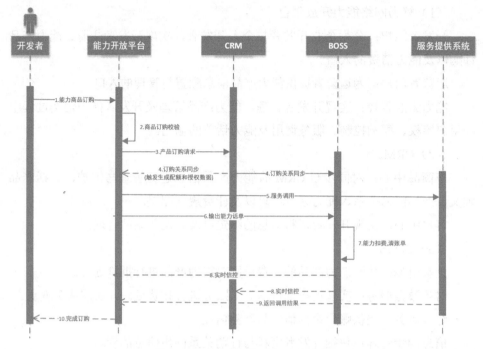

图 7-23 能力产品订购与计费流程

（1）开发者（个人开发者、企业开发者）在开发者门户订购能力商品。

（2）能力开放平台进行开发者状态、上下架关系等一系列校验，验证通过后继续下一步处理。

（3）能力开放平台按照能力商品定义，将能力商品订购转换为用户产品订购，并向 CRM 发起产品订购请求。

（4）CRM 接收产品受理请求，触发生成商户—能力授权数据和商户能力配额数据，校验通过后生成产品订购关系，并同步订购关系给能力开放平台和 BOSS。

（5）能力开放平台按照订购商品的服务编排规则，依次调用服务提供方的服务。

（6）能力开放平台输出能力话单给 BOSS 的计费引擎（CBE）。计费引擎根据 BOSS 系统保存的能力产品数据和能力订购数据对能力计费单进行批价处理。

（7）计费引擎调用账务数据服务（BDS）进行相关费用扣减并清账单数据，统一入清账单中心保存，并对外提供查询功能。

（8）提供账户余额信控（由 BOSS 触发，通知到能力开放平台）与配额信控（由能力开放平台直接控制和触发）。

（9）返回调用结果给能力开放平台。

（10）完成开发者订购申请。

7.6.3 应用场景

算力网络能力开放平台的应用场景如下：

（1）算力网络能力开放平台支持按次计算能力 API 的调用费用，并记录费用明细。

（2）算力网络能力开放平台支持开发者购买一定数额的能力 API 调用次数，并在调用次数达到阈值时提醒开发者再次购买。当调用次数用尽时，能力开放平台需支持以下三种控制策略：自动重新购买调用次数、终止开发者调用此能力 API 或者按照能力 API 单次调用进行费用计算。

（3）算力网络能力开放平台支持能力 API 按调用周期（月、季、年）进行租费计算：支持能力 API 计费周期内对能力 API 的调用次数进行统计。当能力 API 的调用次数达到配额时，支持以下两种调用控制策略：

● 支持停止能力API调用，并反馈能力API调用次数已达到最大值。

● 支持不停止能力API调用，按照能力API按次调用标准资费继续计费。

（4）支持开发者在开发者视图查询能力 API 调用费用明细数据。

第8章 算力网络运营运维

企业数字化转型已成为业务发展和应对市场不确定性以及新机遇的必备条件，在企业数字化转型过程中，一个能够感知用户且能够持续生长的 PaaS 运维运营平台就显得至关重要。回顾 IT 企业的发展历程，主要有三个因素影响了企业运维运营的发展。首先是在万物互联时代背景下，每个企业都需要实时感知客户，成为"客户的运营商"。同时，IT 技术架构的发展日新月异，随着敏捷开发、CI/CD、微服务等技术的出现，企业的运维运营能力也面临着更高的挑战。其次企业的业务架构从单体向云原生架构演进，导致企业内部的技术栈也越来越复杂，企业对于运维运营的个性化要求也进一步增强，这就要求能够实时感知客户变化、预知客户需求，形成从运维监控到能力运营的闭环管理。最后，随着大数据、智能化等先进技术的日益成熟，给运维治理带来了质的提升，因此为了适应企业信息化发展要求，为应用提供敏捷、高效的通用基础设施，迫切需要运维运营支撑向自动化、智能化方向发展。

回顾过去的 30 多年，从 PC 互联网、移动互联网到万物互联，从 Client/Server 到虚拟化、云计算、人工智能，运维运营从 IT 概念诞生之初就相伴生长。随着云原生大行其道，将通用的运维运营能力与具体的业务场景解耦合，将能够可沉淀复用的能力纳入云原生 PaaS 体系，并在 PaaS 基础上针对多样化的运维场景构建对应的运维工具集。从马克思主义哲学上讲：能够制造并使用工具从事生产劳动，是人与动物的本质区别之一。在 IT 运维领域，道理也是一样的：能够伴随企业生长，为企业赋能的自动化 PaaS 运维运营平台，才是企业真正需要的。

万物互联时代积累的 IT、CT、DT 能力将赋能企业数字化转型。面向平台管理人员及租户提供全面的算力资源统一监控，收敛分散在各体系中的运营运维能力，提供一站式入口。构建标准化的运营运维指标体系，提供监控运营分析工具，对应用及系统运行状况、资源利用率分析等进行多维分析。直观展示业务、应用及平台的运行状况，最终达到以数据驱动，为系统扩容、性能优化、应用质量提升等提供数据支撑的目的。

8.1 算力监控

监控体系是整个运维乃至整个业务生产闭环周期最重要的一环，是运维人员的眼睛，事前可以通过监控及时预警发现故障，事后提供详细的监控数据用于故障定位。但是，随着云化、容器化、微服务、智能化等新技术的出现，生产运营工作的内外部环境出现了深刻变化，传统的监控方式已无法从各个维度全面分析保障生产的运行。各应用系统向微服务架构演进及应用容器化，在给业务带来灵活性、扩展性、伸缩性以及高可用性等优点的同时，其复杂性也给运维工作中最重要的监控环节带来了挑战。因此，如何能快速掌握应用算力运行情况、快速定位算力故障问题、发现影响整体系统运行的瓶颈、快速执行算力运维操作等成为云原生架构下算力监控系统的重中之重。

众所周知，建设永远比破坏困难得多，一个完善的企业监控体系，其建设周期较为漫长。同时随着业务场景的变化及先进技术的出现，监控体系自身也要能够不断迭代优化。企业在做监控方案时，通常会面临以下难点。

● 运维难度增加：分布式架构场景下，需要对系统调用链路进行全面监控，从而保证系统的健康、稳定运行，并能够在服务异常时及时发出告警。然而，面对数量庞大、关系复杂的微服务集群，运维人员往往无法全部兼顾，想要做到全面监控、确保系统万无一失并不是一件容易的事情。

● 分布式的复杂性：原来各个业务系统的进程内通信变成了进程间通信，在分布式环境下，网络的影响也会增大。由于网络故障、抖动，可能会引起服务调用的失败或者变慢，需要提供额外的保障机制来确保系统的整体可用。此外，在分布式系统中，如果出现系统故障，其故障定位也比单体架构困难得多，需要借助一整套微服务治理工具辅助微服务的交付和运维。

那么如何构建企业的运维监控体系？首先人总是会犯错的，我们要明白监控的重要性，以及通过监控要实现的目标。目标通常包括对目标系统进行实时监控、业务问题及时响应、随时反馈目标系统的监控健康状态、提前预知故障风险、能够快速定位故障原因等。其次要了解监控方法，方法不正确，做的都是无用功，例如，监控对象如何工作、监控对象有哪些性能指标、监控对象告警阈值如何确定、对故障原因及问题防范进行归纳总结，等等。

算力资源的多样化要求企业在建设 PaaS 平台时，必须具备对基础设施、容器、应用 Pod 实例、中间件、服务等算力的统一采集、分析、告警等基础运维能力，从而实现 PaaS 平台各组件算力的统一监控，实行集中化管理运营，将告警、资源等指标与客户需要进行关联，实时向客户推送告警。

8.1.1　算力基础设施监控

当前，随着云计算、人工智能、大数据等新一代 IT 技术快速发展，加速传统产业与新兴技术融合，促进数字经济蓬勃发展。算力基础设施作为各个行业信息系统运行的基础载体，已成为经济社会运行不可或缺的关键因素，在数字经济发展中扮演着至关重要的角色。

基础设施层能够将虚拟化或容器化后的计算资源、存储资源和网络资源以服务的方式被资源管理层调度使用。基础设施层通常采用虚拟化技术在一台物理机上运行多个虚拟机，不同虚拟机之间相互隔离，可以运行不同操作系统，使得硬件资源的复用性成为可能。基础设施监控主要对各类硬件资源、操作系统进行性能及状态监控，并提供可视化展示，这是所有上层平台、业务系统的运行基础。PaaS 平台向下根据业务能力需要测算基础服务能力，通过 IaaS 提供的 API 接口调用基础硬件资源，向上提供业务资源调度中心服务，实时监控平台的各种资源，并将这些资源通过 API 接口开放给前端用户。

作者根据程序设计的角度对基础设施做了以下分类，企业可以结合实际对分类进行调整。每种分类都涉及不同的监控指标、不同的收集方式。以容器资源视图为例，通过对 K8s 集群、K8s 节点、K8s 集群 Namespace、POD、容器资源的监控，实现容器资源监控的可视化展示。包括以下范围：

- 资源视图：支持主机总览视图，可以看到资源的总量、使用情况、告警信息。

- K8S集群监控：支持监控到集群健康状态、节点数状态、CPU 使用情况、内存使用情况、网络使用情况。

● K8s节点监控：支持通过K8S集群向下钻取到具体节点IP、节点调度状态、节点CPU使用率、节点内存使用率、网络上行/下行、文件句柄使用情况、TOP进程情况。

● K8s Namespace监控：支持监控集群的Namespace的资源（CPU、内存、磁盘）的分配情况、使用情况，资源启用情况和剩余情况。

● POD监控：支持监控POD的命名空间、创建时间、启动数、磁盘读写情况。

● 容器故障：支持监控容器的资源使用情况，包括容器状态、CPU、内存情况。

● 故障自愈：能够根据标准可配置的告警场景进行对应的故障自愈操作，如PaaS内主机类的重启、扩容、缩容，服务的重启等。

● 监控检查：支持检查容器的健康状态，对容器进行健康检查。

作者按高中低三个维度对基础设施数据进行运维分析，例如高权重可以包括 CPU 使用率、内存使用率、GPU 使用率、磁盘使用率等。中权重包括磁盘每秒写入字节数、GPU 显存空间量、系统运行平均负载等。低权重包括集群 JOB 数、调度器调度频率、集群 Namespace 数，等等。

● CPU使用率：服务器运行程序时占用的CPU资源，表示服务器在某个时间点的运行程序的情况。

● 内存使用率：体现进程在服务器中的开销。

● 磁盘使用率及GPU使用率、当前进程打开文件数、自定义时间段的系统平均负载、当前内核空间占用CPU百分比、GPU显存空闲量、磁盘每秒写入字节数等。

基础资源场景通过对关键资源的指标监控，实现对资源的图形化展示。主要的业务流程主要涉及数据接入、监控粒度指标计算、视图展示等。如图 8-1 所示是基础设施监控业务流程。

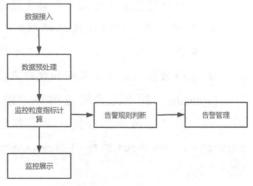

图 8-1　基础设施监控业务流程图

算力基础设施监控通常基于 Prometheus 开源组件实现，Prometheus 是一款时序（Time Series）数据库，但它的功能却并非止步于 TSDB，Prometheus 还是一款用于进行目标（Target）监控的关键组件。它受启发于 Google 的 Brogmon 监控系统，由工作在 SoundCloud 的前 Google 员工在 2012 年创建，作为社区开源项目进行开发，并于 2015 年正式发布。2016 年，Prometheus 正式加入 Cloud Native Computing Foundation（CNCF）基金会项目，成为受欢迎度仅次于 Kubernetes 的项目。2017 年年底，发布了基于全新存储层的 2.0 版本，能更好地与容器平台、云平台配合。Prometheus 作为新一代的云原生监控系统，目前已经有超过 650+ 位贡献者参与到 Prometheus 的研发工作上，并且超过 120+ 项的第三方集成。

作为新一代的监控框架，Prometheus 具有以下特点：

- 提供多维度数据模型和灵活的查询方式，通过监控指标关联多个Tag，可以将监控数据进行任意维度的组合，并且提供简单的PromQL查询方式和HTTP的查询接口，并且还可以对接Grafana，通过GUI界面的方式展示数据。
- 在不依赖外部存储的情况下，支持服务器节点的本地存储，通过Prometheu自带的数据库，可以完成每秒千万级别的数据存储。此外，在需要大量存储数据的场景下，Prometheus还可以对接第三方时序数据库和OpenTSDB等。
- 定义了开放指标数据标准，以基于HTTP和Pull的方式采集时序数据，并且支持以Push的方式向中间网关推送数据，能够更加灵活地应对多种监控场景。
- 支持通过静态文件配置和动态服务发现机制来完成数据采集。
- 易于维护，可以通过二进制文件直接启动，并且提供了容器化部署镜像。
- 支持数据的分区、采用和联邦部署，支持大规模集群监控。

Prometheus 的生态系统包括多个组件，大部分的组件都是用 Go 语言编写的，因此部署非常方便，而这些组件大部分都是可选的。Prometheus Server 是 Prometheus 组件中的核心部分，负责实现对监控数据的获取、存储及查询。

8.1.2　算力组件监控

企业上线的生产系统需要提供监控能力，然而诸如消息队列、数据库、分布式缓存等生产环境的组件也同样需要监控，否则一旦系统出现故障，故障定位的难度和修复时间都会大大增加，同时也不易于进行问题总结和复盘。组件故障，很多时候是由于网络或者服务器资源问题导致，所以首先要监控好网络和服务器。组件一般自身没有自我监控机制，但是会有日志记录，因此可以通过日志分析监控组件是否正常。

综上分析，组件监控，可以从以下几个方面入手：

- 通过日志监控组件的状态，将中间件的日志收集到ES中，在企业的告警平台中准实时地去查询与分析中间件日志，一旦发现异常，符合自定义规则，就触发告警。也可以将中间件的日志收集到Kafka中，在告警平台中订阅消费中间件日志，根据自定义规则，实时过滤筛选，一旦发现异常，就触发告警。

- 通过调用方监控组件的状态。举个例子，如何判断Kafka是正常的？只需要启动一个客户端应用，去不停地生产和消费数据，一旦发现不能生产或消费了，就触发告警。基本都能反映中间件的真实情况，哪怕是中间件僵死，或者网络断开。

- 监控并记录网络和服务器状态（这是1和2的重要辅助手段），有了前面的两种监控还不够，因为不能够确定导致中间件不可用或者故障的原因。这个时候，就要配合监控和记录网络和服务器的状态。比如，在某个时间点，中间件故障了，查看网络波动记录，发现恰好这个时间点网络出了问题，就知道了是因为网络导致的中间件故障。

支持图表方式监控到所有技术组件集群的运行情况，操作人员可以通过向下钻取方式看到具体类型组件的详细监控。常用的组件包括 MySQL、Kafka、Nginx、Redis、MongoDB、Elasticsearch。包括以下范围：

- Web类：支持活动线程数、请求处理时间、进程状态、每秒请求数指标监控。

- 消息队列类：以MQ为例，支持监控到集群的可用情况、节点状态、消息生产TPS、消息消费TPS、CPU使用情况、内存使用情况。

- 缓存类：支持监控到集群可用情况、节点状态、TPS指标、客户端连接、内存使用情况、CPU使用情况。

- 关系数据库类：以MySQL为例，支持监控到的集群的可用情况、TPS、QPS、数据库连接数、锁数目、连接池利用率等指标。
- 负载均衡：如Nginx活动连接数、请求速率、请求错误数、请求处理时间等。
- 网络组件：支持监控网络组件，如Calico的健康状态的监控。
- K8s集群组件状态：支持集群组件状态（ETCD集群状态、Controller状态等）、集群系统服务状态、多集群插件状态等监控。
- 镜像仓库：可监控节点的资源消耗，包括节点状态、CPU、内存、存储和网络数据等。支持通过设置清理规则和保留镜像版本的方式定时清理镜像版本。

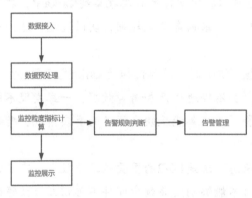

图 8-2　组件监控业务流程

组件场景监控通过对关键组件的重点指标监控，实现重要组件监控的可视化展示。主要的业务流程包括从数据接入到监控粒度指标计算再到视图展示。如图 8-2 所示是主要的业务流程。

组件场景监控通过对 Web 类组件、缓存类组件、分布式协同类、关系数据库类等重要组件的监控，实现监控信息的可视化展示针对组件进行的监控展示。这里列举部分主要业务元素，如表 8-1 所示。

表 8-1　组件场景监控业务元素

归属区域	元素名称	是否必填
Web 类组件	活动线程数	是
	请求处理时间	是
	进程状态	是
	每秒请求数	是
消息队列类组件	集群的可用情况	是
	节点状态	是
	消息生产 TPS	是

续表

归属区域	元素名称	是否必填
消息队列类组件	消息消费 TPS	是
	CPU 使用情况	是
	内存使用情况	是
缓存类组件	集群可用情况	是
	节点状态	是
	TPS 指标	是
	客户端连接	是
	CPU 使用情况	是
	内存使用情况	是
关系数据组件	集群的可用情况	是
	TPS	是
	QPS	是
	数据库连接数	是
	锁数目	是
	连接池利用率	是
负载均衡组件	活动连接数	是
	请求速率	是
	请求错误数	是
	请求处理时间	是
网络组件组件	健康状态	是
集群组件	系统服务状态	是
	插件状态	是
镜像仓库	节点状态	是
	CPU 使用率	是
	内存使用率	是
	存储使用率	是
	网络 I/O	是

8.1.3　算力应用监控

随着新兴 IT 技术的不断出现，企业的数字化业务场景不断增加，业务系统间的关联性也持续提升。对于传统企业来说，可能缺乏专业的运维团队以及专业的监控工具来应对日益复杂的业务场景。伴随虚拟化和云技术的高速发展、万物互联终端设备类型的增加和业务需求的多样化，如何高效、无侵入地在应用容器中部署和管理探针，成为各大企业运维人员最关心的问题之一。而如何有效地管理应用，保证业务的连续性和IT系统的稳定性是业务发展的迫切需要，企业需要对应用程序的可用性进行实时监控和管理。例如，微服务架构增加了系统关系的复杂性，系统由集中式走向分布式，使得系统日志也从集中变为分散。同时，由于分布式系统增加服务调用的路由节点，也使得服务出错的概率增加。这些都给系统运维增加了困难。为了解决微服务架构带来的运维难题，增强分布式系统的运营能力，必须要有一套应用监控系统，能够具备在多语言环境下，实时洞察应用性能的能力。通过端到端的业务全链路跟踪和关键行为回溯分析能力，配合多样化的图表分析功能，帮助运维人员时刻掌握应用健康状态。在黄金30分钟内快速发现、定位、解决故障，有效减少投诉量，确保用户获得最佳体验。如图 8-3 所示是算力应用监控指标表。

组件名称	指标名称	描述
应用实例监控	容器CPU	应用实例的CPU使用情况
	实例信息	实例的核数，内存等基本信息
	内存情况	应用实例的内存情况
	GC情况	应用实例的GC情况
	应用分线程池使用情况	应用实例每个线程池的线程总量、线程使用量、队列使用率
	堆栈信息	查看JVM堆栈信息
	线程dump	整个应用实例的线程dump信息
	调用量	当前实例中1分钟内的总调用量
	平均耗时	当前实例中1分钟内的平均耗时
	最大耗时	当前实例中1分钟内的最大耗时
	最小耗时	当前实例中1分钟内的最小耗时
	TPS	当前实例中1分钟内的TPS
	QPS	当前实例中1分钟内的QPS
	业务异常量	当前实例中1分钟内的业务异常量
	成功量	当前实例中1分钟内的总成功量
	数据库连接池使用情况	应用实例的数据库连接每个数据源的数据库连接总量、已用连接数

图 8-3　算力应用监控指标表

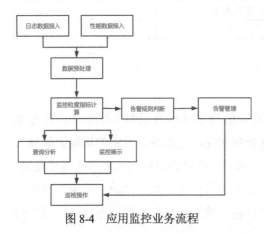

图 8-4　应用监控业务流程

应用场景监控通过对日志数据和性能数据的处理监控，实现对应用/租户的监控展示、告警和分析查询的能力，同时对监控告警异常的健康状况提供巡检的操作能力。如图 8-4 所示是应用监控业务流程示例。

那么如何实现应用的全方位监控分析？根据互联网及大型数字化

企业实施经验，主要基于以下几点：

- 应用拓扑展现：以业务视角透视 IT 系统架构，通过应用拓扑完整展现 IT 系统架构，帮助用户掌握业务在各个环节的性能表现，实现业务底层架构的透明化，打破黑盒认知。

- 用户链路跟踪：对指定的用户请求进行完整的全链路追踪，包括在整个请求过程中调用所有服务、组件、数据库等，帮助用户快速定位故障问题。

- 智能监控技术：基于大数据和机器学习等智能运维技术，在最短时间内定位故障根因，全面提升 MTTR。

- 基于先进的应用监控技术，可以给企业带来以下几点价值：

  - 应用监控能够帮助企业快速定位问题，例如对慢 SQL 请求进行深度分析，让企业能够在几秒钟内了解性能问题的根本原因，发掘特定调用的堆栈跟踪信息，只需几秒钟就能找出关于响应时间延迟的原因。运维人员可以清晰地了解当前应用性能情况，例如是否是代码原因导致应用用户体验下降，进一步导致客户的流失。

  - 帮助企业持续获取应用性能状态数据，企业通过监控平台开始对应用进行检测后，系统会持续地接收所采集的样本数据，数据实时采集，保证用户每次看到的报告数据都是最新的，真正做到对应用的实时跟踪。当监控平台发现潜在的服务器处理问题达到一定阈值时，会以报警的形式第一时间通知运维人员，引起运维人员的重视，及时处理，从而最大限度降低损失。

  - 全局业务分析，用户体验优化，横向汇总比较各项数据指标，实时获取全局业务健康度状态，针对性优化产品和服务，提升用户体验。

8.1.4　算力服务监控

微服务架构下，服务拆得越细，服务的粒度越小，可编排性就越灵活。与之相对的服务之间的调用关系就会变复杂。为了保证服务更好地运行，需要通过一整套微服务治理手段对这些服务进行监控和管理。服务监控，是服务治理过程中非常重要的一环。没有完善的监控体系，业务微服务改造后，就无法掌控服务的运行情况，在遇到服务故障时，如果不能快速定位解决故障，对于用户和业务来说就是一场灾难。

服务监控主要基于针对服务化的业务日志采集及处理后的数据，提供可视化的报表、图标展示等能力。主要的业务元素如表 8-2 所示。

表 8-2　服务监控业务元素

所属区域	要素名称	是否必填
服务调用监控	服务名称	是
	服务编码	是
	服务响应时长	是
	服务访问次数	是

需要支持但不限于如下能力。

● 服务总体监控：用于监控系统服务的总体情况，从宏观上了解系统运行状况。为了帮助运维人员更加精确地掌握系统现状，服务总体监控还可提供Top10功能模块，分别对访问次数、响应时长、出错次数，调用失败率排名前10的服务进行集中展示。

● 业务中心监控：用于监控每个中心的服务运行情况，包括业务中心总体监控和服务详细监控。中心总体监控包括服务数量、访问量、平常响应时长、成功率等。服务详细监控分为两级：一级记录每个服务的访问量、平常响应时长、成功率；二级是服务调用流水，可以对指标项进行排序。监控报表可以通过连接层层深入，也可以通过菜单导航。

● 服务异常监控：用于监控服务调用过程中的异常信息。异常监控提供明细信息和Top10信息。

● 服务流量监控：用于对服务调用频次数据进行监控，流量数据来源于对服务调用流水的统计分析，提供明细信息和Top10信息。

● 服务响应时长监控：用于对服务响应时长进行监控，提供明细信息和Top10信息。服务响应时长指服务执行时长，从服务请求开始到服务执行结束。

● 服务预警管理：预警管理的对象主要是一些关键服务，对全盘服务实现预警不现实也没有必要。服务预警分为流量预警、响应时长预警和异常预警，实现方式可通过对目标服务设定预警阈值和预警处理策略。如针对流量预警，当服务流量达到或超出预定阈值时，发出预警，同时根据处理策略执行相应的操作。预警处理策略有站内消息通知、限流、熔断等。

● 服务安全审计：对系统运行日志进行分析运算，把违反服务调用关系限制和系统约束的非法调用行为分析统计出来，供运维人员诊断系统中的漏洞和风险。

8.2　算力运营分析

作者认为，支撑业务运营是系统价值所在。以前业务运营对系统的要求并不高，只要系统运行稳定，能够满足日常的业务活动即可，并没有特别要求。如今，市场发生了很大的变化，人口红利结束，个性的需求开始出现，系统也不再孤立，出现了生态，这就对系统的运营能力提出了新的要求。不但要保证 7×24 小时不间断地提供服务，还要能够与外部连接，提供各种分析报表，还提供平台和运行环境的集中监控和数据分析，这就要求运维团队由运维向运营进行职能转变。同时，随着移动互联网、物联网等技术的高速发展，数据也随之以几何式增长。在电信行业竞争激烈的市场环境下，数据已经成为运营商的战略资产，业务支撑网内部也积累了大量客户体验数据、系统运行和运维过程中的数据。如何利用大数据处理技术将信息转化为商业价值、促进业务创新、改善用户体验、助力市场决策，是当前亟待解决的问题。

系统运维变成了系统运营，这也是企业精细化管理的要求。系统各层监控数据可通过监控大屏对外展示，以便各相关干系人能够及时了解生产环境的运行状态。运营中心通过数据分析技术对企业关注的运营指标进行大数据分析，为促进企业精益运营和流程改善提供数据支撑。同时，微服务化后的系统运营责任会更加明确，每个团队都有自己负责的微服务，这些微服务的服务能力和服务质量与团队的业绩绑定。以微服务的质量为考核指标之一，这也有助于系统的优化，有助于提升微服务的价值。

标准的系统化业务运营要达到以下要求：

● 能够评估微服务的质量，具备科学的分析能力，为各类分析方法提供功能支持，与运维团队绩效挂钩。

● 提供系统运营质量报告，包括服务引用次数、出错率、系统分布、价值、风险评估等。支持分析报表、报告的全方位、定制化展现及自动化生产。

- 需求的定制能力，能够根据用户个性化要求提供有针对性的产品或服务。
- 构建生态的能力，能够通过能力开放与外部系统进行连接。
- 具备数据管理能力，确保分析数据的完整和准确。并利用海量监控数据，进行资源容量分析，提升决策分析能力。

为了满足业务运营需求，需要面向平台运营管理人员提供系统全局管理、服务设计与变更、服务内容审查与批准、资源开放与审核的入口和界面呈现。这里的运营是广义的运营，不但提供平台的运营指标分析，还提供平台和运行环境的集中监控和数据分析。运营中心根据监控数据和日志信息对企业关注的运营指标进行大数据分析，为促进企业精益运营和流程改善提供数据支撑。

对运营指标的分析参考采用以下分析方法，对于专题的分析可以采用单一分析方法，也可以采用多种分析方法的组合，还可以根据运营分析需求引入其它必要的分析方法。以下内容来自《中国移动业务支撑网运营管理系统 BOMC（V6.0）规范》。

- 异动分析应用：通过对当前指标数据与历史/预测/基线指标数据的对比，发现运营异常，作为进一步分析的出发点。
- 趋势分析应用：通过对指标的历史数据进行特定周期的趋势分析，反映运营质量的变化趋势。
- 对比分析应用：对比分析法通常是把两个相互联系的指标数据进行比较，或把相同指标不同维度、不同环节的数据进行比较，从数量上展示和说明量的大小、效率的高低，以及各种关系是否协调。
- 构成分析应用：运营分析中，有些指标之间有构成关系（如整个业务过程的总平均时长由三个业务处理环节的平均时长构成），可以根据经验发现基本一致的构成比例，如构成比例曲线发生异常，则应及时展开分析。
- 综合分析应用：在具体专题分析过程中，可以使用单一分析方法，也可以使用多种分析方法的组合。

8.2.1 基础设施运营分析

随着近 10 年云计算行业的蓬勃发展，平台即服务（Platform-as-a-Service，

PaaS），也因此获得了高速的发展，在数字化企业中掀起了一股浪潮。PaaS 介于 SaaS 和 IaaS 之间，为应用系统提供技术底座能力，所以应用开发人员无须关心应用的底层基础硬件和应用基础设施，并且可以根据应用需求动态扩展基础资源。

PaaS 平台为应用提供统一模型的租户、用户、权限、角色、流程管理等基础运营管理能力供用户使用，提供平台级的单点登录能力对接运营商 4A 系统和组织架构信息，平台产品内部闭环登录。通过对纳管的基础设施资源对象的 CPU 使用率、内存使用率、存储使用率等指标进行分析，对租户资源使用情况进行评估，防止资源过剩，使资源利用最大化。下面列举了基础设施运营的分析要素和分析方法，供读者参考。

分析要素包括以下内容：

- 主机资源CPU、内存、磁盘空闲百分比，网卡流量。
- 容器集群CPU、内存使用率。
- 存储资源节点在线数、容量使用率、客户端连接数。
- 负载均衡出、入流量。
- 容器应用CPU、内存、磁盘使用率。

分析方法可以采用对比分析、异动分析、趋势分析对监控指标进行分析。

- 分析一段时间（周、月、年）内各资源类型（主机、容器集群、存储资源、负载均衡、容器应用）使用情况，可分析当前纳管的资源对象是否存在长时间资源利用过低的情况。
- 分析一段时间（周、月、年）内各租户所申请的资源使用情况，可分析租户是否存在申请的资源长时间未使用或使用率过低的情况。
- 分析一段时间（周、月、年）内各应用资源使用情况，可分析应用是否存在申请的资源长时间未使用或使用率过低的情况。

一般来说，企业的基础设施服务既可以对内支持内部业务系统，也可以作为一种服务和产品对外输出通过基础设施监控产生的基础指标数据，例如 CPU、内存、网络等。并将监控数据作为发现故障、优化资源采购、提升基础硬件技术水平的重要参考标准。基础运营分析能力能帮助企业实现以下价值：

- 对PaaS平台所纳管的应用实例、技术中间件等所占用的底层资源的状态进行分析监控和运维。
- 支持多维度对不同指标优化管理目标进行分析。

- 具备科学的分析能力，为各类分析方法提供功能支持。
- 具备数据管理能力，确保分析数据的完整和准确。
- 利用海量监控数据，进行资源容量分析，提升决策分析能力。

8.2.2　组件运营分析

组件按照范围可以分为自研组件、开源组件、商业组件及第三方供应商研发的组件，可以通过监控并分析纳管在 PaaS 平台上的各组件指标，建立组件成熟度评估模型。根据成熟度评分结果、图形化展示组件成熟度分值，给组件进一步优化提供依据，提升业务系统上云的稳定性与安全性。表 8-3 列举了部分组件运营成熟度分析示例。

表 8-3　组件运营成熟度分析表

等级	成熟度	具备能力	描述
一级	基础级	非容器化部署	具备传统技术组件基本能力
二级	运营级	容器化部署 手工维护	具备自动化部署能力，需手工进行后台维护配置信息
三级	平台级	容器化部署 平台维护	进一步加强可维护性，开放配置接口，支持在平台上进行组件维护
四级	企业级	容器化部署 平台维护 高可用 多租户能力	在上一级基础上加强高可用部署能力，支持集群化部署，支持多租户能力
五级	卓越级	容器化部署 平台维护 高可用 多租户能力 自定义控制台	进一步加强自定义控制台能力，集成组件自管理能力

8.2.3　应用运营分析

通过分析纳管在 PaaS 平台上的各应用指标，建立应用成熟度评估模型。应用成熟度评估模型的设立旨在建设一套基于客观实时信息进行统计分析的应用评估模型。根据成熟度评分结果，图形化展示应用成熟度分值，为应用进一步优化提供依据，显性化展示与云化目标的差距，推动应用深度云化改造，提升云化效果。表 8-4 列举了部分应用运营成熟度分析示例。

表 8-4　应用运营成熟度分析表

等级	成熟度	具备能力	描述
一级	基础级	单体应用	具备应用基本运行能力
二级	运营级	单体应用 可维护性	在基础级的基础上进一步加强应用可维护性操作，支持日志输出对接、健康状态探测、告警规则配置、运行指标输出
三级	平台级	单体应用 可维护性 微服务化	进一步解耦应用模块，可支持优雅终止、高可用，可提供负载均衡策略，支持微服务化运行
四级	企业级	单体应用 可维护性 微服务化 可靠性 可控性	进一步加强运行稳定性，网络故障容错、主机异常容错、异常数据容错、请求超时处理、请求积压处理、失败重试
五级	卓越级	单体应用 可维护性 微服务化 可靠性 可控性 安全性	在上一级基础上加强安全管控，支持访问授权认证、通信数据保密处理、非 ROOT 运行支持

一般来说，运营是站在客户的第一视角，直接关注客户的需求和体验。在应用层面，我们更应该关注应用本身的健康度或者说整体性能，将应用作为企业的一类资产而不是简单的产品，通过对应用的不断分析优化，不断完善应用架构，从而提升企业数字化建设水平。

8.2.4　服务运营分析

应用可以理解为一个中心化系统，由多个服务组成，比较先进的电信运营商省份大多采用微服务架构。微服务架构的引入解决了单体应用存在的问题，同时也大幅提高了架构复杂度，这给服务运营也带来了很大的挑战。

从内部用户服务水平和外部用户的服务水平的角度，通过对业务需求满足能力分析、应用支撑服务能力分析、系统稳定性与问题解决能力分析，以及用户花费时间的合理性分析来衡量业务支撑系统的服务水平。

基于运营商行业经验分析，业务质量分析维度应包括地市、品牌、渠道等，分析指标应涵盖业务处理日平均时长、成功率等用户感知类指标，以及开机工单执行及时率、批价处理及时性、详单入库及时性、话费差错次数、话费差错影响率、关键接口处理成功率等系统支撑类指标。

8.3　算力指标管理

随着企业大部分采用微服务架构进行业务开发，服务越来越多，定位问题也越来越困难。这就要求要能够实时监控业务运行状态，了解系统和服务的各种运行指标，并针对异常状态发出告警。对于业务的监控主要包括日志监控、调用链监控、指标监控等。而指标监控在微服务架构中比重非常高，也是运维人员排查问题的关键手段。

算力指标管理作为平台的基础管理模块，提供对 PaaS 平台管理工作所使用的资源类指标、运维管理类指标、组件类指标的指标模型管理、指标定义管理、指标数据管理功能及其指标展现功能。在系统部署或新增监控指标调试过程中，可对相关指标参数进行定义。

- 基础监控：是针对运行服务的基础设施的监控，比如容器、虚拟机、物理机等，监控的指标主要有内存的使用率、CPU的使用率等资源，通过对资源的监控和告警能够及时发现资源瓶颈从而进行扩容操作避免影响服务，同时针对资源的异常变化也能辅助定位服务问题，比如内存泄漏会导致内存异常。

- 运行时监控：运行时监控主要有GC的监控，包括GC次数、GC耗时、线程数量的监控，等等。

- 通用监控：通用监控主要包括对流量和耗时的监控，通过流量的变化趋势可以清晰地了解到服务的流量高峰以及流量的增长情况，流量同时也是资源分配的重要参考指标。耗时是服务性能的直观体现，耗时比较大的服务往往需要进行优化，平均耗时往往参考价值不大，因为采取中位数，包括90、95、99值等。

- 错误监控：错误监控是服务健康状态的直观体现，主要包括请求返回的错误码，如HTTP的错误码5xx、4xx，熔断，限流等，通过对服务错误率的观察可以了解到服务当前的健康状态。

企业的监控系统模型，一般都是分层式监控设计，可以对监控对象进行分层。

- 系统层：系统层主要是指CPU、磁盘、内存、网络等服务器层面的监控，这些一般也是运维人员比较关注的对象。
- 应用层：应用层指的是服务角度的监控，比如接口、框架、某个服务的健康状态等，一般是服务开发或框架开发人员关注的对象。
- 用户层：这一层主要是与用户、业务相关的一些监控，属于功能层面的，大多数是项目经理或产品经理比较关注的对象。

8.3.1　指标模型

指标采集模型基于 Prometheus 实现，支持强大的查询语言 PromQL，允许用户实时选择和汇聚时间序列数据，时间序列数据是服务端通过 HTTP 协议主动拉取获得，也可以通过中间网关来推送时间序列数据，可以通过静态配置文件或服务发现来获取监控目标，同时可以设置告警规则，Prometheus 周期性通过 PromQL 进行计算，当满足条件时就会触发告警。如图 8-5 所示是 Prometheus 架构和生态。

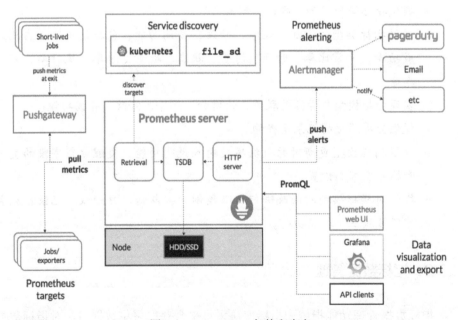

图 8-5　Prometheus 架构和生态

Prometheus 组件说明：

- Prometheus server：用于抓取和存储时间序列数据。
- 用于检测应用程序代码的客户端库。
- Pushgateway：支持短时任务。
- 针对特定服务的Exporter，如HAProxy、StatsD、Graphite等。
- Prometheus Web UI：用来展示数据和图形，但是一般大多数是与Grafana结合，采用Grafana来展示。
- PromQL：是Prometheus自带的查询语法，通过编写PromQL语句可以查询Prometheus里面的数据。
- Alertmanager：是用于数据的预警模块，支持通过多种方式去发送预警。

Prometheus server 直接从监控目标中或者间接通过推送网关来拉取监控指标，它在本地存储抓取样本数据，并对此数据执行一系列规则，以汇总和记录现有数据的新时间序列或生成告警。可以通过 Grafana 或者其他工具来实现监控数据的可视化。

指标模型维护指对统一指标库中的指标模型进行增、删、改的维护操作。

- 提供指标模型增加、修改、删除功能。
- 提供指标类型的增加、删除、修改、查询功能，包括使用率、占比、成功率、异常比率、时间、时长、状态、数量、速率、及时率、可用率等。
- 实现指标模型与资源关联关系的增加、删除、修改、查询功能。
- 提供变更历史的记录及查询。
- 提供指标模型更新时的数据字段输入说明功能，提醒更新字段的类型和输入要求的设置。
- 提供对指标模型的修改进行权限控制，应包括用户授权、记录授权和字段授权三个授权功能。

8.3.2 指标数据管理

指标数据管理功能指统一指标库从采集平台获取采集数据后，对指标数据进行预处理、计算和分析、指标入库。根据指标计算规则的定义，完成数据的校验、相应的公式计算获取度量指标，并为门户、告警管理中心、运营分析中心、业务管理中心、运维管理中心提供数据服务。

- 指标预处理：预处理是对采集来的原始数据按照指标计算规则进行格式转换、检错纠错，形成内部标准记录，支持比较灵活的格式转换配置和检错纠错配置。
- 指标计算分析：对预处理后的数据按照指标的计算规则进行的计算分析、聚合形成所需的度量指标数据，以供告警、分析、呈现等使用。
- 指标入库：对预处理、计算分析后的数据，录入指标源数据库中，形成统一的指标库。
- 指标数据查询：指标数据查询应支持单次查询、批量查询、组合查询等多种查询方式，以支持灵活的数据需求。统一指标库对外以数据服务的方式提供上层应用平台，如门户、告警管理中心、运营分析中心、业务管理中心、运维管理中心等使用。

8.3.3　指标库

企业想构建完善的标准运营运维体系，需要多维数据的支撑，而多维数据则依赖采集指标库。指标库对于运营管理指标进行梳理，给出了完整的指标集。指标集的信息包括：

- 指标ID：按照指标集编码规则对指标进行唯一编码。
- 指标名称：描述指标的名称。
- 指标描述：对指标进行详细说明。
- 最大采集间隔：要求采集间隔最大不能超过的时长。
- 数据类型：约束指标值的数据类型。
- 指标级别：主要分为两级：一级指标，指对系统运行最重要的，属于核心和常用的，有明确阈值定义，能够判断系统是否正常运行的指标；二级指标，对于分析系统有参考意义的，一般不设定阈值。
- 实现要求：规范对于指标建设的要求。
- 指标类别：按照指标模型中对于指标的分类，对集中指标进行分类。

8.4 算力告警管理

告警也是一种保障系统稳定性的重要手段，告警是一种事后的告警行为。通过告警指标阈值设定，对系统服务潜在的风险进行告警提醒，并通知相关责任人。一个节点发生异常，往往会很快将异常传播给周围的节点，造成"多米诺式"的告警。随着业务的不断发展、IT 基础设施不断扩容，不同监控系统中产生的事件逐渐增多，对告警系统提出了更严格的要求。

算力告警实现对故障告警信息的预处理、告警合并、告警重定义、告警入库、告警展现、告警关联等功能，并支持丰富的告警推送接口对不同监控人员推送不同的告警信息。可以监控应用或者搜索日志，在发现应用问题时，或者搜索结果符合特定条件时历史搜索和实时搜索结果满足条件时就会触发告警。可配置告警以触发操作，如发送告警信息至指定电子邮件、手机短信或微信。告警也会根据严重程度进行分级，如表 8-5 所示。

表 8-5 告警级别定义

级别	描述	颜色
严重告警 4	指告警信息的严重程度高、对系统业务影响范围广、与业务支撑系统相应考核指标的关系紧密	红
重要告警 3	指告警信息的严重程度较高、对系统业务有一定范围的影响、与业务支撑系统相应考核指标有一定关系	橙
一般告警 2	指告警信息的严重程度低、对系统业务影响范围小、与业务支撑系统相应考核指标没有紧密的联系	黄
警告告警 1	仅是提醒作用，对系统业务没有影响	蓝
未确定告警 0	尚未重定义级别，需要进行级别重定义，对系统的危害性不确定	绿
屏蔽告警 -1	告警级别重定义中使用，重定义为 -1 级别的告警不生成	—
清除告警 -2	-2 级别将清除对象上最近的一条同类告警，通常用于标准接口数据文件中	—
清除所有告警 -3	-3 级别将清除对象下所有告警（不包括以前转告警），通常用于标准接口数据文件中	—

8.4.1 告警展示

线上生产环境如果出现服务故障，如资源使用过载、业务逻辑报错等问题，会直接影响用户使用服务。同时，当出现故障时，我们也希望可以快速将错误的告警信息告知运维人员，以保证业务服务的可用性。所以，在生产系统中，监控告警系统是必不可缺的，通过监控系统来监控服务的健康状况、业务接口响应时间、关键性能指标等状态。当服务出现问题时可以尽快通知运维人员，保留错误信息方便运维人员排障和复盘。

告警展现包含当前告警列表展现、历史告警列表展现和告警详情展现。告警详情页面展现告警合并明细信息、告警轨迹信息、告警处理时长信息。提供以下核心能力：

- 提供告警合并明细查询的能力：展现字段包含发生时间、告警级别、告警内容。
- 提供告警轨迹查询的能力：告警轨迹记录告警生成、处理每个环节的信息、使用的告警策略。
- 提供告警处理时长查询的能力：告警处理时长记录告警从采集到传输再到数据处理各阶段的开始时间、结束时间及耗费时长。

告警展示模块采用 Grafana，Grafana 是一个开源的度量分析与可视化套件。纯 JavaScript 开发的前端工具，通过多种数据源（如 InfluxDB、Prometheus 等），展示自定义报表、显示图表等。大多使用在时序数据的监控方面，与 Kibana 类似。Grafana 的 UI 更加灵活，有丰富的插件，功能强大。它有以下特点：

- 可视化，可以支持多种画图方式，按照不同的需求绘制不同的图表；可以给图表添加具体指标的注释信息，方便运维人员理解。
- 支持多种数据源，Grafana 可以对接丰富的数据源，如 Elasticsearch、Prometheus 和 InfluxDB 等，将不同数据源的数据可视化。
- 告警机制，可以在监控图标中动态配置告警规则，通过告警。
- 支持不同的数据源相应的语句，实现数据的聚合与查询。

展示模块以 Grafana 作为监控入口，将数据进行可视化展示，同时可以在 Grafana 上动态设置告警规则。Grafana 上支持多种数据源的展示，并根据不同的数据源进行聚合查询，在面板上展示具体指标的时序图。Grafana 根据不同维度集成不同维度的指标面板，方便运维人员对服务运行状态进行检查。Grafana 提供统一的告警列表面板，可展示当前告警信息与告警历史记录。

对于告警信息而言，分为业务服务告警信息和基础性能指标告警信息。业务服务告警信息对业务服务的日志有一定的要求，需要日志格式包含跟踪号 TraceId，如一次 HTTP 请求调用所产生的所有相关日志都应该具有同

一 TraceId。这样在业务服务发生错误信息告警的时候会根据 TraceId 链接到
Kibana 界面中进行相关日志信息的全量查看。对于基础性能监控指标，如内存
使用率在深夜激增，触发告警，但是在凌晨六点钟内存恢复为正常的状态，告
警解除。我们可以在告警历史记录中将这条记录找到，根据告警触发和结束时
间可以链接到指定环境进行问题排查。

8.4.2　告警配置

用户可以在 PaaS 平台中定义告警规则，当告警规则被触发时，PaaS 平台
会将告警内容发送至用户指定的对象。对于同一对象不同时间产生的重复告警
进行合并，有效地减少一些告警的干扰。告警合并时，应只保留一条压缩后的
告警信息，应更新告警记录的发生次数、最后发生时间等信息，被合并的告警
作为明细告警保存到明细表中。告警配置如图 8-6 所示。

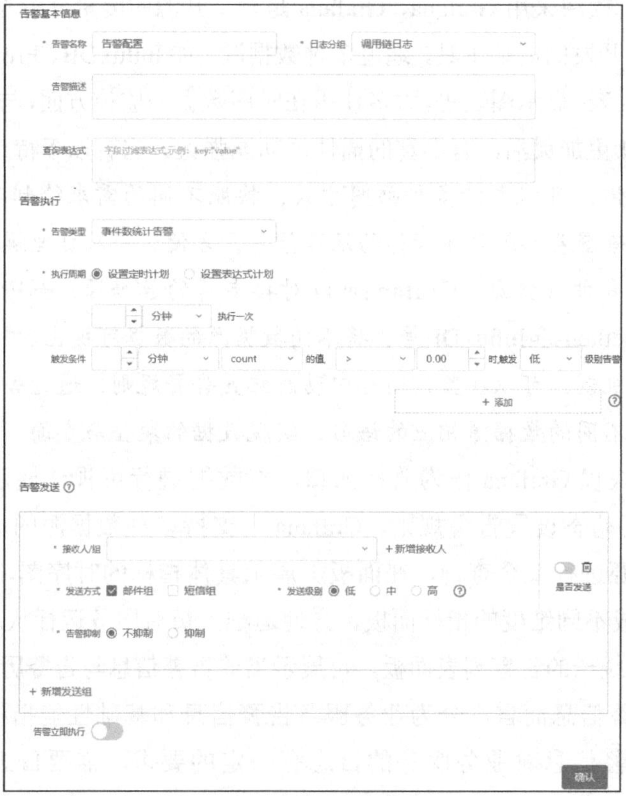

图 8-6　告警配置

告警接收人为 7×24 小时告警监控相关人员，读者可以参考值班人、模块负责人、维护经理、部门经理 4 个角色来定义企业的告警接收人和职责。

- 值班人为日常接收处理告警的人员（需要定期排班）。
- 模块负责人负责本模块告警处理与资源协调（不需要定期排班）。
- 维护经理负责本系统告警处理与资源协调（不需要定期排班）。
- 部门经理为系统归属部门的领导（不需要定期排班）。

8.4.3　告警处理

告警控制台根据监控信息提供告警功能，告警内容包含监控类型、消息中间件资源、监控阈值关联通知人。当指定类型数据到达设定阈值时触发告警，自动将告警信息发送给通知人，及时发现问题。另外针对这些阈值，后台提供相应的实时告警处理能力，告警通知支持短信、邮件等可配置方式。如图 8-7 所示是告警处理流程示例。

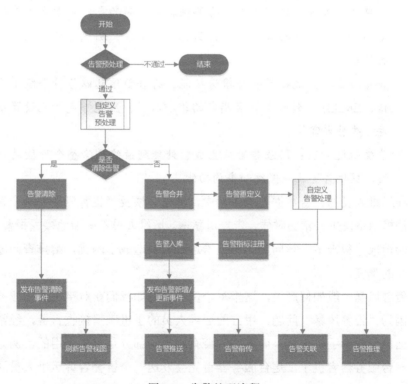

图 8-7　告警处理流程

详细的告警数据处理包括以下步骤。

（1）告警预处理：

● 信息完整性校验：检查告警信息是否完整（如告警对象、告警来源、告警指标、告警内容是否为空），在告警内容超长时做截断处理。

● 资源监控状态校验：包含不需监控、未监控、已监控（正常、屏蔽、屏蔽推送、忽略）。

（2）告警合并：

● 告警合并定义：对于同一对象不同时间产生的重复告警进行合并，有效地减少一些告警的干扰。告警合并时，应只保留一条压缩后的告警信息，应更新告警记录的发生次数、最后发生时间等信息。被合并的告警作为明细告警保存到明细表中。

● 告警重定义：根据系统平台及应用逻辑在结构、功能等方面发生的变化，重新定义告警数据的级别，保证告警系统处理的正确性。

● 告警入库：包含告警基本信息、告警处理时长信息、告警合并明细和告警轨迹入库。不同类别的告警保存到不同的表：正常告警人保存到活动告警表，忽略告警人保存到忽略告警表，测试告警人保存到测试告警表。

● 告警推送：系统提供告警推送功能，将告警信息以各种手段（手机短信、EMAIL、外呼）转至指定的维护人员，应能够灵活地设置推送条件、告警内容等。

● 告警轨迹管理：记录告警从生成、处理到最终删除整个阶段的处理流程。提供告警轨迹保存和查询功能。

在运维人员的告警数据处理生涯中，经常会谈及"告警风暴"这个词，即在大规模网络发生异常的时候，告警量猛增。运维人员不间断地接受报警通知，可能会造成"狼来了"等问题。不但给运维人员造成了困扰，给排查问题也带了不小的难度。

告警风暴一般如何产生，这里举个例子。例如我们在对接甲方的业务系统时，因为"告警风暴"问题，甲方的运维人员的手机频繁接收告警，经常漏过告警信息，或者手机死机。而这些告警有相当一部分是重复无用的。例如集群中有一台服务器宕机了，这台服务器首先会发送一个告警告诉运维人员这台服务器宕机了，这台服务器上面运行的其他服务也被监控系统给监测到了，并且这些服务的告警消息也会发出来。但是实际上只有服务器宕机这一条信息能帮助我们解决问题，所以我们需要通过告警收敛或者告警合并解决告警过多的问题。这里简单介绍 Zabbix 收敛技术，如图 8-8 所示是 Zabbix 收敛技术图。

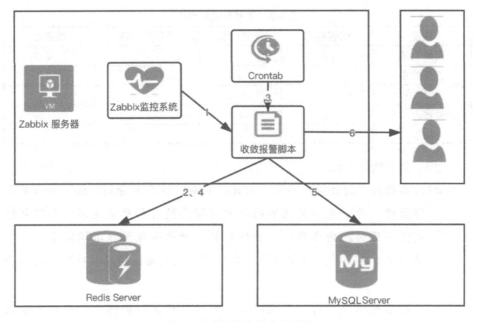

图 8-8 告警收敛技术架构图

（1）所有产生告警均由 Zabbix 调用脚本推入缓存 Redis 当中。

（2）分析系统将在规定时间（1 分钟）内去 Redis 中拉取数据，根据定义好的一系列规则进行，合并、分析或直接丢弃，并存入分析平台数据库，以便供历史查询。

（3）根据预先定义好的规则将报警通过定义好的方式发送给相关人员。

8.4.4 告警统计

通过算力报表管理可制定告警统计常驻任务，定期推送给用户进行业务分析。如果要实现告警事件后的分析和汇报，首先要对多个平台数据的整合分析，然后要结合历史告警记录分析，以可视化的方式展示。

（1）分析目标：我们可以告警数据为基础，从多个维度对一定时间周期内的告警相关指标数据进行统计、分析，发现异常并确定引发异常的根源。

（2）分析内容：告警分析维度应包括告警所属系统、级别、类别、处理人员、区域等，分析指标应涵盖告警数量、持续时长、处理及时率及准确率等。如表8-6所示是告警专题统计表示例。

表 8-6 告警专题统计表

维度	告警数量	持续时长	处理及时率	准确性
所属系统	√	√	√	√
告警级别	√	√	√	√
告警类别	√	√	√	√
处理人员	√	√	√	—
地市	√	√	√	—

（3）分析统计方法：

- 对各指标支持异动、趋势、对比、构成、综合的分析方法。如针对告警数量，异动分析关注不同时间周期内的告警总量波动，趋势分析关注一段时间内告警量的整体走势，对比分析关注不同地市间的告警数量差异，构成分析关注一定时间周期内按照所属系统划分的告警数量。

- 支持告警深度分析。改变以往告警仅进行实时提醒的作用，充分利用告警形成的数据进行趋势分析，尤其对客户感知类告警进行深度分析。

8.5 算力报表管理

很多用户都有制作日报、周报、月报等重复性报表的需求，如果用传统软件面对这样的需求，则会极大地浪费时间、人力，而通过算力报表管理可实时展现更新的数据报表。自定义报表功能可以让用户在数据权限的控制下对已有数据进行报表的自定义制作，例如 TopN 排名分析、指标趋势分析、统计分析、时段对比分析、资源对比分析等，为 IT 运维决策提供参考依据，满足企业不同运维场景下千人千面的运营分析要求。

分析工具通过对报表制作和报表访问的标准化流程规范的定义，实现了完整的报表生命周期闭环控制，角色责任划分。主要的业务流程如图8-9所示。

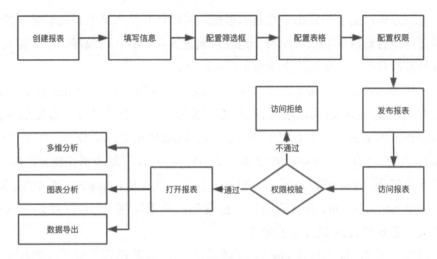

图 8-9　报表管理业务流程

分析工具围绕报表模板的创建、修改、删除、发布和访问以及其他衍生功能。如表 8-7 列举了报表管理的主要业务元素。

表 8-7　报表管理业务元素

所属区域	要素名称	是否必填
报表模板	模板信息	是
	数据源组件	是
	筛选框组件	是
	表格组件	是
	图表组件	是
	关联权限	是

大部分企业的报表开发通常采用 Resultful 通信协议，具有以下优势：

（1）RESTful 架构，就是目前最流行的一种互联网软件架构。它结构清晰、符合标准、易于理解、扩展方便，所以正得到越来越多网站的青睐。

（2）面向资源：就像面向对象语言一切都是对象一样，RESTful API 一切都是资源 .RESTful 是将资源松耦合。

（3）无状态：在调用一个接口（访问、操作资源）的时候，可以不用考虑上下文，不用考虑当前状态，极大地降低了复杂度。

报表后端一般采用 SpringBoot 框架，SpringBoot 提供了一种快速使用

Spring 的方式，基于约定由于配置的思想，可以让开发人员不必在配置与逻辑业务之间进行思维的切换。全身心地投入到逻辑业务的代码编写中，从而大大提高开发的效率，一定程度上缩短了项目周期。

使用 Druid SQL Parser 语义解析来实现防御 SQL 注入（WallFilter）、解析用户编写的 SQL 语句、动态调整 SQL 语句，合并统计没有参数化的 SQL（StatFilter 的 mergeSql）、SQL 格式化。Druid SQL Parser 分三个模块：Parser、AST、Visitor。Parser 是将输入文本转换为 Ast（抽象语法树），Parser 包括两个部分：Parser 和 Lexer，其中 Lexer 实现词法分析，Parser 实现语法分析，AST 是 Abstract Syntax Tree 的缩写，也就是抽象语法树。Visitor 是遍历 AST 的手段，是处理 AST 最方便的模式。

报表采用 Redis 高性能 key-value 数据库，Redis 的出现，很大程度补偿了 memcached 类 key-value 存储的不足，在部分场合可以对关系数据库起到很好的补充作用，利用 Redis 来存储访问量较大的报表配置，提升报表打开的访问速度与用户体验。

8.5.1　报表模板

报表模板管理根据不同分析对象的展现需求，提供个性化报表格式及内容定制功能。提供基于租户隔离的报表模板管理，组装流程中提供多类型组件，满足对布局、图式等视图交互效果的自定义配置，提供多种组合方式，并提供 XLSX、PDF、CSV 三种格式文件的在线、离线（基于 FTP）、批量导出。

运营报表通过对主机资源、存储资源、容器资源等类型报表的制作，实现各类报表的数据统计、明细查看等功能。下面介绍几种不同类型的报表。

（1）资源类报表，展示平台对资源的使用情况，用于针对 PaaS 内应用实例、技术中间件等所占用的底层资源的状态的统计分析，示例如表 8-8 所示。

表 8-8　资源类报表

指标名称	指标说明
CPU 时间：空闲百分比	CPU 空闲时间量占 CPU 时间总量的百分比的值
CPU 时间：系统百分比	CPU 在系统相关任务上所用的时间量并报告它所占 CPU 时间总量的百分比值
CPU 时间：用户百分比	用户任务所占用 CPU 时间量占 CPU 时间总量的百分比

续表

指标名称	指标说明
CPU 时间：等待百分比	CPU 等待、I/O 等待所占用 CPU 时间量占 CPU 时间总量的百分比
CPU 使用率	CPU 空闲时间量占 CPU 时间总量的百分比的值
CPU 运行队列中进程个数	CPU 运行队列中进程个数
内存的使用率	主机内存的使用量与内存总量的比值
系统内存使用率	系统内存占所有物理内存的百分比
用户内存使用率	用户内存占所有物理内存的百分比
磁盘物理 I/O 操作速率	磁盘物理 I/O 操作速率（秒）
平均磁盘请求数量	单位时间内平均磁盘请求数量
每秒磁盘读请求	每秒磁盘读请求字节数
每秒磁盘写请求	每秒磁盘写请求字节数
网络端口流入速率	网络端口的端口流入速率
网络端口流出速率	网络端口的端口流出速率

（2）组件类报表：展示平台对外提供的组件及使用情况，示例如表 8-9 所示。

表 8-9　组件类报表

指标名称	指标说明
组件数量	提供的组件统计数量
组件实例化数量	部署实例化的组件统计数量
队列数	组件提供请求队列数
队列活动连接数	队列组件活动连接数
队列请求速率	队列组件请求速率
队列平均积压数量	队列组件的积压数量
队列请求处理时间	队列组件请求处理时间
队列消息组件生产 TPS	队列消息组件生产 TPS
队列消息组件消费 TPS	队列消息组件消费 TPS
缓存组件中对象的数量	当前缓存中对象的数量
缓存组件所使用的系统存储空间	缓存对象所使用的系统存储空间（单位：MB）
缓存组件连接数	缓存组件的活动连接数
缓存组件命中率	缓存组件在查询时的命中率
缓存平均请求时间	队列组件请求处理时间

（3）服务类报表：展示平台对外提供的服务及租户订阅情况，示例如表 8-10 所示。

表 8-10 服务类报表

指标名称	指标说明
服务数量	提供的服务统计总数
队列等待数	交易中间件工作队列排队数
服务访问量	服务的访问总量
客户端活动连接数	正在执行操作的客户端连接个数
每秒请求数	每秒服务请求数
请求处理时间	请求的服务处理时间
平均响应时长	请求的服务平均响应时长
成功率	请求的服务响应成功率
订阅量	提供的服务被订阅的统计量

（4）应用类报表：展示平台承载的所有应用使用情况，示例如表 8-11 所示。

表 8-11 应用类报表

指标名称	指标说明
应用数量	应用数量统计总数
应用进程负载	每个应用进程完成的服务调用的次数
客户端活动连接数	正在执行操作的客户端连接个数
应用连接并发连接数	应用连接并发连接数
应用请求成功率	应用请求成功比率
应用平均响应时间	应用响应时间
应用平均 CPU 使用率	应用 CPU 空闲时间量占 CPU 时间总量的百分比的值
应用平均使用内存	平均应用使用的内存数量（单位：MB）
应用平均 I/O 读速率	每秒磁盘读请求字节数
应用平均 I/O 写速率	每秒磁盘写请求字节数
应用平均流入流量	网络端口的端口流入速率
应用平均流出流量	网络端口的端口流出速率

8.5.2 报表权限

报表是各类数据的汇总和可视化展示，蕴含着公司运营、财务、组织架构、业务发展反向等重要数据。在一定程度上，报表是公司的"商业机密"。为了数据安全，报表并不是谁都能看得到的，报表需要设置查看权限。例如设置报表的数据权限和灵活的访问授权，通过数据备份和同步机制，提供对报表的配置信息的变更保护。租户可查看自己租户下已授权的报表，可发起报表订阅，管理员通过审批后，可进行后续报表查看。如图 8-10 所示是报表订阅流程示例。

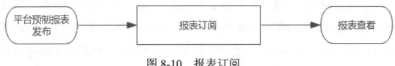

图 8-10　报表订阅

例如和业绩财务有关的运营报表一般只有老板或管理层才有权查看；涉及钱的财务报表更甚，大部分只有老板、CFO、财务才可以查看。所以在设计报表的时候，首先应该确定好，系统里哪些角色 / 职位能查看这个报表。

我们在梳理报表 PRD（产品需求文档）的时候，首先应该配置好该报表模块的查看权限。当然不同系统的权限配置方式会有不同，有些系统为了省事，直接让开发配置好，将权限固定下来。

比如说，财务报表模块只能 CFO 才能查看，那需要开发在逻辑上进行固定，只要系统角色是"老板"的就能查看所有报表。这样的话，使用系统的运营商就不用费心了。到时候需要改的时候，直接让开发修改。当然，在实际使用中，修改的频率并不是很高。

但是有的运营商想要权限配置更灵活一些，同时还希望自己能够配置权限。这个时候，谁查看报表那就需要运营商自己来配置了。当然一开始会根据业务给出一个默认配置，但是运营商能够自己进行编辑。

举个例子：如果运营商想让营业厅也能看某类报表，那在营业厅的可查看模块下勾选此类"报表"就好了。配置灵活，也减少了软件开发商的维护成本。如图 8-11 所示是自定义报表流程示例。

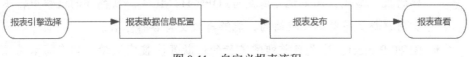

图 8-11　自定义报表流程

8.5.3　报表引擎

有些报表查询出的数据行数可达千万甚至上亿，这类报表通常被叫作大报表，大多数情况下都是些业务清单明细数据报表，也有少量分组报表。针对大报表，如果像常规报表那样，将数据一次性获取再交给前端呈现是不可行的。

一是数据量太大，等待时间太长，用户体验差；二是很可能导致内存溢出造成应用崩溃。依靠人工无法处理这些报表数据，需要依赖报表引擎。报表引擎起源于流行的工作流引擎的原理、报表格式的定义、报表内容的各种算法，最终产生报表引擎的思想。用户可以根据系统中的各个数据表，自定义自己的报表，并存储成报表模版。报表模板包含数据的内容列表、格式的描述等信息。报表的内容列表可以由用户通过数据库中的数据生成，也可以由报表模板中已有的字段通过函数计算生成。

如今的企业都在选择开源报表引擎，提升企业信息化的水平，开源报表提供丰富的报表类型支持。本章整理了其中优秀的 5 款工具，帮助大家选择合适的报表引擎软件。

- FineReport：FineReport是国内大名鼎鼎的帆软公司的王牌产品，在国内市场份额位居榜首。它内置了成熟的数据分析模型，不需要写复杂的公式或代码就可以完成一个项目的计算分析。界面美观，也可以处理复杂的中国式报表。还内置了各个行业常见的报表模板，比如资产负债表的模板。各种专业的报表功能，表格的制作、同步、保存、分享、权限控制都支持。该软件官方网站提供个人免费版本，而且是永久免费，商用收费。

- Pentaho：这一款开源BI报表引擎，在日常设计报表的过程中，我们可以设计成各种不一样的报表控件。而且用户可以随意进行拖放，甚至可以自主方便地去寻找数据的来源。在整个报表设计的过程中，都可以随时看到最终的报表。对于各大的企业来说非常适合。

- OpenReports：这是一款特别常见的开源报表引擎，能够支持很多不一样的报表格式，比如说可以支持PDF、HTML等。在操作的过程中，不少用户都觉得整体比较简约，能够有效支持各种平台。

- BIRT Project：这是目前非常流行的一款开源搜索引擎，拥有简洁的操作界面，就好像画图一样，直接就可以生成图片或者报表。而且还可以导出Excel表，整体的样式看上去是非常简单的，在日常操作的过程中完全不需要花费很多的时间。

- FreeReportBuilder：这一款Java报表工具，可以和很多的数据库放在一起正常工作，而且仅仅只需要一个驱动的程序。它还具有最佳化图形界面，能满足于日常生活的操作。

8.6 算力日志管理

从计算机诞生以来，日志分析就成为故障诊断的手段之一，因此就有了日志管理这个说法。从传统的 Syslog，到正在不断兴起的云计算和大数据。在初期，大多数是以收集 IT 网络资源产生的各种日志统一进行管理，以备查询。但是现如今的日志管理更多关注日志采集后的分析、审计、发现问题等方面。而对于负责运维工作的技术人员来说，日志是一个熟悉的名词，机房中的各种系统、服务器和网络设备都在不断地产生日志。每天的安全入侵和渗透攻击都希望能实时发现和防护，但在系统出现问题或问题隐患的时候，是否及时能从日志分析中看出端倪？是否能快速定位故障及时恢复业务？健全的日志记录和分析系统是系统正常运营优化及安全事故响应的基础。因此，做好日志管理对于企业非常重要，好的日志管理方案必须解决客户在运维支持、合规性、取证分析、威胁检测方面的诉求，除了要实现集中管理、储存来自企业所有 IT 信息外，还可以能够实现实时监控、调查取证、历史分析、出具报表等，提升企业威胁管理和应急响应的能力。

"微服务"这一概念大概在 2013 年出现，2018 年由互联网厂家引爆。从这一概念诞生到现在，大部分应用的业务场景皆是分布式、容器化的部署架构，或者至少是多服务架构，每个服务基本上是非单点架构的，并且会采用单服务多实例的高可用部署方式。在此背景下，算力日志管理平台是一种不可或缺的系统跟踪调试工具以及服务统计平台，特别是在无人值守的后台程序以及大规模分布式系统中包含成千上万个应用节点的系统中有着广泛的应用。通过能力融合和统一纳管实现对资源、组件、上层应用和平台运维数据的集中化聚合，采用 Prometheus、filebeat、Federation、Kafka、Flink 等技术实现统一采集、集中处理和场景化服务。

8.6.1 日志采集

众所周知，对于一个云原生 PaaS 平台而言，在页面上查看日志与指标是最为基础的功能。日志中包含了很多有价值的内容，而 PaaS 是个分布式环境，日志分散在各处，应对日志分散的有效解决办法就是日志统一采集。对于目前的互联网行业，互联网日志早已跨越初级的饥饿阶段（大型互联网企业的日均日志收集量均以亿为单位计量），反而面临海量日志的淹没风险。日志采集目前面临的挑战不是采集技术本身，而是如何实现日志数据的结构化和规范化管理、如何保障监控数据的时效性以及降低数据传输与存储成本。

日志数据采集采用客户端代理的方式从不同的应用集群（如 Web 集群、接口程序集群和业务系统集群）中采集数据，异步写入消息中间件 Kafka 集群。数据处理采用流处理方式 Flink，实时从 Kafka 集群中获取数据，实时进行数据分析处理。通过 Flink 处理后对数据进行了分流，原始数据全量存入 HBase 数据库；检索、索引类数据存入 Elasticsearch；统计分析数据存入关系数据库（一般是 MySQL），用于数据报表展示。如图 8-12 所示是日志采集方案示例。

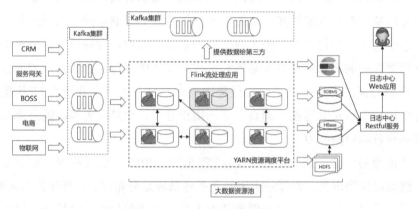

图 8-12　日志采集方案

日志采集范围包括 PaaS 平台内应用服务、技术组件等所占用的底层资源的状态的监控采集；PaaS 平台管理的技术组件运行状态的监控采集；微服务 API 网关运行指标的监控采集；服务调用链日志的监控采集以及平台和应用输出的应用日志的采集。如表 8-12 所示是算力日志采集范围示例。

表 8-12　算力日志采集范围表

采集类型	采集范围	采集方式
PaaS 平台资源监控指标采集	K8S 集群、节点、Namespace、POD、容器、组件	部署 exporter，通过 Prometheus 采集
技术组件监控指标采集	Web 类（Tomcat，BES）、消息队列类（RocketMQ，Kafka，ActiveMQ）、缓存类（Redis，Memcached）、关系型数据库类（Mysql，PostgreSQL）、负载均衡（Nginx，Haproxy）	部署 exporter，通过 Prometheus 采集

续表

采集类型	采集范围	采集方式
微服务 API 网关指标采集	API 网关调用指标	部署日志采集 -agent，通过字节码注入方式采集
调用链日志采集	端到端服务调用请求日志	部署日志采集 -agent，通过字节码注入方式采集
平台日志采集	平台技术组件日志	通过部署 filebeat 日志文件采集 -agent 进行日志采集
应用日志采集	应用系统输出日志	部署 log4x-agent，通过字节码注入方式采集

1. 日志采集数据格式

接下来将介绍日志采集的数据格式，采集数据包括但不限于服务名称、过程参数、服务执行状态、服务执行时长、服务调用关系标示（如 Trace ID、Parent ID、Span ID）、IP 地址等。表 8-13 列出了数据格式的部分属性字段以供读者参考，扩展属性部分可以根据自身的需求进行定制。

表 8-13　数据格式的部分属性字段

采集内容	描述
TraceId	全局唯一的服务调用链编码
TransId	前端事务 ID
LogTime	日志生成时间
HostName	主机名（IP）
SysCode	应用系统标识
Level	日志级别
AppName	应用名称
DockerId	容器标识
Thread	线程名

调用链数据格式核心属性是 TraceId，它是构建调用链的基础。TraceId 是跟踪流水号，是每个调用链的主线，一个 TraceId 代表一次请求，在调用链入口服务请求时生成，全局唯一 TraceId 作为全链共有属性，需要在服务调用过程中全链透传。要想让调用链真正发挥它的应用价值，只有基础属性是不

够的，还需要一些扩展属性，如服务名称（Servicename）可以用来显示节点名称；主机 IP（HostIP）可以让运维人员知道服务的当前位置；应用实例名（AppName）可以让运维人员知道服务所处的业务中心或环节；开发时间、结束时间耗时、返回状态等可以让运维人员了解服务执行的效率和成败；入参、出参、调用上下文信息可以让运维人员了解调用过程中的数据等，这些都可以根据运维需要进行补充和删除。有了这些信息，调用链才能发挥出更大的价值。

- 链路数据采集范围：调用链数据采集的范围包括从后端服务请求开始到服务请求结束的整个过程，其中不包括用户前端操作请求，只覆盖服务端各应用及中心节点之间的相互调用关系采集。
- TraceId生成：TraceId为一次服务调用过程的唯一标识，单次请求的全过程调用链追踪是通过此TraceId进行关联。TraceId是在服务入口统一生成并通过服务请求层层传递。
- TraceId传递：TraceId的传递依托于服务调用的协议或接口。例如HTTP协议一般通过HTTP Header实现；CSF调用是通过服务接口的Map扩展实现；异步请求调用是通过消息头存放上下文来实现。对于某些特定后台流程之间的串接有可能需要流程框架进行配合改造以实现TraceId的传递。
- 公共组件调用：业务逻辑过程中调用公共组件的请求（如调用缓存、数据库等）是通过在发起请求的客户端记录公共组件的服务地址、类型、状态等数据实现调用追踪。
- 主要功能：基于端到端服务调用链追踪，实现了对单笔业务请求的全过程调用链的分析展示，异常节点的展示，实现全业务的SQL统计、应用拓扑分析、服务性能统计分析等。

这里还有一个采样率（Sampleratio），是为了防止系统日志数据量过大，从而影响系统性能设置的一个用来控制日志输出量阈值的选项。

2. 日志采集埋点方案

确定了数据格式，接下来要面对的就是怎么采集，在哪里采集这些数据。分布式系统具有多层次、结构分散的特点，因此要采集的数据也比较分散，想要采集到完整的信息，就需要了解每个层的业务功能和数据输出，然后在每个层进行针对性的日志埋点去拦截、捕获相关信息。

数据是调用链日志跟踪系统的关键，采集什么数据、从哪里采集、怎么采集都直接关系到调用链日志跟踪系统的应用价值。日志数据采集有两种模式：侵入式和非侵入式。侵入式需要业务系统引入日志平台客户端，通过在业务代码中显式调用客户端日志接口向外输出日志的方式完成数据采集；非侵入式对业务代码没有影响，但也需要业务系统引入日志客户端，做一下简单配置。两种方式的区别主要在于两个客户端的实现原理不同，非侵入式客户端使用了Java Instrumentation特性，实现非侵入式日志埋点，以 AOP 的方式完成日志收集。接下来介绍两种采集方法的实现。

具体差别如下：

● 无侵入式埋点采集即通过字节码注入的方式，如 JVM 无侵入式探针埋点就是在 Class 文件第一次被加载到 JVM 中的过程中，利用 Java Instumentation 特性，通过增加 Agent 修改二进制字节码内容，动态注入新的代码逻辑，然后再加载到 JVM 中，从而在运行时完成埋点的注入，实现无侵入埋点的功能。Ins trumen ta tion JDK5 的新特性，它把 Java Instrument 功能从本地代码中解放出来，使之可以采用 Java 代码的方式解决问题。使用 Instrumentation，开发者可以构建一个独立于应用程序的代理程序（Agent）来监测和协助运行在 JVM 上的程序，甚至能够替换和修改某些类的定义。有了这样的功能，开发者就可以在程序运行时实现更为灵活的虚拟机监控和 Java 类操作了，这样的特性实际上提供了一种虚拟机级别支持的 AOP 实现方式，使得开发者无须对 JDK 做任何升级和改动，就可以实现某 AOP 的功能了。关于 Java Instrumentation 的更多信息，读者可以参考 JDK6 新特性。

● 有侵入式则需要通过调用相应的 API 接口实现探针埋点的注入。目前的有侵入埋点方式：通过硬编码进行侵入式埋点。

3. 日志采集与处理技术

无侵入日志埋点通过 Agent AOP 的方式实现数据采集，利用本地缓存 RingBuffer 作为采集节点和消息中间件 Kafka 集群之间的缓冲，然后再利用 Kafka 的消息队列把数据推送给日志数据处理模块。其传输流程如图 8-13 所示。

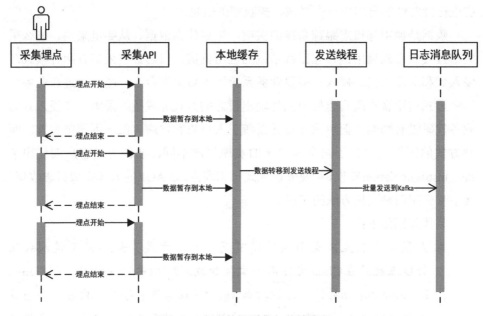

图 8-13　日志数据采集与传输流程

采集日志是一项非常频繁的采集和写入操作，如果即采即送，不但会频繁地占用网络带宽，而且容易丢失数据。为了有效地解决这个问题，就需要减少写入次数，即将多次写入操作合并成一次写入操作，并且采用异步写入方式。如果要保存多次操作的内容，就要有一个类似"队列"的东西来保存，而一般的线程安全的队列，都是"有锁队列"，在性能要求很高的系统中，不希望在日志记录这个方面多耗费一点计算资源，所以最好有一个"无锁队列"，因此最佳方案就是 RingBuffer 了。

RingBuffer 称为环形缓冲区，又叫环形队列，是标准的先进先出（FIFO）模型，主要用于存储一段连续的数据块且大小可以设置，比较适合用于日志数据的传递。RingBuffer 的高效主要体现在它是一个内存环且通过指针操作，每一次读写操作都循环利用内存环，从而避免频繁地分配和回收内存，减轻 GC 压力。同时，由于 RingBuffer 可以实现无锁的队列，因而可以大幅提高读写性能。RingBuffer 的实现原理不是本书的重点，在此不再多讲。日志传输采用的是 Kafka 消息中间件，这主要是由 Kafka 的特性决定，目前基本上成了业界收集日志的常识选择。另外，使用 Kafka 可以将不均匀的数据转换成均匀的消息流，从而和 Flink 实现完美结合。

Kafka 的特性主要体现在以下几点：

- 高吞吐量、低时延：Kafka每秒可以处理几十万条消息，时延最低可达几毫秒，每个Topic可以分多个Partition，Consumer Group Partition进行Consume操作。
- 可扩展性：Kafka集群支持热扩展。
- 持久性、可靠性：消息被持久化到本地磁盘，并且支持数据备份，防止数据丢失。
- 容错性：允许集群中节点失败（若副本数量为n，则允许n-1个节点失败）。
- 高并发：支持数千个客户端同时读写。

在大数据及 AI 的工程化进程中，商业场景对数据处理的实时反馈能力要求越来越高，传统的离线 batch 处理机制，已经不能满足商业运营的要求，流式计算框架乘势而起，但存在的问题是如何选择产品，并做到"低延迟，高并发，高吞吐率，高度容错"等优势的流式计算框架。以 Twitter 为代表的 Strom 带着流式计算闪亮登场，完美替补了实时计算和分析的空白；而最近热门流式计算框架 Flink 也是项独特的技术，拥有丰富、高效的各种计算场景，并且支持 Apache Beam 标准并且统一了流式计算和离线批量计算的新一代流式处理框架。

日志数据分析处理选择了 Flink 作为日志数据流处理框架，Flink 在 exactly once、time window、table/sql 等特性上支持更好。一些公司，例如阿里巴巴，在 Flink 上已经有了生产环境的实践，Flink 可以兼容 Jstorm，因此历史作业可以无缝迁移到新框架上，没有历史包袱，不需要维护两套系统。如图 8-14 所示是日志数据处理流程。

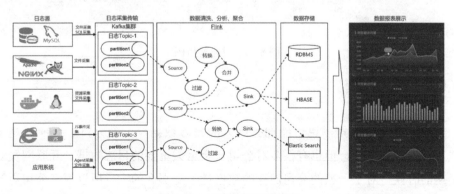

图 8-14　日志数据处理流程

对于采集的日志数据要具备日志传输过程的事实处理能力，能够根据实时分析指标进行实时计算，如对服务流量、异常和响应时长的分析计算。日志传输通常采用异步消息模式，可以支持多集群消息处理，建议采用 Kafka 作为日志数据接收消息中间件。

对于采集的日志需要支持多种数据存储方式，能够根据数据类型实现包括分布式文件存储、大数据存储及关系型数据库的存储能力和检索能力。例如日志的全量信息存储在大数据数据库，实时分析结果数据存储在关系型数据库，索引数据存储在 ES 数据库。

4. 日志解析规则

日志解析规则包括以下三个步骤，如图 8-15 所示是日志解析样例图。

（1）提取日志数据中的公共字段。

（2）通过正则表达式，解析日志数据中 message 内容，提取关键业务字段，作为此条数据的标签及索引列存放。

（3）对于特定的字段，进一步做数据映射及转换。

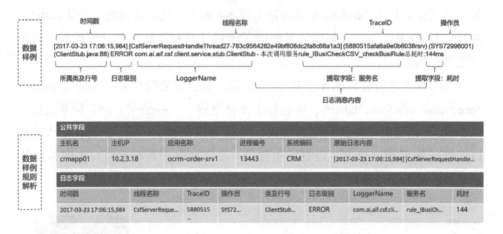

图 8-15　日志解析图

8.6.2　日志搜索

即便是小型公司，也可能拥有庞大的日志数据，大部分日志可能只是一些普通的例行事件，但也有很多对公司安全至关重要的日志数据。互联网发展早期的时候，对于一般的公司储存的数据量不是那么的大，所以很多公司更倾向于使用数据库去存储和查询数据。随着在业务的不断扩展，数据量级的不断膨胀，传统的查询方式已然不能满足用户的需求。这就需要一种技术能对日志进行实时的搜索分析，就是所谓的日志的实时搜索分析引擎，日志从产生到搜索、分析出结果，只有几秒的延迟，用户就可以获知结果信息。因此就出现了Elasticsearch 这个强大的分布式的、基于 RESTful 风格的全文实时搜索引擎。

Elasticsearch 提供应用日志的搜索功能，其搜索流程如图 8-16 所示，主要包含以下特点：

- 支持常用的关键词搜索、模糊匹配、全文检索、数值过滤、范围过滤等。

- 支持统计分析的搜索语法，包括计数统计、最大值/最小值/平均值/求和统计、时间间隔统计、时间分段统计、数值分段统计、数值间隔统计、同比/环比统计等。

- 统计分析搜索的结果，可以选择合适的展示图表，另存为图表组件，供仪表盘选择使用。

- 已经搜索过的条件，作为搜索历史，可以供下次选择搜索。

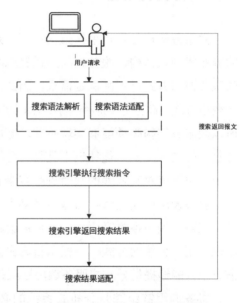

图 8-16　日志搜索处理流程

- 搜索的结果，提供导出功能，但是对导出的数量有限制。

Elasticsearch 核心功能：全文检索和数据分析。

（1）全文检索。

Elasticsearch 简称 ES 是一个分布式，高性能、高可用、可伸缩的搜索和分析系统，底层是基于 Apache Lucene 的，一个开源的全文检索库。可以作为上层数据库来使用，和关系数据库以及非关系型数据库有一定区别和相似性。其他搜索引擎还包括 Lucene（Es 底层）、Apache Solr（底层 Lucene）。

（2）数据分析。

得益于搜索引擎内部倒排索引等高效的数据组织方式，以及易于扩展的分布式设计，Elasticsearch 也是一款非常优秀的数据分析引擎。比如大名鼎鼎的

ELK（Elasticsearch+Logstash+Kibana）日志分析三兄弟，当然现在 ELK 都已经是 Elastic 公司名下的了，再加上 Elastic 公司后面收购及开发的 Beats 等其他产品，共同组成了数据分析的 Elastic Stack 套件。Elasticsearch 和其他数据分析系统相比最大的特点是实时性，可以秒级实现从数据采集到结果展示。不仅能进行近实时的监控、分析及查询，也支持多维度特征统计。

8.6.3 服务调用链

微服务架构与垂直单体架构不同，是由一系列职责单一的细粒度服务构成的分布式网状结构，服务之间通过轻机制进行通信，基于传统的静态网络地址的服务调用方式已不能满足需求。因此，微服务架构必然需要引入一种新的服务调用方式，即分布式服务调用。由于服务提供方都是以集群方式提供服务的，所以微服务架构必须能够实现负载均衡的能力。微服务化后，服务之间会有错综复杂的依赖关系，往往也不是百分百可靠，可能会出错或者产生延迟。如果一个应用不能对其依赖的故障进行容错和隔离，就会引起系统雪崩，所以一些针对服务调用的安全管控措施也是必不可少的。在微服务架构中，完成 1 笔业务可能需要调用很多微服务，也可能会跨越很多不同的容器和主机。这样一旦出现问题，传统的方式——根据日志去定位问题，那基本是行不通的，这时就需要平台能够提供分布式服务调用链跟踪分析能力。

服务调用链跟踪是分布式系统的必备能力，大的互联网公司都有自己的分布式服务调用链跟踪系统，如 Google 的 Dapper、Twitter 的 Zipkin、淘宝的鹰眼、新浪的 Watchman、京东的 Hydra 等。但业内最早，也是影响最大的当属 Google 的 Dapper。Google 2010 年发布的 Dapper 论文中介绍了 Google 分布式系统跟踪的基础原理和架构，如图 8-17 所示，介绍了 Google 以低成本实现应用级透明的遍布多个服务的调用链跟踪系统的方法。该调用链跟踪系统帮助 Google 运维团队，对不同编程语言不同软件模块运行的应用进行系统性分析。

Dapper 的重大贡献是奠定调用链的日志格式，如图 8-18 所示，其中 TraceID、

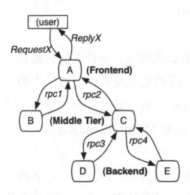

图 8-17　Dapper 的分布式跟踪

SpanID、ParentID 中最为关键的 TraceId 是一个调用链的主线，请求生成全局 TraceId，通过 TraceId 可以关联到所有参与本次请求的服务，一个 TraceID 代表一次请求。对于 Dapper 来说，一个 Trace（跟踪过程）实际上是一棵树，树中的节点被称为一个 Span（一次服务调用过程），根节点被称为 Root Span。

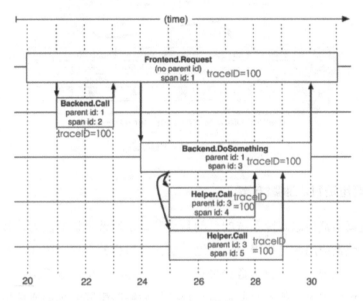

图 8-18　Dapper 日志格式

Dapper 用 Span 来表示一个服务调用开始和结束的时间，也就是时间区间。Dapper 记录了 Span 的名称以及每个 Span 的 ID 和父 ID，如果一个 Span 没有父 ID 则被称为 Root Span。所有的 Span 都挂在一个特定的追踪上，共用一个跟踪 ID，这些 ID 用全局 64 位整数标示，也就是图 8-18 所示的 TraceId。

Dapper 进行日志数据收集的过程如图 8-19 所示，分为多个阶段：首先服务 Span 数据写入本地日志文件；其次 Dapper 守护进程获取日志文件，将数据读到 Dapper 收集器中；最后 Dapper 收集器将结果写到 Bigtable 中，一次跟踪被记录为一行。Bigtable 的稀疏表结构非常适合存储 Trace 记录，因为每条记录可能有任意个 Span。整个收集过程是 Out-of-Band 的，与请求处理是完全不相干的两个独立过程，这样就不会影响请求的处理。如果改成 In Band，即将 Tra 数据与 RPC 报文一块发送回来，会影响应用的网络状况，同时 RPC 调用也可能是完套的。Dapper 提供 API 允许用户直接访问这些跟踪数据，开发人员可以基于这些 API 发通用的或者面向具体应用的分析工具。

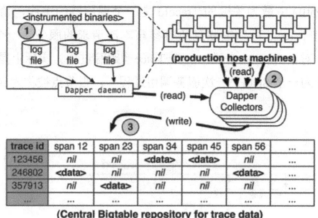

图 8-19 日志收集过程

1. 调用链日志跟踪方案

构建调用链日志跟踪系统的目的是提升系统运营维护的能力，其价值体现在丰富的数据应用和分析报表，而这一切需要数据的支撑。因此，实现调用链日志跟踪系统的关键是日志数据采集。调用链跟踪分析通过汇集日志，把完成一项业务过程中调用的所有服务节点根据先后顺序串联起来形成调用链。调用链跟踪系统除了展示服务的调用关系外，还能够记录每个服务的执行状态、执行时长、运行实例参数等信息，具备系统执行瓶颈分析、故障定位分析、运营指标分析和报表输出等能力。

在应用分布式部署背景下，一个业务请求可能会调用多个节点的服务，运维人员在排查异常时非常困难。而通过使用调用链，可视化展示展现一个请求的完整调用过程、每个调用节点的耗时，帮助定位异常及优化性能。业务系统每笔远程调用，产生一项调用日志。监控平台记录调用发起源头（调用链起点、入口服务）、被调用方（包括服务、中间件等），以及成功失败情况。一笔请求通过 TraceId 进行串接，一条调用链体现一个请求对相应服务、中间件的详细调用情况。调用链的头数据与 TraceId 保存在 ES，提供快速搜索。页面需要展示调用链的全量数据时，通过 TraceId，从 HBase 获取全量数据展示。相比于将调用链数据全部放在 HBase，头数据与全量数据分离能够加速调用链信息查询。

如图 8-20 所示是一个分布式服务调用链路的实现过程，展现了用户从页面开始发起调用，途中调用 Web 前端层、Web 后端层、能力开放层、应用层的不同服务，最后完成业务办理的整个过程。而把这个过程所有参与业务办理的服务连接起来就形成了一个服务调用关系链。下面简单描述一下调用过程。

（1）浏览器页面发起一次操作请求到 API 服务网关，请求内容包括有协议、请求地址、用户 IP、浏览器等信息，并且在返回时返回包括状态码在内信息。

（2）API 服务网关接收到请求后，生成本次请求的 TraceId，并记录后端服务调用请求数据，记录网关服务执行的耗时、状态等指标。

（3）API 服务网关调用的后端服务执行完成后，记录的后端服务请求数据通过统一日志 SDK 客户端发送到服务端。

（4）业务服务应用接收到请求后，获取当次请求中的 TraceId，并记录后端服务请求数据，记录服务调用的耗时、状态等指标。

（5）业务服务应用调用后端服务执行完成后，记录的后端服务请求数据通过统一日志 SDK 客户端发送到服务端。

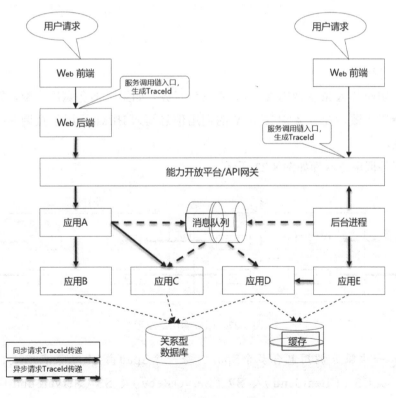

图 8-20　服务调用链实现过程图

调用链数据采集是通过 Java 字节码注入的方式在应用启动时动态植入服务调用日志采集埋点的方式实现，在 Class 文件第一次被加载到 JVM 的过程中，利用 Java Instrumentation 特性，通过增加的 Agent 将二进制字节码内容进行修改，动态注入新的代码逻辑，然后再加载到 JVM 中，从而在运行时完成日志埋点的注入，实现无侵入埋点的功能。如图 8-21 所示是无侵入埋点实现方案，探针包括两种：周期性探针和事件性探针。

- 周期性探针：主要是周期性统计，如每分钟内应用访问总量、成功总量、失败总量等。周期性探针支持间隔时间可配置。
- 事件性探针：主要是事件驱动类日志信息获取，如应用启动后，探针上报日志信息到监控平台。

图 8-21 无侵入埋点实现方案

这里举个例子：

假如业务 A 依次调用 X、Y、Z 三个服务。如果 Z 服务调用失败，则整个业务调用失败，业务 A 对 X 和 Y 的调用信息写入 HBase，用于查询业务失败的节点。

服务调用链原理如图 8-22 所示。

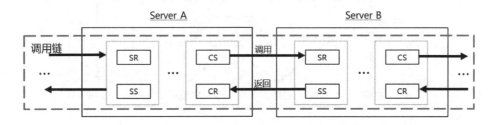

图 8-22 服务调用链原理

- 一次服务调用包含多个 Span，每一个 Span 由 4 个采集点组成，分别是 CS（ClientSend）、SR（ServerRecv）、SS（ServerSend）、CR（ClientRecv）。

● 一次业务请求中的多次服务调用组成一个完整的调用链，一个调用链由唯一的Traceid串联。

2. 调用链日志跟踪的应用

调用链日志跟踪系统不仅仅是调用链，它还衍生出了很多实用的应用，如监控预警、安全审计、故障定位及链路传导分析等，这些都可以基于调用链日志系统实现。本节将对这些扩展应用进行总体的介绍。

监控预警主要通过预警指标阈值设定，对系统服务潜在的风险进行预告警提醒，如流量预警、响应时长预警、异常预警等，如果有必要也可以实现服务安全提醒。监控预警可以根据不同的风险等级进行分类管理，不同的分类可以设置不同的处理方式。如表 8-14 所示是对监控预警的一个样例说明。

表 8-14　监控预警指标

序号	类别	提醒项目	指标
1	风险	响应时间异常	服务连续 5 次响应时间超过上一周期平均值的 50%
2	风险	错误率异常	服务连续 10 次错误率超过上一周期平均值的 50%
3	错误	提醒项目	服务出现无法访问（无法连通、超时的现象）
4	风险	返回结果异常提醒	服务连续 5 次返回结果的状态未失败
5	错误	服务安全异常	尝试访问未授权的服务

安全审计是对服务非法调用的一种核查方法，可以运用数据挖掘技术和数据分析方法对服务调用日志进行分析运算，把违反服务调用关系限制和系统约束的非法调用行为分析统计出来，供运维人员诊断系统中的漏洞和风险。安全审计参考指标如表 8-15 所示。

表 8-15　安全审计指标

序号	指标	口径
1	服务名	分析的主题，被调用者服务简称
2	非法调用次数	总次数
3	非法调用原因	通过直接或间接方式，有调用主服务的中心服务简称
4	调用者	非法调用服务简称
5	业务流水号	业务办理流水号或交易编号
6	调用开始时间	调用开始时间

故障定位及链路分析,服务调用链跟踪的初衷就是为了方便分布式系统的故障定位和问题分析。通过调用链跟踪,可以把一次业务操作完整的服务调用轨迹以调用链、图形化的形式展现出来。由于调用链携带服务执行状态、服务执行时长、调用过程中的上下文信息,因此,调用链可以很直接地发现故障点及故障原因。

链路分析是指可以根据服务调用的链路信息开发出更多的应用,如故障传导分析(某个服务如果出现问题,可能影响的范围)。这根据服务调用链信息是很容易实现的,只需以该服务为查询条件,搜索出所有调用过该服务的调用链(TraceID),然后再关联业务信息,就可以确认该服务影响的业务范围,这对服务上线运维是非常有帮助的。通过调用链分析,还可以实现以下应用:

- 查询应用直接和间接依赖的服务。
- 绘制完整的服务地图(包括所有调用分支)。
- SQL统计,采集访问SQL,统计SQL的使用率及耗时情况,通过分析及时发现SQL的复杂度问题。
- 服务资源预估,分析服务的同比、环比流量信息,为服务的预扩容、缩容提供数据依据。

8.6.4 应用拓扑

随着云原生技术的不断迭代,我们经常被灌输一个概念——应用拓扑。因为应用之间的关联与依赖非常复杂,需要站在全局视角,检查具体的局部异常。而拓扑反映了应用内多个服务之间的调用关系,通过对调用链进行分析,以端到端的方式展现系统所有组件间的依赖关系。并以图形化的方式展示应用的所有服务组件实时状态、调用耗时统计和分布。

1. 如何设计一个完善的应用拓扑

通过数据采集、分析各中心服务在一段时间内的调用情况可以形成一个大的调用网络拓扑,如图 8-23 所示,其中展示了服务间相互调用的顺序、次数、成功率、平均延时等信息。业务应用根据业务办理时传入的用户手机号以及调用链 ID,将交易相关的调用情况展示出来,为运维解决业务办理异常提供帮助。

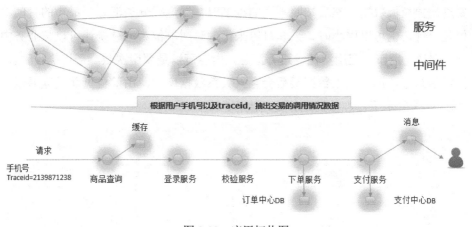

图 8-23　应用拓扑图

2. 应用拓扑具体能做什么

通过应用拓扑功能，可以帮助 IT 部门对整个系统中心进行全面透视化监控，显示在服务器，网络、存储、数据库和应用之间关键的依赖关系，只需要单击两三次鼠标，就可以对任何部分进行深入查看，并详细了解任何相关的性能问题。其处理流程如图 8-24 所示。大大提高了 IT 部门解决故障、性能和网络威胁方面的效率，使 IT 团队能够在业务性能发生变化时了解其风险或影响，并迅速做出决策。

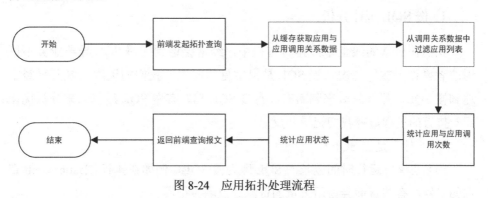

图 8-24　应用拓扑处理流程

8.6.5　统计分析

杂乱无章的日志数据对于用户来说毫无用处，所以统计汇总分析任务首先要过滤掉垃圾数据，然后按照不同的维度对数据进行分类汇总。最小的时间单位是分钟，也可以用小时、天和月等来作为时间单位。汇总统计可以按业务中心、渠道、地市、应用实例等进行汇总，内容可以是调用次数、平均执行时长、异常信息等。汇总结果数据最后会存入关系数据库中，由前台页面关联展示。如图 8-25 展示了日志数据统计处理流程。

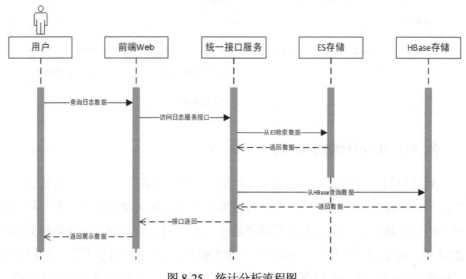

图 8-25　统计分析流程图

1. 慢 SQL 统计分析

我们在日常的线上事故排查过程中，经常会遇到因慢 SQL 导致业务不可用或者操作卡顿等情况，慢 SQL 是很常见的问题，我们的运维生涯几乎经常遇到慢 SQL，那么怎么来判断有没有慢 SQL 呢？有慢 SQL 后怎么来分析优化呢？排查的过程值得我们记录和反思。

（1）什么是慢 SQL？

顾名思义，运行时间较长的 SQL 即为慢 SQL，例如在执行 Elasticsearch 查询的时候，有些查询会占用大量的资源导致响应很慢。

（2）为什么会产生慢 SQL？

真实的慢 SQL 往往会伴随着大量的行扫描、临时文件排序或频繁的磁盘 flush，直接影响就是磁盘 IO 升高，正常 SQL 也变为了慢 SQL，大面积执行超时。从数据库角度看，每个 SQL 执行都需要消耗一定 I/O 资源，SQL 执行的快慢，决定资源被占用时间的长短。假设总资源是 100，有一条慢 SQL 占用了 30 的资源共计 1 分钟。那么在这 1 分钟的时间内，其他 SQL 能够分配的资源总量就是 70，如此循环，当资源分配完的时候，所有新的 SQL 执行将会排队等待。从应用的角度看，SQL 执行时间长意味着等待，在 OLTP 应用中，用户的体验较差，会减低用户对产品的好感度。

（3）如何发现慢 SQL？

在治理慢 SQL 前需要知道哪些 SQL 是慢 SQL，即先明确治理的对象。MySQL 本身提供了慢查询日志，当 SQL 耗时超过指定阈值的时候，会将 SQL 记录到慢查询日志文件中，用户能够从慢查询日志文件中提取出慢 SQL。MySQL 可以动态开启慢查询日志，即线上的服务器没有开启慢日志，重启后会失效。为防止线上业务受影响，可以先这样修改，同时将 my.cnf 配置文件补上配置项。MySQL 数据库默认不启动慢查询日志，需要手动设置，如果不是调优需要的话，一般不建议启动该参数，因为开启慢查询日志会或多或少带来一定的性能影响。

（4）如何治理慢 SQL？

将数据存放在存取更快的地方：如果数据量不大，变化频率不高，但访问频率很高，此时应该考虑将数据放在应用端的缓存当中或者 Redis 这样的缓存当中，以提高存取速度。如果数据不做过滤、关联、排序等操作，仅按照 key 进行存取，且不考虑强一致性需求，也可考虑选用 NoSQL 数据库。

- 适当合并I/O：分别执行select c1 from t1与select c2 from t1，与执行select c1、c2 from t1相比，后者开销更小。合并时也需要考虑执行时间的增加。
- 利用分布式架构：在面对海量的数据时，通常的做法是将数据和I/O分散到多台主机上去执行。

2. 异常统计分析

异常分析任务是单独分离出来的任务（图 8-26 是异常解析流程图样例），在 Flink 消费 Kafka 时，会分析异常信息，将异常类型、异常状态码、发生时间、主机等信息存入 ES。ES 提供查询聚合功能，查询时展示异常状态码、发生次数的统计。异常统计数据可以在数据清洗的时候进行过滤，不计入正常统计数据，异常数据写入 ES 存储，一般默认保存两个月。总体流程如图 8-26 所示。

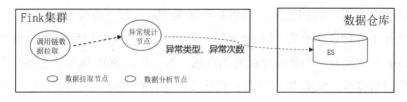

图 8-26 异常解析流程图

下面分析如何统计分析异常数据。

（1）异常统计表结构设计样例，如图 8-27 所示。

字段名	中文名	说明
expType	异常类型	业务异常（BusiException）、系统异常
expCode	异常状态码	异常状态码
hostName	主机名	主机的IP
appName	应用名	应用实例（进程名称）
sysCode	系统编码	用于权限控制
timeStamp	异常发生时间	开始时间（时间戳）
elapsedTime	请求耗时	请求的耗时（毫秒）

图 8-27 异常统计表结构

（2）异常分类。

根据异常分类规则将异常日志进行分类，用户可根据规则维度进行异常跟踪和处理。将处理后的异常日志根据不同规则维度进行统计查询分析。如图 8-28 所示是异常分类流程图。

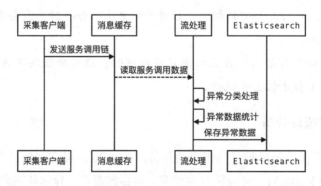

图 8-28 异常分类流程图

（3）异常统计分析。

用户将处理后的异常日志根据不同规则维度进行统计查询分析。如图 8-29

所示是异常统计分析图。

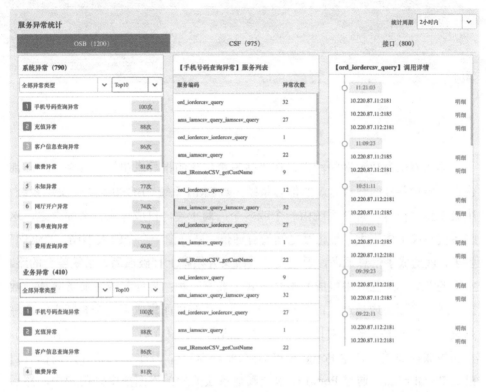

图 8-29　异常统计分析图

第9章　算力网络门户

伴随着信息化浪潮的冲击，在先建设再优化的指导思想下，各个运营商都建设了各种各样的数目可观的信息系统，如 CRM 系统、BOSS 系统、渠道系统、决策支持系统等。每个系统由一个或多个厂商承建，自成体系。久而久之，这些系统不仅个体庞大，且相互之间没有通信，就好像一个个的大烟囱，"烟囱"多了，就造成了信息孤岛，于是支撑系统又开始踏上打破孤岛、系统整合的路。主流的 EAI（企业应用集成）整合方式主要有三种：界面集成、服务集成、数据集成。界面集成是通过前台框架把不同的系统页面集成到一个系统中（或称系统门户）。这种方式相对比较简单，也是信息系统整合初期最常用的集成方式。界面集成涉及关键技术 Portal 和单点登录（SSO）。几乎各大软件厂商都有自己的 Portal 产品，通过 Portal 技术把其他系统的相关界面集中到门户中，然后通过 SSO 解决跨系统登录访问的问题。

算力网络门户可以采用 JWT 单点登录校验方式，面向所有门户后端服务产品，构建内聚式的用户认证鉴权能力，实现以租户视角为核心的资源统一管理、能力开放以及监控能力。JWT 全称 Json Web Tokens，是一种非常轻巧且规范化的 Token，是对 Token 这一技术提出的一套规范，这个规范可以实现在不同系统之间传递安全可靠的用户信息。基于 Token 的鉴权机制类似于 HTTP 协议也是无状态的，它不需要在服务端去保留用户的认证信息或会话信息。这也就意味着基于 Tokent 认证机制的应用不需要去考虑用户在哪一台服务器登录了，这就为应用的扩展提供了便利。而且因为有了 Payload 部分，所以 JWT 可以在自身存储一些其他业务逻辑所必要的非敏感信息。

JWT 与 OAuth2.0 有本质的区别，OAuth2.0 是一种授权方式，一种流程规范。比如用户需要访问论坛，但不希望重新注册，希望使用社交账号登录 QQ！（需要论坛先在 QQ 开放平台注册），那么用户登录的时候，选择 QQ，它就会跳转到 QQ 的登录页面，用户登录完，再跳转到论坛，论坛就会获取 QQ 传给的授权信息。下面从一个实例来看如何运用 JWT 机制实现认证。如图 9-1 所示是 JWT 认证流程。

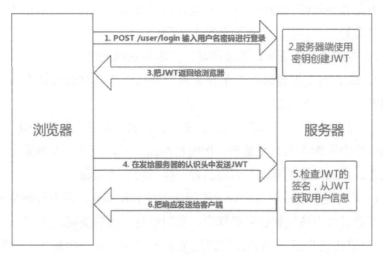

图 9-1　JWT 认证流程

下面简单介绍 JWT 的验证过程：

（1）前端（客户端）首先发送一些凭证来登录（假设我们编写的是 Web 应用，这里使用用户名和密码来做验证）。

（2）后端（服务端）在这里指业务应用校验这些凭证，如果校验通过则生成并返回一个 JWT。

（3）客户端需要在请求头的 Authorization 字段中以"Bearer Token"的形式携带获取到的 Token，服务端会检查这个 Token 是否可用并决定授权访问或拒绝请求。

（4）Token 中可能保存了用户的角色信息，服务端可以根据用户角色来确定访问权限。

9.1　算力商城

全球经济增长越来越倚赖数字化的力量，算力时代已奔涌而来，大数据、AI、IoT、5G 等先进数字技术的落地，背后都离不开庞大的算力资源做支撑。尤其是 2020 年新冠肺炎疫情全球暴发后，国际国内数字化转型进程提速，中国移动算力白皮书指出，要推动算力成为与水、电一样，可"一点接入、即取即用"的社会级服务，达成"网络无所不达、算力无所不在、智能无所不及"的愿景。

算力是数字化时代的生产力，也是新的"货币单位"。然而在实际工作环境中，算力的接入和管理仍然面临很多问题。

（1）有限的算力资源，不能满足用户多样化的需求。

（2）算力的使用要像打开水龙头水就能用一样，这就对算力的灵活调度和使用带来了很大的挑战。

（3）算力资源传输过程中的信息安全、数据安全等方面的风险。

如果算力资源作为可交易物，像购物网站一样，能够上架到算力商城中供用户挑选。那人们是否可以像购物消费一样消费算力资源。

（1）算力提供方提供算力资源的跨云调度和精细化的算力管理分配能力，并且可以通过算力商城整合零星算力，实现更有价值的变现。

（2）算力消费者无须关注资源的部署形态和来源，由算力商城基于业务场景的诉求（时延小、计算量大、性价比、安全能力等），找到最佳性价比的算力提供方来提供算力，快速满足企业最基础的算力资源要求。

（3）算网商城通过多运行态算力的有效整合、提供方和消费者的最佳匹配，实现一体化算力供给平台。

算力商城提供面向租户的算力商城门户、面向合作伙伴的算力运维管理门户和面向运营支撑的算力运营管理门户；算力商城门户为算力消费者提供算力资源申请、开通、演示一站式服务。算力运维管理门户提供算力服务封装、营销策略、订单管理及计费管理能力。算力运营管理门户提供合作伙伴管理、审批管理、运营统计等一站式支撑能力，搭建算力提供者和算力消费者的双向可信交易通道。

9.1.1　算力资源

算力资源是算力商城的一种"算力商品"，主要指为用户提供不同规格的算网算力商品，供用户选择。运营商将算力网络的研究重心侧重在资源的融合供给层面，能够将多方、异构的资源整合在一起为用户提供服务，包括算力度量、信息分发与算力交易等范畴。算力资源适配与管理提供对不同来源的基础资源的管理与适配。算力商城从 IaaS 层申请并获得服务器、存储和网络资源后，由底层容器平台纳管这些离散资源，负责服务器与存储、网络的集成，以及弹性计算服务所需软件的部署和维护。算网商城提供的算力商品主要来自底层的一系列技术支撑，下面做一下简单介绍。

1. 计算资源适配

计算资源适配是指弹性计算平台对接不同类型计算资源，并对其进行托管的能力。弹性计算平台获得初始化和分配权限后的计算资源清单列表后，对该部分计算资源进行资源导入、资源查看、资源释放、资源删除等。包括以下特性：

- 适配的计算资源类型包括虚拟机、物理机。
- 适配x86架构和ARM架构服务器。
- 计算资源来源可以是IaaS云管平台，也可以是数据中心。如果来自IaaS云管平台，则具备与云管平台（如苏研云、华为云、Vmware云、OpenStack云等）集成能力，支持线上动态资源申请与导入。
- 导入的资源清单列表应包括主机IP、主机名、操作系统、内核版本号、CPU核数、内存空间、磁盘空间、宿主机（可选）、用户名、密码、描述等。
- 支持页面表单化录入和模板上传导入两种方式。
- 支持资源信息批量导出。
- 支持将容器集群的某些宿主机释放，作为物理机或虚拟机（资源仍托管在PaaS层）。
- 支持资源删除，可被IaaS层重新分配调度（资源不再托管在PaaS层）。

2. 存储资源适配

存储资源适配是指弹性计算平台对接不同类型存储资源，并形成可提供给计算资源（物理机、虚拟机、容器）挂载的后端存储服务。弹性计算平台获得存储资源清单列表后，对该部分存储资源进行资源导入、资源查看、资源删除等。包括以下特性：

- 支持对接Ceph、GlusterFS、NFS、iSCSI、本地硬盘类型存储。
- 存储资源可以由IaaS层创建分配，也可以由弹性计算平台基于IaaS层分配的服务器部署创建。

- 存储资源来源可以是 IaaS 云管平台，也可以是数据中心。如果来自 IaaS 云管平台，则具备与云管平台（如苏研云、华为云、vmware 云、openstack 云等）集成能力，支持线上动态资源申请与导入。
- 支持页面表单化录入和模板上传导入两种方式。
- 支持资源信息批量导出。
- 支持资源删除，可被 IaaS 层重新分配调度。

3. 网络资源适配

网络资源适配是指弹性计算平台基于 IaaS 层网络资源进行虚拟网络构建与策略管理的能力，包括虚拟网络创建、网络策略配置、网络策略实施（开通、关闭）、网络策略调整等。包括以下特性：

- 支持基于物理机、虚拟机和容器构建统一的虚拟网络层（如 Calico 或 NSX-T），实现不同运行环境的灵活互访。
- 支持弹性计算平台不同运行环境（物理机、虚拟机、容器）之间的网络开通、关闭和访问策略配置。
- 支持弹性计算平台中，多个容器集群之间的网络开通、关闭和访问策略配置。
- 支持基于租户、安全域和个性化安全需求的网络隔离和访问授权能力。
- 支持按照地址段、端口段可视化添加网络策略，支持批量导入策略，支持模板文件导入策略。

9.1.2　IT 技术组件

中间件（MiddleWare），是一种应用于分布式系统的基础软件，在本书主要指为算力应用提供技术支持的组件，是另一类算网商城的"算力商品"。从纵向层次来看，中间件位于各类应用 / 服务与操作系统 / 数据库系统以及其他系统软件之间，主要解决分布式环境下数据传输、数据访问、应用调度、系统构建和系统集成、流程管理等问题，是分布式环境下支撑应用开发、运行和集成的平台，能够实现系统之间的互联互通，帮助用户高效开发应用软件。中间件主要分为两大技术阵营。Java 语言诞生以来，特别是 J2EE（后更名为 JAVA EE）标准的发布，中间件的开发标准实现了统一。同时，IBM、Oracle 等厂商积极参与 J2EE 标准制定，走的是开放路线，造就了 J2EE 强大的生命力。2001 年，微软发布 .NET，中间件演变为两大技术阵营。目前，Java 阵营覆盖范围最广，而 .NET 阵营主要由微软及其伙伴使用。

中间件是基础软件的重要组成之一。2006 年，国家"核高基"重大专项提出，"基"即为基础软件，是指 IT 系统中最底层、与具体业务逻辑无关的一类软件，为应用软件对系统资源、数据和网络资源的访问和管理提供支撑，主要包括操作系统、数据库系统和中间件。中间件是 IT 系统进行通信和传递信息的纽带，同操作系统、数据库系统共同构成 IT 系统的底层基础架构。

IT 技术组件管理面向自研组件、开源组件、商业组件及第三方研发的组件的生命周期管理，对外提供标准化通用组件服务，组件管理功能包括组件资产管理、组件操作管理、组件服务化管理、组件调度管理、开源软件专题等。包括三大核心能力：

- IT技术组件服务化管理：组件管理的核心能力，提供组件服务化封装能力，支持以自助服务的方式对平台租户提供服务自助开通的能力。
- 流程管理：依托"K8S+Docker"的弹性计算平台提供的页面编排的流程引擎能力，对组件资产进行管理和维护。
- 运营运维：对组件运行态进行运维监控，并支持从应用角度查看组件与应用的关联关系，可以通过告警和报表对组件的运行情况进行分析和处理。

组件服务化管理的对象包括：容器化组件和非容器化组件两类。针对两类对象，采取不同的服务化管理方式，下面简述容器化组件的封装流程。如图 9-2 所示是 IT 技术组件服务化封装流程。

下面简单介绍组件服务化封装的步骤：

（1）创建和编辑 Dockerfile 文件。

（2）推送 Docker 文件到版本库。

（3）通过 Dockerfile 调用 CMP 接口制作镜像。

（4）将镜像推送到镜像仓库。

（5）创建 Chart 包并推送到 Helm Harbor 仓库。

（6）服务规格定义，更新 Value.yaml 文件将规格注册到 Open Service Broker 服务目录。

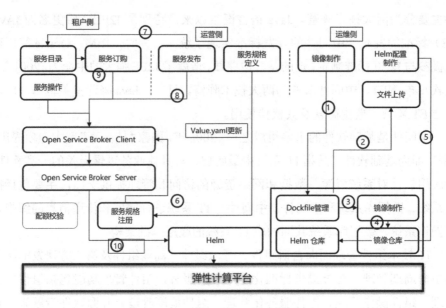

图 9-2　组件服务化封装流程

（7）服务上架到服务目录对租户开放。

（8）同时将上架服务封装到 Open Service Broker 服务目录。

（9）用户发起服务订购。

（10）通过 Open Service Broker Client 调用弹性计算平台的 Helm 创建、启停、升级、扩容、卸载接口。

9.2　算力一体化平台

算网具有多元和泛在的特点，算网对算力接入有严格的规范要求，包括资源规格、服务等级、安全要求、运维能力、接口标准。有了规范约束，算力网络才能将多元、泛在的算力整合为整齐划一的算力服务。算力一体化平台的整体架构如图 9-3 所示。

算力度量标准化：对各类算力服务进行系统的标准化度量，是网络对算力资源感知并创建状态的数量依据。基于算力统一的度量体系，通过对不同计算类型的异构算力资源进行统一抽象描述，形成算力能力模板，可以为算力路由、算力管理、算力计费等提供标准的算力度量规则。

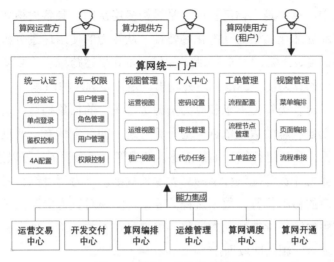

图 9-3　算力一体化管理平台

算力一体化管理包括以下核心功能：

- 统一认证：通过单点登录方式，面向所有门户后端服务产品，构建内聚式的用户认证鉴权能力。
- 统一权限：通过租户、用户、角色和权限实体的配置，构建租户维度的统一操作和数据权限能力，以及与其他模块间的同步集成能力。
- 视图管理：通过租户和平台角色的控制，构建算网使用方、算网运营方和算力提供方的视图展示能力。
- 个人中心：通过4A配置、密码设置、审批、代办等功能，构建以"我"为中心的能力设置和任务处理机制。
- 工单管理：通过流程和节点配置，构建账号申请、密码恢复、权限变更、消息订阅等工单创建和审批的能力。
- 视窗管理：通过菜单的配置和编排，页面视图的管理和定义，业务流程的配置和串联，构建一站式的门户服务能力。

9.3　算力计量

算力网络的核心是算力，目前海量、分散的算力数据处理场景，仅仅单个数据中心已无法满足需求，需要广泛的云、边、端算力协同。因此在算力网络的架构设想中，算力是立体泛在的，是异构多层次的，具备内核多样化、分布泛在化、产品立体化、生命动态化等特性，从算力的使用场景分析，需要准确实现算力的调度、分配、协同，因此，如何度量和描述跨域、多层次、异构算力，构建标准统一的算力衡量标准并对外输出，是首要解决的问题。

算力计量对各类算力需求和算力资源进行统一的抽象描述，是网络对算力资源感知并创建状态的数量依据。基于算力统一的度量体系，通过对不同计算类型的异构算力资源进行统一抽象描述，形成算力能力模板，可以为算力路由、算力管理、算力计费等提供标准的算力度量规则。算力调度综合考虑网络的实时状态、用户的移动位置、数据流程等要素，实现对算力资源的统一管理、跨层调度和应用的敏捷部署和动态调整，用户可在不关心算力形态和位置的情况下，实现对算力资源的即取即用。

这里举一个算力基本计量单位的例子。计算资源（Compute Unit，CU），一个 CU 对应于实时计算底层系统是一个 CPU 的计算能力。实时计算底层使用虚拟化技术进行资源隔离，保证一个基本的 CU 消费且最大消费仅能为一个 CPU 提供计算能力。一个 CU 描述了一个实时计算作业最小运行能力，即在限定的 CPU、内存、I/O 情况下对于事件流处理的能力。一个实时计算作业可以指定在 1 个或多个 CU 上运行。

9.4 算力计费

电信网云化后，在满足自身云服务之外，可以对外输出计算能力，成为全社会的 ICT 基础设施。5G 时代，随着运营商网络的云化改造，将有大量的 IT 资源应用在通信云的部署中，而且随着业务量的变化会存在一定时间段内的空闲，运营商可以将这些资源，结合其强大的网络提供能力对外服务，构建供给方和消费方的桥梁，盘活新建和存量算力资源，实现经济价值变现。

算力交易指多算力提供者参与的可信算力交易模式，算力计费最重要的一个环节就是可信交易，算力交易作为一种计算能力，看不见摸不着。算力交易涉及算力消费者、算力提供者、算力平台运营者多方，算力消费者购买了多少算力，算力平台运营者提供了多少算力，算力提供者的算力被使用了多少，很难验证，在数据追溯、账单对账、协议保存都存在很多缺失。在搭建算网交易平台时引入区块链技术，通过"算力交易 + 区块链"的应用，实现算力交易不可篡改、透明性、可信任，是实现多方算力共享交易模式的基本保障。

算力计费要考虑用户流量的潮汐波动进行动态调整，云原生应用 12 要素中提到"通过进程模式进行扩展"，意思是云上的服务不应该是单点，而是由很多副本实例组成。低峰期并非利用率下降，而是需要的实例数减少了。所以，通过夜间对实例缩容、白天高峰到来前扩容的潮汐方式，可以实现夜间账单的下降。算力系统可以对资源进行定价，如 CPU、内存、存储、网络、GPU 等制定单价，可以设定不同的计费策略，可以设置普通用户、中级客户、高级客户级别计价，对不同级别的用户提供不同的服务水平保障。

9.5　算力资源展示大盘

有了资源数据，如何做到数据场景化，数据价值化？项目经理可能想在一个页面中直观地看到聚合的分析汇总数据，包括应用监控、告警事件、资源使用情况等数据。很多企业的高层领导喜欢数据仪表盘或者管理驾驶舱，甚至用巨大无比的显示屏阵列来展示各种关键业务指标 KPI。

那么成功设计一个数据仪表盘需要如何做？又需要注意什么问题呢？我们可以通过算力资源展示大盘构建全局的统一运营展示视图，同时基于客户的业务特点和 IT 运维人员的关注点，汇总 PaaS 平台算力资源的相关运营分析数据。在规划之前要明确几个问题。

（1）谁是资源展示大盘的使用者？

使用者可以分为 3 类，分别为高层管理者、中层管理者、运维运营人员。

高层管理者需要基于资源大盘快速掌握企业的运营情况，并据此快速做出决策和判断，为企业拟定战略性目标，真正实现数据化运营的终极目标。这类角色需要的是精简的指标体系，能够实时、动态地反映企业的运行状态，在进行界面的设计时就需要尽可能简洁明了。并可在电脑、平板电脑、手机、大屏等各类终端上运行，随时满足管理者获取企业信息的要求。

中层管理者需要获取各个前端业务系统的详细数据，能够从业务场景出发，沿着数据的脉络去发现问题的真正原因。比如销售业绩为什么下降？这类角色需要更多体现的是问题直接显性化，能够优先级排序，方便直接采取行动推进系统建设。

运维运营人员，这类角色直接接触业务或者业务人员，需要从具体业务需求出发，强调持续、实时的信息监控场景。能够实现业务操作的监控和预警功能，对数据的时效性要求比较高。仪表盘的界面设计需要全面详细，能够展示业务系统的全貌。

（2）如何通过排版吸引用户？

面向不同的客户，排版设计有一个共同点，那就是简洁明了，直接展示角色所关注的内容。首先为不同角色设定资源展示指标，并根据定好的指标进行排版。

主：核心业务指标安排在中间位置、占较大面积，多为动态效果丰富的图表。

次：次要指标位于屏幕两侧，多为各类图表。

一般把有关联的指标让其相邻或靠近，把图表类型相近的指标放一起，这样能减少观者认知上的负担并提高信息传递的效率。如图 9-4 所示。

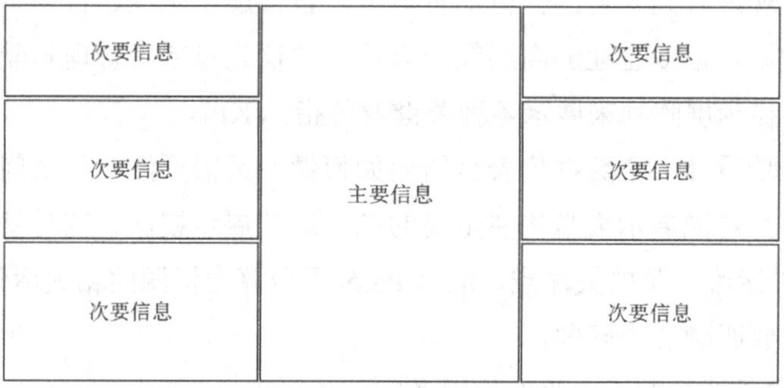

图 9-4　算力资源仪表盘

（3）你希望资源展示大盘有哪些功能？

● 根据全网运营统一视图的要求，采集指标数据，按照统一的采集间隔、计算方法、报送格式进行各项指标的数据准备。并进行数据的汇总、合并和标准化。

● 通过指定的接口将相关数据按照要求的格式上传至全网运营统一视图管理平台。

● 平台具有大屏展示界面，可展示内存、CPU、GPU、网络等资源情况。用户可以自定义大屏展示视图，提供资源、资产、业务等的数字化分析，实现数字化驱动精细化运维分析，助力用户从全局到局部整体地把控 PaaS 平台算力资源的运维情况，为用户决策提供支持。

最后，总结创建仪表盘的 3 个要点：

- 仪表盘并不是报告，也不是数据的堆砌。仪表盘包含了企业的业务流程、关键节点以及预期的业务影响力。
- 仪表盘的目的不仅是展示监控，也是企业优化行动的驱动力。
- 仪表盘要以展示数据为可行，任何酷炫的表现要建立在不影响数据的有效展示上。

9.6　一点开通

算力服务的自动化开通，需要串接算网服务平台中的多个中心化服务，由多个中心化服务协同完成整个自动化开通任务。开通流程涉及运营交易中心、运维管理中心、算网调度中心、算网开通中心。如图 9-5 所示是算网开通架构图。

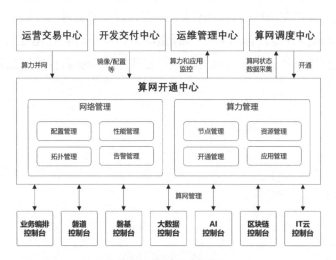

图 9-5　算力开通架构图

算力的开通需要具备以下两个标准化原则：

算力入网规范化：算网具有多元和泛在的特点，算网对算力接入有严格规范要求，包括资源规格、服务等级、安全要求、运维能力、接口标准。有了规范的约束，算力网络才能将多元、泛在的算力整合为整齐划一的算力服务。

算力度量标准化：对各类算力服务进行系统的标准化度量，是网络对算力资源感知并创建状态的数量依据。基于算力统一的度量体系，通过对不同计算类型的异构算力资源进行统一抽象描述，形成算力能力模板，可以为算力路由、算力管理、算力计费等提供标准的算力度量规则。

算网端到端自动化开通的业务流程如下：

（1）进入门户：租户进入算网统一门户。

（2）订购虚拟机：通过算网运营交易中心在宁波中心订购了一台虚拟机服务器。

（3）开通虚拟机：支付完成后，算网运营交易中心通知运维管理中心开通虚拟机服务。

（4）创建服务：运维管理中心创建该服务实例的状态管理数据，并通知算网调度中心开通虚拟机服务。

（5）算网开通：算网控制中心创建控制实例后，通过调度器计算网络端到端最优路径，然后再通知算网开通中心进行网络和算力的服务开通。

（6）网络 & 算力开通：算网开通中心分别调用网络服务设施和算力服务设施的控制台接口完成网络访问路径的开通和虚拟机服务的部署。

（7）运维操作：虚拟机实例部署完成后，租户可以在运维管理中心"我的资源"找到该服务器，并可以对该服务器进行启动和监控等运维操作。

第10章 算力网络 PaaS 实践

本章将介绍通过磐基 PaaS 平台所支撑的一次算力网络实践。让读者对 PaaS 平台与算力网络的有机结合产生更加深刻和直观的印象。

10.1 实践场景说明

话单是用户的原始通信记录信息，一般会包括用户的流水号、用户标识、主叫号码、被叫号码、起始时间、结束时间、通话时长、通话性质、费率、费用、折扣等信息。对于手机使用场景来说，除类似上述的通话记录外，话单记录的信息还包括 SMS、MMS、WAP、GPRS 等信息，记录格式与上述电话话单类似。话单处理是对用户如何使用业务及业务量进行处理，并在处理完毕后送到计费中心进行计费。

用户的电信计费服务主要依赖对用户话单的处理。话单的处理属于短时间内的大数据量处理，在出账期，话单处理业务需要大量的资源支持。而出账期结束后，这些资源可以释放出来供其他业务使用，提升资源的利用率。我们本次的业务实践即是在此背景下，通过位于西部的资源池，为话单处理业务提供弹性的算力资源支持服务。

本次实践以呼和浩特市的话单处理业务为例，说明在系统负载提升时，如何通过跨地域算力网络系统扩容，实现流量负载的分担。其整体示意如图 10-1 所示。

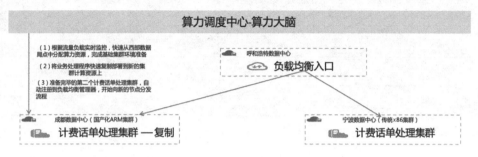

图 10-1　磐基算网实践整体说明

在初始状态下，呼和浩特市的话单处理业务通过呼和浩特数据中心的负载均衡入口接收数据，发送至宁波数据中心，由部署在宁波数据中心的计费话单处理程序进行计算处理。在实践中，我们模拟业务负载的突然增大，来观察如何通过磐基 PaaS 平台来实现业务的弹性扩容支持。

本次实践的前提是磐基 PaaS 平台完成了位于呼和浩特、宁波、成都等多地异构资源池的统一纳管，并支持多种调度策略；为托管在磐基 PaaS 平台上的应用提供完善的监控，能够及时发现业务量提升给业务负载带来的变化；话单处理业务实现了容器化封装，并完成了基于 x86 和 ARM 指令集的编译，能够被部署到不同的资源节点。

随着我们对宁波的话单处理业务加压，通过磐基监控体系，我们能够发现宁波数据中心的话单处理业务负载逐渐变高，在快要达到阈值时，系统发出告警。我们根据实时监控与计算信息，通过算力调度中心，查看可用资源池，快速从西部据点中为话单处理程序的扩容分配算力资源。在这里，我们选择了位于成都资源池的 ARM 资源，并按照话单处理业务的部署需求，完成资源基础环境的准备。资源到位后，我们通过磐基 PaaS 的弹性计算平台，从制品库获取话单处理业务镜像，并将该镜像拉取到选择的资源节点上，完成镜像文件的部署，镜像的拉取使用了 P2P 等加速技术，整个的拉取和部署过程在不到 60 秒内完成。通过以上操作，话单处理业务程序被快速部署到了新的集群计算资源上。

在新的话单业务处理集群准备完毕后，该集群自动注册到呼和浩特市的负载均衡管理器上，位于呼和浩特市的流量网关开始向新的节点分发流量。我们通过监控系统可以发现，原有集群承担的业务量得到分担，资源负载降低。这个过程中，算力从东部据点动态扩容到西部据点，业务应用也随之部署到西部据点，业务扩容完毕。

随着话单处理的持续进行，在话单量减少后，我们发现两个集群的业务负载均在持续降低。此时，我们可以通过资源的回收，提升资源的使用率。磐基 PaaS 支持基于负载的资源自动回收能力。在业务负载降低后，可以自动回收一个集群的资源。同时，也可以通过手动回收的方式，完成集群的销毁。

我们停止对呼和浩特市的话单处理业务加压，让业务负载请求恢复至初始状态。通过监控系统，我们可以看出，两个集群的负载均实现降低。我们可以对该业务进行缩容，以回收资源。此时，我们在算力调度中心，直接将西部的扩容节点删除。磐基 PaaS 会在后台对该请求进行处理。一般会通过优雅降级的方式，先将被删除的节点从负载均衡管理器中删除，停止接收新的业务处理请求，并通过延时处理的方式，将本地的在途数据处理完毕后，对资源进行回收。

10.2 实践分析

在本次算网实践中，主要涉及磐基 PaaS 平台的以下能力：

- 异构资源纳管、兼容适配、调度能力。
- 算力应用的编译发布能力。
- 算力应用的运维监控能力。
- 算力应用的部署能力。
- 算力服务的注册能力。
- 算力组件管理能力。
- 算力资源动态回收能力。

通过以上能力，我们可以清晰地看出，磐基 PaaS 平台为算力网络的实施落地提供了载体作用。算力网络的能力通过磐基 PaaS 平台得到了纳管、收敛、展示、监控和运营。

1. 异构资源的跨地域统一纳管、调度

算力网络需要为遍布不同区域的异构算力提供兼容适配、多级纳管和灵活调度支持。算网大脑一级管控面对全网算力资源进行管控（计算/网络/存储），二级控制面对各边缘节点进行集群纳管，通过两级的管控体系，实现全网资源的统一管理与调度，支持集群自动化部署、整 POD 交付等算力服务场景。在本实践中，磐基 PaaS 分别纳管了位于宁波的 x86 资源池和位于成都的 ARM 资源池。管理员通过磐基 PaaS 管理台，在成都申请了 ARM 资源，为话单处理程序的扩容做好了资源准备。

同时，磐基 PaaS 还引入了智能化 AI 能力，通过模型训练和推理服务，为算网网络提供节点能力评估、路径寻优、意图识别、资源调度等 AI 能力，为算网系统提供注智引擎和 AI 服务。让算网编排调度更智能、更高效、更精准。

2. 算力应用的发布

资源上支持异构算力体系只是应用成功部署的一部分。由于指令集的不同，部署在 x86 和 ARM 资源池上的应用是不同的。磐基 PaaS 平台构建了支持异构算力的双平面运行管控能力，支持对 x86 及 ARM 异构资源进行双平面自由切换。通过异构双平面编译流水线和多架构镜像打包能力，支持 x86 和 ARM 环境下的独立的编译、打包和发布流程，实现异构双平面间统一源码，同时匹配设备信息，差异化推送 x86 镜像或 ARM 镜像。优化镜像拉取能力识别多架构镜像，实现异构双平面上应用的精准管控，提升资源的利用率。

3. 算力应用的监控运维

通过磐基 PaaS，对部署在该平台上的应用进行实时运行监控和健康度检测。在本次实践中，可以看出随着我们持续对位于宁波的话单处理服务加压，服务负载持续提升。而当我们创建了新的集群为宁波分担负载时，监控显示宁波的业务负载得到了降低。

磐基 PaaS 平台的监控能力覆盖面广，包括四大场景：资源场景、组件场景、API 调用场景和服务场景。通过这四大场景，为用户提供全面的监控能力。

4. 算力应用的部署

提供用户自服务能力，根据用户的需求自动化创建不同类型容器集群（如 ARM 类型 K8s 集群、K3s 集群，x86 类型 K8s 集群等），集群创建后由云端控制台统一纳管，与磐舟（DevOps 体系）结合，通过可视化配置在目标集群自动部署 PaaS 相关组件和用户应用。通过云端控制台查看边缘集群应用拓扑图、应用日志等，及时了解集群和应用的健康状态。整体的算力应用部署架构如图 10-2 所示。

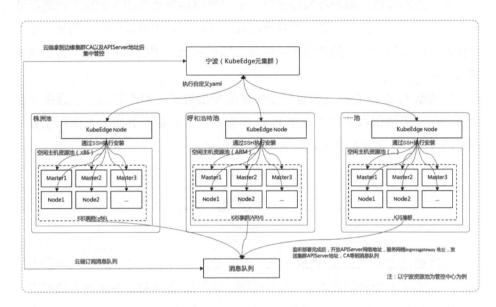

图 10-2 算力应用部署

5. 算力应用的注册

磐基 PaaS 平台的开发交付体系——磐舟部署完应用之后，向磐道发起算力应用的注册，注册信息包含算力应用的位置、数量、路由属性等。磐道的算力策略根据注册的算力应用属性进行路由的全网发布。算力应用的用户通过磐道就近发起算力应用的访问，磐道根据用户的位置、访问量对流量进行自动调节，动态调度到不同的算力资源池上部署的算力应用上。在本次实践中，通过将新集群挂载到话单处理的负载均衡器上，实现了请求的算力路由，最终实现了宁波话单处理服务的负载分担。

6. 算力应用负载均衡

负载均衡是磐基 PaaS 平台的一个基础组件，通过组件管理模块维护。该组件经服务化后形成负载均衡服务，对外发布，供服务消费者订阅消费。这种组件服务最终形成算力网络的"软算力"，为算力网络的运行、运营提供服务化的技术支撑。

7. 算力应用资源回收

在实践的最后，随着我们停止对位于宁波的话单处理服务加压，两地的业务负载逐步降低。此时，通过监控系统我们可以了解到两地的服务均处于低负载状态，这会降低资源的利用率。因此我们可以通过撤销一个处理集群实现资源的回收。

在磐基 PaaS 平台，我们提供了快捷的使用方式，即在管理台上直接删除集群。而相应的集群销毁工作由 PaaS 平台在后台完成。其主要工作在于算力应用的注销、在途数据的处理和资源的回收。

10.3　实践结论

本次通过磐基 PaaS 所做的实践，仅仅是算力网络应用下的一次非常小的试水，主要用于验证磐基 PaaS 在"东数西算"场景中主要涉及的功能范围，以确定磐基 PaaS 平台对"东数西算"场景的承载能力。在未来基于 5G 的低时延创新应用中，如自动驾驶，PaaS 平台所起到的作用会比该实践要复杂得多。其中算力的注册、发现、调用会是动态的而不是该场景下的静态算力资源；算力应用的扩容也可能会基于微服务框架，通过服务实例的扩容完成整体业务处理吞吐量的提升。

算力网络的构建、运营，目前还处在探索初期，PaaS 平台对算力网络的承载能力也只是得到了初步的验证。在未来，我们也将不断地摸索前行，通过 PaaS 平台，将更多的算力网络能力运营起来，不断满足新型业务的需求。

第11章 算力网络下的 PaaS 发展蓝图

11.1 算力网络的发展给 PaaS 带来的机遇与挑战

11.1.1 算力网络的发展新机遇

国家发展改革委员会明确将算力基础设施作为新基建的核心内容之一，通过顶层设计、政策环境、统筹协调等方式促进算力基础设施的持续发展、成熟和完善。

强大的算力是全社会智能应用的重要支撑，新基建政策将极大调动社会各方对算力基础设施的投资建设热情，而运营商所掌握的优质网络将是算力触达用户、实现算力商业变现的最重要手段。

以微服务、无服务为代表的应用轻量化部署架构为 IT 资源的统一管理和快速调度提供了技术手段。承载网 SRv6 等技术，已经可以实现数据中心内外部网络统一调度及智能路由，促进了"网络内生服务"这一理念的加快实现。

算力网络将微服务、Unikernel、边缘计算、泛在计算带来的动态、分布式的计算效率，以及用户体验作为网络架构的第一优先设计原则，其基本理念是让网络成为智能社会的基础设施，高效连接云、边缘计算、超边缘计算等泛在开放的计算资源，以及开放动态的各类服务（Service）。

算力网络是面向承载网和算网融合演进的新型网络架构，通过算力资源与网络资源状态的协同调度，将不同应用的业务请求通过最优路径调度到最优的计算节点，实现用户体验最优的同时，保证运营商网络资源和计算资源利用率最优化。

算力网络未来考虑服务能够在不同计算资源上按需实时实例化，支持海量服务被应用复用，进一步提高计算资源的利用效率，尤其能够极大提高边缘计算的利用效率，解决边缘计算等资源受限于节点扩展性问题。

11.1.2 算力网络面临的挑战

算力网络在网络即服务（Network as a Service，NaaS）的基础上，旨在打造算力即服务（Computing Power as a Service，CPaaS）的统一化应用平台，实现网络内生服务，使用户能够便利地以服务的形式随时随地获取所需的计算资源，而不需要关注计算资源实际的物理位置，其强调无处不在的 6G 网络是一切服务的触点，所有服务由 6G 网络内生，用户将一切需求交给网络，网络通过其内生的能力，直接向用户反馈结果，包括连接内生、质量内生、算力内生、安全内生等。

要实现上述构想，算力网络需要满足几个方面的要求，包括如何针对不同应用将计算能力统一度量，针对不同网络区域将计算资源整合，针对用户的不同需求算力网络自动匹配相应的算力，针对算力需求的潮汐效应自动匹配合适的算力等。

在整个算力网络体系中，还存在未完全标准化的细节。例如，不同类型的计算硬件在不同的计算场景中所体现出来的计算能力是不同的，与物理距离、网络资源的优劣有着很大关系。基于上述原因，在算力网络中，完善的计算能力度量还未形成统一标准，针对不同场景无法做到绝对准确，这需要随着应用与算力更为紧密地结合，实际应用的不断增多，相应算法的不断改进，才能逐步完善。

在目前的网络中，各个网络区域中尚存在着较为明显的边界，如提供业务部署的数据中心网络、为地市级间业务互联服务的城域网以及实现地市间互联的承载网等。基于各个网络区域间管理方面的原因，在网络区域边界上的边界网关设备会选择性地将信息进行跨区域发送，或者将区域内的信息以汇聚的方式统一发送。同样，对于网络区域间的算力资源信息，基于管理和安全性方面的考虑，还无法确保区域间的算力资源信息完全共享及精确匹配，如何解决全网的算力资源信息共享及基于用户意图的算力精确匹配，是未来算力网络需要解决的核心问题之一。

业界希望未来的网络是基于意图的。当用户接入互联网提出自己的需求时，网络能够根据用户的意图自动选择相应的应用，并自动化调用匹配的算力资源为其服务。根据用户的意图提供相应的算力服务，首先需要通过应用层面的人工智能技术精确理解用户的意图，以及通过算力网络智能化程度的不断改进，将应用与网络相互感知，再通过网络将应用调度到合适的算力资源中。在这个过程中，用户意图的准确识别、网络路径的合理选择、算力资源的精确匹配都是未来算力网络中需要进一步解决的问题。

在某个特定的区域，并非在任何时刻区域内算力能够恰好满足区域内用户的需求，算力有可能短缺，也有可能过剩。例如，在一个上班族聚居的居住社区，为其提供算力服务的边缘数据中心在工作日白天可能大部分时间都处于空闲状态，而在下班时间或节假日期间都处于超负荷状态。为了促进算力资源的高效率利用，可以通过相邻边缘数据中心的算力协同来解决这个问题。通过算力网络，在本地边缘数据中心繁忙时，将超负荷的算力需求调度到附近的边缘数据中心进行处理，闲时，将冗余的算力资源发布到网络中供短缺的区域使用。智能化、自动化地实现这种算力资源的弹性伸缩及相互协同，是未来能够随时随地使用算力网络的重要基础。

综上所述，算力网络目前处于不断的发展完善中，算力网络是未来现代化信息社会不断向前发展的诉求，人对未来信息的诉求不再是纯粹的单向获取，而是逐步演变为经过信息输入、信息处理、信息返回过程形成的双向信息交互，对于数字世界的索取更偏向于意图化，期望网络能够更加智能地满足自身的需求，并且更加期望能够随时随地获取信息，不因为自身所处位置的改变，信息的获取效率及感受就发生改变。为满足用户全方位、多角度、高要求的网络需求，网络的发展趋势也更倾向于服务化，这就要求数字信息化的基础能力由云网融合逐步演进为算网一体。随着 ICT 技术的不断发展，算力网络将会不断完善，在不久的将来必定会成为数字化信息社会的重要服务基石。

11.1.3　算力网络实现路径

要在现有网络上部署算力网络，首先要实现算力感知——算力感知网络，其次实现算网调度——基于 SD-WAN 的算网协同承载网络，最后实现绿色低碳——基于低碳路由的算力网络，也就是说，发展算力网络要紧扣感知、调度和低碳三个要素。

算力感知网络是计算网络深度融合的新型网络架构，以现有的网络技术为基础，通过无所不在的网络连接分布式计算节点，实现服务的自动化部署、最优路由和负载均衡，从而构建可以感知算力的全新网络基础设施，保证网络能够按需、实时调度不同位置的计算资源，提高网络和计算资源利用率，进一步提升用户体验，从而实现网络无所不达、算力无处不在、智能无所不及的愿景，进而实现实时、快速业务调度。基于网络层实时感知业务需求和网络、计算状态，相比于传统的集中式云计算调度，算力感知网络可以结合实时信息，实现快速的业务调度。为保证用户体验一致性，网络可以感知无处不在的计算和服务，用户无须关心网络中计算资源的位置和部署状态，网络和计算协同调度保证用户的一致体验。为实现服务灵活动态调度，网络基于用户的 SLA 需求，综合考虑实时的网络资源状况和计算资源状况，通过网络灵活匹配、动态调度，将业务流量动态调度至最优节点，让网络支持提供动态的服务来保证业务的用户体验。

为了实现对算力和网络的感知、互联与协同调度，算力感知网络体系架构从逻辑功能上划分为算力应用层、算力管理层、算力资源层、算力路由层和网络资源层五大功能模块。

- 算力应用层：承载算力的各类能力及应用，并将用户对业务SLA的请求包括算力请求等参数传递给算力路由层。
- 算力管理层：需要基于统一的算力度量体系，完成对算力资源的统一抽象描述，进而实现对算力资源的感知、度量和OAM管理等功能，以支持网络对算力资源的可感知、可度量、可管理和可控制。
- 算力资源层：为满足边缘计算领域多样性的计算需求，面向不同应用，通过从单核CPU到多核CPU，再到"CPU + GPU + FPGA"等多种算力组合，在网络的各个角落提供泛在的计算资源异构资源层和网络资源层。
- 算力路由层：基于抽象后的计算资源发现，综合考虑用户业务请求、网络信息和算力资源信息，将业务灵活按需调度到不同的算力资源节点，同时将计算结果反馈到算力应用层。
- 网络资源层：提供信息传输的网络基础设施，包括接入网、城域网和骨干网。

其中，算力资源层和网络资源层作为算力感知网络的基础设施层；算力应用层、算力管理层和算力路由层作为实现算力感知功能体系的三大核心功能模块。算力感知网络体系架构基于所定义的五大功能模块，实现对算力和网络资源的感知、控制与调度。

总之，作为计算网络深度融合的新型网络，以无所不在的网络连接为基础，基于高度分布式的计算节点，通过服务的自动化部署、最优路由和负载均衡，构建算力感知的全新网络基础设施，真正实现网络无所不达、算力无处不在、智能无所不及。海量应用、海量功能函数、海量计算资源则构成一个开放的生态。其中，海量的应用能够按需、实时调用不同的计算资源，提高计算资源的利用率，最终实现用户体验最优化、计算资源利用率最优化、网络效率最优化。

在算力网络的部署方案中，算网编排管理中心基于算力和网络的全局资源视图，根据网络部署状况，使管理面和控制面实现算力网络协同调度。网络管理向算力编排器通告网络信息，由算网编排管理中心进行统一的算网协同调度，生成调度策略，发送给网络控制器，进一步生成路径转发表。网络控制器收集网络信息，将网络信息上报至算网编排器，同时接收来自算网编排器的网络编排策略，算网编排器负责收集算力信息，接收来自控制器的网络信息进行算网联合编排，同时支持将编排策略下发至控制器，算网编排器负责业务调度。

要实现以上工作，需要在现有网络基础上构建基于 SD-WAN 的算网协同承载网络，以算为中心，构筑云、边、端立体算力资源布局，以网为根基，增强连接用户、数据、算力的网络能力，将数据作为新的生产要素，智慧融入算网调度，构筑算网一体智能编排调度和服务系统，对于数据承载网、传送网、协调编排均需进行相应的部署。

算力网络需要把一个点上的计算分布到一条线、一个面上去处理，需要新增许多工作量，如任务分解、数据分发、数据汇集等，势必会增加网络资源的占用。首先，要把任务分解，需要额外占用计算和存储资源，其次，分解好的数据传送到各个分布式计算中心，需要占用大量的网络资源，最后，数据的回收及处理同样需要占用以上所述计算、存储及网络资源。这些新增工作量会带来大量能耗，对运营商乃至社会的绿色低碳发展提出严峻的挑战，需要我们研究相应的方案和策略，避免因算力网络的发展带来能耗的快速增长，与国家"东数西算"目标背道而驰，给国家"双碳"战略带来负面影响。

为了实现对能耗 / 碳排放与网络的感知、互联和协同调度，能耗感知网络体系架构从逻辑功能上划分为网能协同应用层、能效管理层、能耗 / 能源路由层、网络传送层、能耗采控层和能源资源层六大功能模块。

● 网能协同应用层：一方面将能耗/能源路由层信息汇集并结合用户业务

需求、算网资源等进行分析，协同网算资源确定高能效路由，另一方面承载各类能力及应用，协同网算资源和能效情况制定最优的网能要求，并将要求传递给路由层。

- 能效管理层：需要基于统一的能耗/能源度量体系，完成对能耗/能源的统一抽象描述，进而实现对能耗/能源资源的感知、度量和OAM管理等功能，以支持对能耗/能源资源的可感知、可度量、可管理和可控制，同时实现对碳足迹、节能应用的管理，并可支持未来的碳交易。

- 能耗/能源路由层：基于抽象后的能耗/能源资源发现，根据网能协同应用层下发的信息，将业务灵活按需调度到不同的算力资源节点中，同时将计算结果反馈到网能协同应用层。

- 网络传送层：提供能耗/能源信息传输的网络基础设施，包括接入网、城域网和骨干网。

- 能耗采控层：对现网设备（无线设备、传输设备、IDC/CDN、空调、其他配套等）能耗进行采集、测量和汇总，提交路由层；同时执行路由层下发的能耗管控要求。

- 能源资源层：对现网使用的能源（火电、太阳能、水电、核能、风能、电池等）进行标识、测量和汇总，提交路由层；同时按照路由层下发的能源要求进行配置。

其中，能源资源层、能耗采控层和网络传送层作为低碳算力网络的基础设施层；网能协同应用层、能效管理层和能耗/能源路由层作为实现低碳算力网络体系的三大核心功能模块。

最终在基础网络上构建"网控制器""算控制器""能控制器"，以网为中心，协同"算""能"，提供统一智能的编排，向社会提供低碳算网服务。

算力网络是"云算网融合"的强力助推剂，当前网络只作为信息传输载体，网络价值单一，算力网络提供"网络+算力"的融合服务，赋能未来网络升级。此外，算力网络可统一调度未来社会中泛在的多样化算力，以统一服务的方式，高效、灵活、按需提供给用户，助力构建更开放、更多元化、更高价值的网络，同时结合网络能耗和能源分布，构建低碳高效算力网络，支撑国家"双碳"战略落地。

算力网络当前仍处于发展起步阶段，需要网络域、计算域、能源域协同创新，是一系列网络和能源新技术的集成融合和创新应用，是"比特"与"瓦特"

融合发展的终极目标，需要业界联合打造算力网络体系，实现网络无所不达、算力无处不在、智能无所不及的绿色低碳发展。

11.1.4　算力网络对PaaS发展的要求

从算力网络对 PaaS 发展的要求来看，至少在以下四个方面需要有相应的能力支撑。

底层多集群管理能力，如图 11-1 所示。在算网环境下，各种资源都可以接入算网平台，由平台进行统一的纳管，同时向上层提供可跨厂家部署、调度的能力。

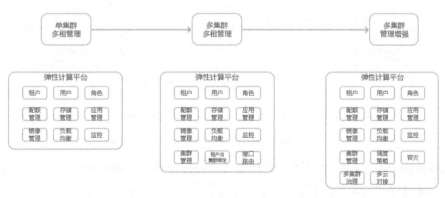

图 11-1　算力网络对多集群管理的要求

网络互通的能力，如图 11-2 所示。在算网环境下，由于需要灵活的组网能力，因此需要多集群本身可以灵活地组建和调整 VPC，并同时可以和外部 SD-WAN 控制器联动，打通 VPC 之间的网络。后续可以通过上报应用和集群信息，使 SD-WAN 具备动态网络调整能力。而在 PaaS 层如何更高效地提升网络通信能力，也是 PaaS 亟待解决的课题。

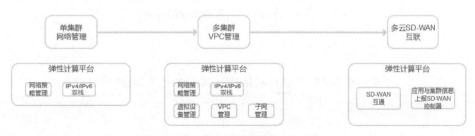

图 11-2　算力网络对网络管理的要求

应用管理的能力，如图 11-3 所示。在算网环境下，如何定义算力和使用算力，实际上都和应用的标注模型有极大的关系。因为应用串联起来代码和底层资源的关联关系，在应用管理侧，如何描述应用，如何描述应用依赖的组件，通过基础设施即代码和基于描述文件进行应用生命周期管理的 GitOps，我们可以对应用的部署进行高层次的抽象，同时基于 Serverless 和高级 HPA 功能，结合混合调度技术，解放了在不同集群间分布应用的底层支持，通过支持分布式缓存的统一存储接入，可以进一步将应用场景推向包括有状态应用的场景。

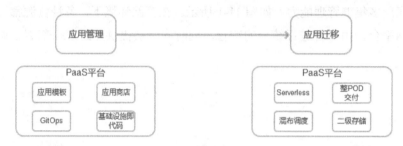

图 11-3　算力网络对应用管理的要求

统一治理的平台能力收敛，如图 11-4 所示。如果只是针对应用的分布进行管理实际上也会限制算力网络的使用。对应用的管理还包括微服务的统一治理、底层依赖中间件的统一治理。唯有将这块能力补齐，才能有助于业务的高速发展与质量管控的矛盾的解决。

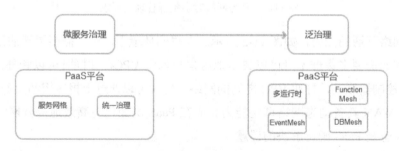

图 11-4　算力网络对服务治理的要求

11.2　应用模型的发展展望

Kubernetes 的成功，充分唤醒了"平台构建者"这个以往被人们遗忘在企业成本中心（Cost Center）里的重要角色。在企业级平台落地的过程中，平台的最终用户（比如业务研发与运维）虽然是"顾客与上帝"，但真正能在这个过程中起关键作用和具有最终决定权的，往往还是业务背后的平台团队和老板们。

但与此同时，Kubernetes 之上的平台构建生态，在今天依然是高度集中的。一个典型的观察就是，今天能够基于 Kubernetes 成体系构建出完整上层平台的团队，大都集中在一、二线大型互联网公司当中，并且其实践往往"仅供参考"，鲜有可复制性。进一步地，云原生的极大普及，似乎并没有真正能够让平台构建者轻松地构建 PaaS 或者其他上层平台。

事实上，平台构建者之所以要基于 Kubernetes 进一步构建上层平台，其根本动机无非来自两个诉求：

- 更高的抽象维度。比如，用户希望操作的概念是"应用"和"灰度发布"，而不是"容器"和"Pod"。
- 更强的扩展能力。比如，用户希望的应用灰度发布策略是基于"双 Deployment+Istio"的金丝雀发布，而不是 Kubernetes 默认的 Pod 线性滚动升级。这些增强或者扩展能力，在 Kubernetes 中一般是以 "CRD+Controller"的插件方式来实现的。

所以说，基于 Kubernetes 构建上层平台在今天看起来似乎杂乱无章、没什么规律，但本质上都不会离开"抽象 + 插件能力管理"这两个核心诉求。

OAM（Open Application Model）是阿里巴巴和微软共同开源的云原生应用规范模型，其定义如图 11-5 所示。

OAM 规范的设计遵循了以下原则：

- 关注点分离：根据功能和行为来定义模型，以此划分不同角色的职责。
- 平台中立：OAM 的实现不绑定到特定平台。
- 优雅：尽量减少设计复杂性。
- 复用性：可移植性好。同一个应用程序可以在不同的平台上不加改动地执行。
- 不作为编程模型：OAM 提供的是应用程序模型，描述了应用程序的组成和组件的拓扑结构，而不关注应用程序的具体实现。

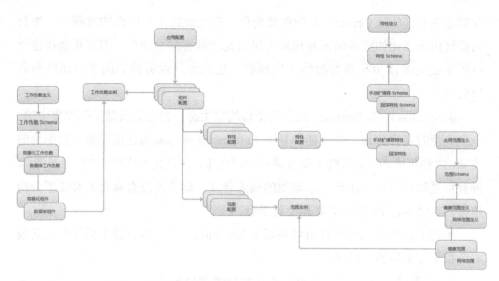

图 11-5　OAM 的定义

从以上描述中可以看出 OAM 对于定义云原生应用标准的期望，其目标不仅限于 Kubernetes 之上的又一上层抽象，而是对于一切云服务，在基于资源对象的基础上，由 Trait 来控制 Kubernetes 中的一众高层次非可调度的资源对象，如 AutoScaler、Volume、Ingress，Istio 中的流量配置对象 VirtualService、DestinationRule 等，还可容纳更多的云服务，与 Serverless 时代的去基础设施化的思想不谋而合，未来可期。

唯有这种更高维度的抽象，才有可能满足我们前面提出的如何统一描述应用对资源的需求和跨地域统一无差别部署的能力。

11.3　多集群管理的发展展望

11.3.1　分布式多集群管理

Kubernetes 原生的管理能力目前仍然停留在单集群级别。每一个集群可以稳定地自治运行，但是缺乏横贯多个集群的统筹管理能力。基础设施的建立者需要协调分散在各处的管理组件，形成一个统一的管理平台。通过它，运维管理人员能够获知多集群水位的变化，节点健康状态的变化情况；业务应用负责人能够决策如何调配应用服务在各个集群中的部署分布；应用的运维人员能够获知服务状态，下发腾挪的策略。

在 Kubernetes 项目生态中，多集群功能主要由与之同名的 SIG-Multicluster 团队处理。这个团队在 2017 年开发了一个集群联邦技术，叫作 KubeFed。

联邦最初被认为是 Kubernetes 的一个内置特性，但很快就遇到了实现以及用户诉求分裂的问题，Federation v1 可以将服务分发到多个 Kubernetes 集群，但不能处理其他类型的对象，也不能真正地以任何方式"管理"集群。一些有相当专业需求的用户——尤其是几个学术实验室——仍在使用它，但该项目已被 Kubernetes 归档，从未成为核心功能。

然后，Federation v1 很快被一种名为"KubeFed v2"的重构设计所取代，世界各地的运营人员都在使用该设计。它允许单个 Kubernetes 集群将多种对象部署到多个其他 Kubernetes 集群。KubeFed v2 还允许"控制平面"主集群管理其他集群，包括它们的大量资源和策略。

在 KubeFed v2 集群中，一个中枢 Kubernetes 集群会充当所有其他集群的单一"控制平面"。在管理托管集群和托管集群中应用程序的时候，中枢集群的资源使用率都非常高。第二个限制与 Kubernetes 的扩展功能有关，称为自定义资源定义（Custom Resource Definition，CRD）。为了在多集群间分发 CRD，KubeFed 要求为每个 CRD 都创建一个"联合 CRD"。这不仅使集群中的对象数量增加了一倍，也为在集群间维护 CRD 版本和 API 版本一致性带来了严重的问题，并且会造成应用程序因为不能兼容不同的 CRD 或者 API 版本而无法顺利升级。

Cluster API 是 Kubernetes 社区的官方项目，提供声明式的 API 和工具来简化多 Kubernetes 集群的构建、升级、管理等。

不同的公有云厂商、私有云场景，计算、网络、存储等资源会有差异性，Cluster API 提供统一的操作界面，屏蔽了不同场景的资源和操作差异，提供了一致的集群实现体验。

社区中的多集群管理项目，通常是同时负责集群运行时和应用生命周期管理，如华为云的 Karmada、RedHat/ 蚂蚁 / 阿里云共同发起的 Open Cluster Management（下述简写为 OCM）、腾讯云的 Clusternet。

Karmada 也采用了类似 Cluster API 的 Management Cluster 和 Workload Cluster 的概念，且将 Management Cluster 作为统一的访问界面，使 Workload Cluster 对

用户透明化。

在这种模式下，Workload Cluster 作为隔离的资源池来对待，Management Cluster 统一调度应用，透明化应用的部署，允许将一个应用实例分布在不同的集群中，且在 Workload Cluster 中仍以应用的方式进行管理，而非实例。

OCM 是 RedHat、蚂蚁、阿里云联合推出的多集群管理项目。OCM 对多集群管理的抽象设计得很好，便于进行多集群管理的设计和实现，OCM 也将集群类型区分为 Management Cluster 和 Workload Cluster，分别用 Hub Cluster 和 Managed Cluster 概念描述。OCM 在集群注册方面，提供了双向控制，保障集群注册的可控性。

Clusternet 是腾讯云推出的多集群管理项目，在集群注册方面，Clusternet 类似 OCM，实现了双向控制。在应用调度层面，用户可以指定选择哪些集群，然后 Clusternet 会根据配置将应用拆分到集群中部署。

将集群的分布调度能力强化到平台内部后，就可以实现全局的应用分发能力，同时可将调度能力向上层暴露，以集成更高阶的调度算法。

11.3.2　跨云的多集群管理

根据最新的调查报告显示，超过93%的企业正同时使用多个云厂商的服务。云原生技术和云市场不断成熟，多云、多集群部署已经成为常态，未来将是编程式多云管理服务的时代。而业务部署到多云或多集群，其实是分几个阶段的：

典型阶段 1：多云多地部署，统一管理运维，减少重复劳动。

第一个阶段，如图 11-6 所示，我们认为多地部署，统一运维管理，可以理解为是多个互操作的孤岛。互操作意味着在不同的环境，不同的云上，所用软件的技术站是一套标准化的，在进行私有云、公有云 1、公有云 2 互相切换时，操作命令所输入的命令请求都是一样的，其间没有任何业务相关性或业务相关性非常弱。此时去做统一的应用交付，比如部署运维，手动执行重复的命令或者脚本化，或者最简单地用一套 CI/CD 的系统堆上去即可。因为在这个阶段大部分的业务相对来说比较固定，部署在哪个公有云、哪个数据中心、哪个机房，不需要太多的动态性和变化性。

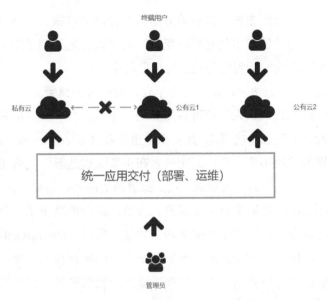

图 11-6　多集群管理第一阶段形态

典型阶段 2：多云统一资源池，如图 11-7 所示，应对业务压力波动。

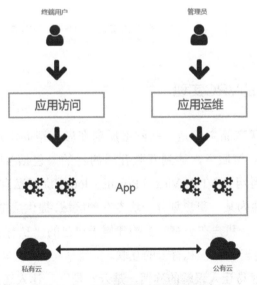

图 11-7　多集群管理第二阶段形态

　　第二个阶段为统一资源池，会对资源池的动态性有一定的诉求。一般来说，在此处我们所认为的应用交付并不是一个简单的 CI/CD，因为我们希望动态化之后，流量也能够随之迁移。在这种情况下，上面的应用交付就需要具备自动调度的能力，流量可以根据实例数的分布情况自己去获取。当然也会有其他情况，比如用一些简单的脚本化来处理流量，也可以认为达到了第二个阶段。当然理想的状态下，我们认为这些应该是全自动化的。

典型阶段3：多云协同，统一应用平台，业务跨云部署。

第三个阶段是我们认为当前可预见到的一个多云和多集群的最终形态，也是我们所认为一个理想中的形态。其实不论用集群、Kubernetes 或以前的虚拟机，从整个云计算的发展历史来看，其实一直在不断突破边界，或者说重新去定义边界。比如最早的时候装一些新的应用、部署新的服务，需要一台物理服务器，而边界非常不灵活，当后来有了虚拟机、容器，颗粒度变小了，但在跨机器、跨环境的访问形态下，又产生了很多新的挑战，所以 Kubernetes 的出现其实在产生了这么多细粒度的容器之后，重新画一个大的集群作为边界。而多云其实是在这些不断演进的边界基础上，当在发展到一定的阶段受到数据中心或云的限制，可以用多云的技术来突破云的边界，突破集群的边界，真正地做到业务的应用可以自由地在集群、云之间灵活部署和迁移。

11.4　网络管理的发展展望

11.4.1　PaaS的VPC实现

多云网络互联产品主要是一些网络厂商在做，帮助用户快速完成私有云与公有云网络的对接服务，达到互联互通的目的，包括 VPN（Virtual Private Network，虚拟专用网）、VPC（Virtual Private Cloud，虚拟私有云）等技术。其中，VPC 是在云内单独为某一租户划分一块专有的区域，提供虚拟主机、存储、网络、安全等相关资源，让租户在公有云上构建属于自己的"私有云"，再经由 VPN 技术实现本地私有云和远程私有云的互联。

VPC 是一个容易让人误解的称谓，是云？是网？让人迷惑。其实从服务和技术的角度来看 VPC 是一种云，也是一种网络模式。

VPC 最早由 AWS 在 2009 年提出，不过 VPC 的一些组成元素（网络、存储、计算）在其提出之前就已经存在。VPC 只是将这些元素以私有云的视角重新包装了一下，单一用户的云主机只能使用 VPC 内部的元素。所以 VPC 的本质是公有云服务商以打包的形式提供服务。用户可以在公有云上创建一个或者多个 VPC，每个部门一个 VPC，对于需要连通的部门创建 VPC 连接。同时，用户也可以通过 VPN 将自己内部的数据中心与公有云上的 VPC 连接，构成混合云。不论哪种用例，VPC 都以更加直观的形象让用户来设计如何在公有云上存放自己的数据。

从服务的角度来看，云计算可分为公有云、私有云和混合云，但 VPC 不属于其中的任何一种。VPC 是一种运行在公有云上，将一部分公有云资源为某个用户隔离出来，给这个用户私有使用的资源的集合。它由公有云管理，但是保证每个用户之间的资源是隔离的，用户在使用的时候不受其他用户的影响，用户可以要求享受管理面、数据面、故障面的三重隔离，感觉就像是在使用自己的私有云（孤岛）一样。

VPC 有两种硬件租用模式：共享（shared）和专属（dedicated）。前者指 VPC 中的虚拟机运行在共享的硬件资源上；后者指 VPC 中的虚拟机运行在专属的硬件资源上，不同的 VPC 中的虚拟机在物理上是隔离的，同时 VPC 还帮助实现了网络上的隔离。专属模式相当于用户直接向公有云服务商租用物理主机，适合对数据安全比较敏感的用户。

专属 VPC 与私有云的多租户隔离有本质上的区别，多租户隔离是为了"共享"底层基础架构的物理资源，只能做到管理面和数据面的隔离，做不到故障面的隔离（因为物理资源是共享的）。

从技术的角度来看，VPC 是用户专属的一个二层网络，是一个构建在 L3 之上的 L2Overlay 网络。VPC 的数据封装与 VxLAN 之类的 Overlay 网络技术很类似，原始的二层帧，被 VPC 标签封装，之后再封装到另一个 IP 数据包内。

在传统的虚拟化使用场景中，依托 VPC 网络的多租户一般被认为是最佳实践也是许多企业基础 IT 的已有运行方式。然而在容器领域，由于 Kubernetes 最早面向应用平台，缺乏对多租户级别隔离的支持，导致容器网络和 KubeVirt 上的多租户支持也变得困难。

Kube-OVN 通过引入一组新的多租户网络 CRD，包括 VPC、Subnet、NAT-Gateway 在 Kubernetes 上实现了多租户网络的功能。KubeVirt 上的虚拟化管理可以通过控制网络所属的 VPC 和 Subnet 来实现不同的 VM 落在不同的租户网络，从而实现整个虚拟化方案的多租户。

此外 Kube-OVN 还提供了租户内的 LB/EIP/NAT/Route Table 等功能，使用户能够像控制传统虚拟化网络那样来控制云原生虚拟化下的网络。

多个 Kubernetes 集群可以通过 Kube-OVN 打通网络，多个不同集群的 Pod 可以直接通过 Pod IP 进行通信。Kube-OVN 使用隧道封装跨集群的流量，两个集群之间只需要存在一组 IP 可达的机器即可完成容器网络的互通。

11.4.2 基于SD-WAN的PaaS网络能力打通

企业数据中心（或分支机构）与云之间互联互通的传统方式，是通过开通专线或基于互联网手动配置建立 VPN 隧道实现的。但专线开通流程复杂、速度慢，而通过 VPN 经公网访问云端，网络质量又无法保证。

相比之下，SD-WAN 提供一套简便且高品质的解决方案，帮助用户快速实现数据中心（自建或托管 IDC）与云之间的高速直连，大大简化混合云架构、云端容灾备份、远程云桌面等应用场景的实现。同时，SD-WAN 服务还可利用原有专线及互联网带宽资源，通过云终端实现一键快速接入，并自动建立主备双通道连接，在加快业务部署速度的同时，也保障了业务的连续性。

通过 SD-WAN，可以轻松建立企业私有云、公有云多个可用区的 VPC，以及托管云等多云端的高速专用网络通道，进而实现多云互通，避免信息孤岛的形成，构建真正的混合云。企业用户既能利用公有云的弹性，又能兼顾私有云的安全性，自由选择云环境，实现业务精细化部署。

从 2018 年的下半年开始，一些公有云巨头纷纷开始把云网的触角继续下探，直接为企业提供 CPE 设备。使用 CPE 后，企业入云的流量会被自动指向私有骨干网的 POP 点，实现所谓的"零配置入云"。在把 CPE 纳入整个云网一体的架构中后，公有云所能提供的，从企业侧的出口设备，各大城市接入的 POP 点，到全球的骨干网，再到分布在全球的 Region 以及云上的 VPC 网络，从网络的视角来看，这将是一个上下游全覆盖的解决方案。

以云作为销售入口，通过 CPE 把流量牵引到自己的骨干网上来，再通过自有的网入自有的云，这正是几家公有云巨头为云网一体所描绘出来的形态。围绕公有云私有骨干网展开的组网架构，通常意味着自有的网入自有的云，云作为前端入口带动用户入网，网反过来再将用户进一步与云锁定。这还只是涉及 IaaS，入云之后 PaaS 层面的锁定将更为严重，如果用户的业务系统使用了某家公有云提供的中间件或者 API 后，脱离这个云可能就更加困难了。对于小企业而言这种一站式的解决方案很具有吸引力，但是对于大企业来说，锁定却意味着后期在价格和服务等方面面临着受制于人的风险，另外小企业未来也可能会发展为大企业，防微杜渐同样非常关键。

相比之下，设备厂商所构想的多云互联方案，是在不同的公有云中引入 Vrouter，使用 Vrouter 与企业分支或者数据中心互通。如果企业在其分支或数据中心以及各个公有云上使用某个厂商的设备，就能够绕开公有云的 V××网关，由厂商的控制器对组网进行统一的管理与控制，一方面可以实现端到端的自动化，另一方面厂商的 Vrouter 上具备更多的路由、安全以及 SD-WAN 的能力，能够满足用户更为复杂的组网需求。这种思路下，多云互联的责任落到了厂商的 Vrouter 上，不同公有云的 Vrouter 之间得以直接进行 IPSec 互联。

这种方式也是未来构建算力网络时，SD-WAN 能力构建的合适方式。

11.5　应用扩容 & 迁移的发展展望

11.5.1　面向应用的高级HPA

企业应用的流量大小不是每时每刻都一样，有高峰，有低谷，如果每时每刻都要保持能够扛住高峰流量的机器数目，那么成本会很高。通常解决这个问题的办法就是根据流量大小或资源占用率自动调节机器的数量，也就是弹性伸缩。

由于是使用 Pod/容器部署应用，容器可使用的资源是在部署时就固定下来的，不会无限制使用节点中的资源，所以弹性伸缩需要先对 Pod 数量进行扩展，Pod 数量增加后节点资源使用率才会增加，进而根据节点资源使用率去调节节点数量。

通常情况下，两者需要配合使用，因为 HPA 需要集群有足够的资源才能扩容成功，当集群资源不够时需要扩容节点，使得集群有足够资源；而当 HPA 缩容后集群会有大量空余资源，这时需要缩容节点释放资源，才不致造成浪费。

HPA 根据监控指标进行扩容，当集群资源不够时，新创建的 Pod 会处于 Pending 状态，集群扩缩容会检查所有 Pending 状态的 Pod，根据用户配置的扩缩容策略，选择出一个最合适的节点池，对这个节点池扩容。

同理可以构建跨云集群管理，当集群资源不足时，可根据策略创建公有云 /

私有云集群，并将应用部署到新创建的集群中，同时调整全局负载均衡设备，来完成流量的跨集群调度和用户的就近访问。

同时我们也考虑采用虚拟节点的方式，Virtual Kubelet 的主要场景是将 Kubernetes API 扩展到无服务器的容器平台。通过虚拟节点，Kubernetes 集群可以轻松获得极大的弹性能力，而不必受限于集群的节点计算容量。用户也可以灵活动态地按需创建 Pod，免去集群容量规划的麻烦。

11.5.2 跨地域跨集群跨云的数据共享

面对应用的远程调度，需要平台能够提供分布式共享缓存服务，这样不管应用调度到哪里，应用程序都可以透明地缓存频繁访问的数据（尤其是从远程位置），以提供内存级 I/O 吞吐率。

Alluxio 是世界上第一个面向基于云的数据分析和人工智能的开源的数据编排技术。它为数据驱动型应用和存储系统构建了桥梁，将数据从存储层移动到距离数据驱动型应用更近的位置，从而能够更容易被访问。这还使得应用程序能够通过一个公共接口连接到许多存储系统。Alluxio"内存至上"的层次化架构使得数据的访问速度比现有方案快几个数量级。

在大数据生态系统中，Alluxio 位于数据驱动框架或应用（如 Apache Spark、Presto、Tensorflow、Apache HBase、Apache Hive 或 Apache Flink）和各种持久化存储系统（如 Amazon S3、Google Cloud Storage、OpenStack Swift、HDFS、GlusterFS、IBM Cleversafe、EMC ECS、Ceph、NFS、Minio 或 Alibaba OSS）之间。Alluxio 统一了存储在这些不同存储系统中的数据，为其上层数据驱动型应用提供了统一的客户端 API 和全局命名空间。

通过简化应用程序访问其数据的方式（无论数据是什么格式或位置），Alluxio 能够帮助克服从数据中提取信息所面临的困难。Alluxio 的优势包括：

（1）**内存速度 I/O**：Alluxio 能够用作分布式共享缓存服务，这样与 Alluxio 通信的计算应用程序可以透明地缓存频繁访问的数据（尤其是从远程位置），以提供内存级 I/O 吞吐率。此外，Alluxio 的层次化存储机制能够充分利用内存、固态硬盘或磁盘，降低具有弹性扩张特性的数据驱动型应用的成本开销。

（2）**简化云存储和对象存储接入**：与传统文件系统相比，云存储系统和对象存储系统使用不同的语义，这些语义对性能的影响也不同于传统文件系统。在云存储系统和对象存储系统上进行常见的文件系统操作（如列出目录和重命名）通常会导致显著的性能开销。当访问云存储中的数据时，应用程序没有节点级数据本地性或跨应用程序缓存。将 Alluxio 与云存储或对象存储一起部署可以缓解这些问题，因为这样将从 Alluxio 中检索读取数据，而不是从底层云存储或对象存储中检索读取。

（3）简化数据管理：Alluxio 提供对多数据源的单点访问。除了连接不同类型的数据源之外，Alluxio 还允许用户同时连接同一存储系统的不同版本，如多个版本的 HDFS，并且无须复杂的系统配置和管理。

（4）应用程序部署简单：Alluxio 管理应用程序和文件或对象存储之间的通信，将应用程序的数据访问请求转换为底层存储接口的请求。Alluxio 与 Hadoop 生态系统兼容，现有的数据分析应用程序，如 Spark 和 MapReduce 程序，无须更改任何代码就能在 Alluxio 上运行。Alluxio 将三个关键领域的创新结合在一起，提供了一套独特的功能。

（5）全局命名空间：Alluxio 能够对多个独立存储系统提供单点访问，无论这些存储系统的物理位置在何处。这提供了所有数据源的统一视图和应用程序的标准接口。

（6）智能多层级缓存：Alluxio 集群能够充当底层存储系统中数据的读写缓存。可配置自动优化数据放置策略，以实现跨内存和磁盘（SSD/HDD）的性能和可靠性。缓存对用户是透明的，使用缓冲来保持与持久存储的一致性。

（7）服务器端 API 翻译转换：Alluxio 支持工业界场景的 API 接口，例如 HDFS、API、S3API、FUSE API、REST API。它能够透明地从标准客户端接口转换到任何存储接口。Alluxio 负责管理应用程序和文件或对象存储之间的通信，从而消除对复杂系统进行配置和管理的需求。文件数据可以看起来像对象数据，反之亦然。

11.6　工作负载协同调度的发展展望

混部是在企业内部重金打造的成本控制内核，凝聚了众多的业务抽象和资源管理的思考优化经验，因此混部通常都需要数年的打磨实践才能逐渐稳定并产生生产价值。

Koordinator 基于阿里巴巴内部超大规模混部生产实践的经验，旨在为用户打造云原生场景下接入成本最低、混部效率最佳的解决方案，帮助用户企业实现云原生后持续的红利释放。

Koordinator，源自 coordinator，K 取自 Kubernetes。语义上契合项目要解决的问题，即协调编排 Kubernetes 集群中不同类型的工作负载，使得它们以最优的布局、最佳的姿态在一个集群、一个节点上运行。

谷歌内部有一个调度系统名叫 Borg，是最早做容器混部的系统，在其论文公开发表之前在行业上一直是非常神秘的存在。云原生容器调度编排系统 Kubernetes 正是受 Borg 设计思想启发，由 Borg 系统的设计者结合云时代应用编排的需求重新设计而来。Kubernetes 良好的扩展性使其能适应多样的工作负载，帮助用户很好地提高工作负载日常运维效率。

Koordinator 由基于 Kubernetes 的标准能力扩展而来，致力于解决多样工作负载混部在一个集群、节点场景下的调度、运行时性能以及稳定性挑战。项目包含了混合工作负载编排的一套完整解决方案，包括精细化资源调度、任务调度、差异化 SLO 三大块。通过这样一套解决方案实现：

- 帮助企业用户的更多工作负载接入Kubernetes，特别是与大数据、任务处理相关的工作负载，提高其运行效率和稳定性。
- 通过开源技术标准，帮助企业用户在云上、云下实现一致的技术架构，提升运维效率。
- 帮助企业用户合理利用云资源，在云上实现可持续发展。

混部需要一套完整、自闭环的调度回路，但在企业应用混部的过程中，将要面临两大挑战：

- 应用如何接入到混部平台。
- 应用如何在平台上稳定、高效运行。

Koordinator 吸取了阿里巴巴内部多年的生产实践经验，针对这两大挑战，有针对性地设计了解决方案，旨在帮助企业在真正意义上用上混部，用好 Kubernetes，而不是秀技术、秀肌肉。

回头去看，阿里巴巴坚定地推进混部技术，主要是考虑到以下两方面带来的问题：

- 利用率不均衡：在非混部时代，几大资源池之间的资源利用率不均衡，大数据资源池利用率极高，但长期缺乏算力，而电商资源池日常利用率比较低，空闲了大量的计算资源，但出于灾备设计又不能直接减少机器提高在线密度。

● 大促备战效率低：在大促时为了减少大促资源采购，希望在大促时能够借用大数据资源池，部署电商任务支撑流量洪峰。在非混部时代，这样的弹性资源借用只能通过腾挪机器的方式推进，大促支持的效率较低很难大规模实施。

混部是一套针对延迟敏感服务的"精细化编排＋大数据"计算工作负载混合部署的资源调度解决方案，核心技术在于：

● 精细的资源编排，以满足性能及长尾时延的要求，关键点是精细化的资源调度编排策略及QoS感知策略。

● 智能的资源超卖，以更低成本满足计算任务对计算资源的需求，在保证计算效率的同时不影响延迟敏感服务的响应时间。

如图 11-8 所示是 Koordinator 混部资源超卖模型，也是混部最关键最核心的地方。其中超卖的基本思想是去利用那些已分配但未使用的资源来运行低优先级的任务，图 11-8 中的四条线分别如下：

● 资源上限：高优先级Pod申请的资源量，对应Kubernetes的Pod请求的资源。

● 用途：Pod实际使用的资源量，横轴是时间线，红线也就是Pod负载随时间的波动曲线。

● 短期保留：是基于用途过去一段时间（较短）的资源使用情况，对其未来一段时间的资源使用情况的预估，保留资源与上限资源之间是已分配未使用（预估未来一段时间也不会使用）的资源，可以用于运行短生命周期批处理任务。

● 长期保留：类似于短期保留，但预估使用的历史周期较长，从保留资源到上限资源之间的资源可用于较长生命周期的任务，其可用资源相比短期保留资源更少，但稳定性更高。

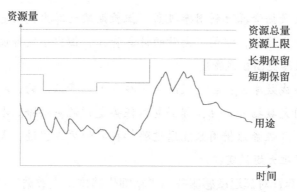

图 11-8　Koordinator 调度原理

　　这一套资源模型支撑了阿里巴巴内部全业务的混部，足够精练的同时也具备很强的灵活性。Koordinator 整个混部资源调度的大厦构建在这样一个资源模型的基础之上，配合优先级抢占、负载感知、干扰识别和 QoS 保障技术，构建出混部资源调度底层核心系统。Koordinator 社区将围绕这个思路投入建设，持续将混部场景的调度能力展开，将阿里巴巴内部丰富场景支持的经验输出到社区，解决企业面临的真实业务场景问题。

　　企业接入混部最大的挑战是如何让应用运行在混部平台之上，第一步的门槛往往是最大的拦路虎。Koordinator 针对这一问题，结合内部生产实践经验，设计了"双零侵入"的混部调度系统。

　　第一个零侵入，是指对 Kubernetes 平台的零侵入。行业内的大多数人都知道，将 Kubernetes 应用于企业内部的复杂场景混部时，因为这样或者那样的原因总是需要对 Kubernetes 做一定量的修改，特别是节点管理（Kubelet）部分，这部分修改本身就有较高的技术门槛，同时也为给后续的 Kubernetes 版本升级带来巨大的挑战。企业为了解决这一问题，往往需要专门的团队来维护这一些定制化的修改，并且有很大的沉没成本，等到线上出现问题或者需要升级新版本时，熟悉这份修改的同事可能已不知去向。这给企业带来了很大的技术风险，往往让混部技术的推广受阻。而 Koordinator 混部系统，设计之初即保证了不需要对社区原生 Kubernetes 做任何修改，只需要一键安装 Koordinator 组件到集群中，不需要做任何配置，即可以为 Kubernetes 集群带来混部的能力。同时，在用户不启用混部能力时，不会对原有的 Kubernetes 集群有任何形式的打扰。

　　第二个零侵入，是指对工作负载编排系统的零侵入。想象一下，在企业内部的 Kubernetes 集群之上提供混部能力之后，面临的问题是如何将企业的工作负载接入进来，以混部的方式运行。一般情况下将会面临两种情况：

工作负载具备企业私有运维特性，由平台或运维团队的系统管理这些工作负载的日常升级发布、扩容或缩容，而企业推进混部的容器或 SRE 团队与平台运维团队之间，存在着组织的鸿沟（或大或小），如何推动平台团队改造工作负载管理机制，对接混部的协议，是一个不小的挑战。

工作负载以原生的 Deployment/StatefulSet/Job 的方式管理，对其 Kubernetes 内部的设计实现或改造成本超出了团队的预期，也将成为推行混部的挑战。

Koordinator 针对应用接入层的改造成本，设计了单独的工作负载接入层（Colocation Profile），帮助用户解决工作负载接入混部的难题，用户只需要管理混部的配置（YAML）即可灵活地调度编排哪些任务以混部的方式运行在集群中，非常简单且灵活。当前 Koordinator 为用户提供了混部 Spark 任务的样例，未来，社区将持续丰富工作负载接入层的特性，支持更多场景的零侵入接入。

11.7　统一服务治理的发展展望

软件架构的核心挑战是解决业务快速增长带来的系统复杂性问题。系统越复杂，对服务治理诉求越强烈，小的技术问题越可能被放大，从而造成大的线上故障。而微服务治理就是通过无损上下线、全链路灰度、流量防护等技术手段来减少甚至避免发布和管理大规模应用过程中遇到的稳定性问题。

虽然大家都认为微服务治理很重要，但在落地过程中会遇到各种难题。

例如，在企业内部，往往存在着不同语言、不同通信协议的微服务，这会导致在治理微服务的过程中，给业务开发者、架构师平添很多的认知负担，而这类异构会衍生出更多的痛点。

● 业内对服务治理的能力和边界没有明确的认识，每个企业所定义的服务治理概念不一致，造成很高的理解和沟通成本。

● 开源微服务框架众多，对于服务治理缺乏一些标准化的约定。例如，Spring Cloud中定义的微服务接口和Dubbo中定义的接口就无法互通，通过Dubbo和Istio管理的微服务也无法进行统一治理。

- 缺少真正面向业务、能够减轻认知负担的抽象和标准。开发者真正想要的可能是简单的、指定服务间的调用关系和配置规则。但现在对于业务开发者来说，不仅需要了解不同微服务框架的部署架构，也要了解不同服务治理方式的概念和能力区别，认知成本很高。

展望未来，微服务治理的发展趋势，是让业务迭代更加高效、业务和治理更加透明和解耦：

- 服务治理数据面透明化、多元化：微服务数据面会逐渐下沉为基础设施，业务开发者会将数据面当作一个标准组件来使用。同时，服务治理也会通过多种形态来支持不同的数据面，对齐服务治理数据面能力。
- 服务治理数据面标准化：微服务框架会直接对接标准的服务治理标准，减轻微服务框架的对接负担；业务开发者也只需要理解标准的服务治理数据面标准，不需要了解底层能力，降低认知负担。
- 数据面实现互操作性：各个微服务框架、各个通信协议提供的能力会标准化，能够让用户用统一的模式来认知和治理。

OpenSergo 致力于提供统一的服务治理能力，让业务开发者、架构师能够以云原生的方式来定义自己的微服务架构，满足自己的业务发展，从而减少实施微服务治理时的阻力。

以往，架构师在设计架构时，总是要考虑各种微服务框架的能力、各种通信协议的差异、各种服务治理带来的能力差异，导致设计时要考虑很多底层的实现，极大地增加了认知负担。业务开发者也要关注当前的微服务框架如何才能满足自己的治理要求，当前的通信协议如何灰度、如何调试、如何限流等。可以预见，业务开发者将耗费很大一部分的精力在微服务框架、服务治理上，在核心业务价值上的投入却少了很多。

OpenSergo 将对底层能力标准化，对架构师、业务开发者屏蔽底层差异，用更加云原生的方式来治理微服务。架构师只需要用统一的能力模型设计业务架构，而业务开发者也只需要利用统一的能力模型来专注于业务开发。

此外，对于企业而言，现有的微服务治理体系，严重特化于现有框架，阻碍了微服务框架的选型，也阻碍了新技术、新业务的发展。所以 OpenSergo 的另一个重点是，帮助开源微服务框架在企业中顺利落地。

对于各类微服务框架，在企业中落地的一个重要难点就是与现有的服务治理体系相结合。借助 OpenSergo 标准化的服务治理能力，开源微服务框架可以通过标准化的服务治理能力与企业现有的基础设施结合，迅速在企业中落地，兑现业务价值。

微服务框架对接 OpenSergo 后，业务开发者只需要修改环境变量来接入，即可和现有的服务治理系统相结合，提供上述的服务治理能力。而此前，每个企业都要对接各自的微服务治理体系。OpenSergo 能够提升企业接入新框架、新技术的速度，也能减少服务框架开发者的服务治理对接成本，扩大微服务框架的采纳率、影响力，让异构微服务能够统一治理，让更多微服务能够互联互通。塑造更加云原生化的微服务，是 OpenSergo 建立之初就树立的长期发展目标。

在数据面建设上，OpenSergo 社区将在服务注册与发现、服务治理能力上做进一步补齐，提供统一的服务治理控制面和 Dashboard，招募更多的企业和微服务框架进入社区。同时，我们看到控制面标准化、数据面多样化的趋势，Nginx、Ingress、Apache Dubbo-go-pixiu 等网关作为数据面的流量入口，与 SDK、Java Agent、Sidecar 等多种方式的数据面在能力上能够完全对齐，给更多用户带来简单、一致、更加云原生的服务治理体验。

在标准化建设上，OpenSergo 社区会联合各个微服务框架、相关厂商、企业、用户等相关方，在更多领域层面上标准化微服务能力，让企业能够用一套语言来描述自己的微服务架构，让开发者专注于业务核心价值，让微服务框架也能够被客户轻松采用。

在控制面建设上，OpenSergo 社区目前已经提供直观的 OpenSergo Dashboard，将会给微服务标准功能提供一个参考控制面实现，并通过中立的 OpenSergo 协议，让所有的微服务框架、通信协议都可以被同一套微服务门户来治理。